U0160814

做饭没有那么烦

任频捷
著

中信出版集团 | 北京

图书在版编目（CIP）数据

做饭没有那么烦 / 任频捷著. -- 北京 : 中信出版社, 2021.1
ISBN 978-7-5217-1603-0

Ⅰ. ①做… Ⅱ. ①任… Ⅲ. ①菜谱 Ⅳ. ①TS972.12

中国版本图书馆CIP数据核字(2020)第030896号

做饭没有那么烦

著　　者：任频捷
出版发行：中信出版集团股份有限公司
（北京市朝阳区惠新东街甲4号富盛大厦2座　邮编　100029）
承 印 者：北京盛通印刷股份有限公司

开　　本：720mm × 970mm　1/16　　印　　张：16.25　　字　　数：150千字
版　　次：2021年1月第1版　　印　　次：2021年1月第1次印刷
书　　号：ISBN 978-7-5217-1603-0
定　　价：78.00元

版权所有 · 侵权必究
如有印刷、装订问题，本公司负责调换。
服务热线：400-600-8099
投稿邮箱：author@citicpub.com

目 录

第一部分 无肉不欢

第二部分 素食之爱

第三部分 美味主食

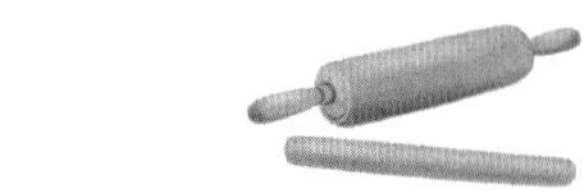

第四部分 汤饮甜品

自序

美食是温暖的，
它是情感与温度
的载体。

这是一本等了四年之久的书。早在“迷迭香”刚上线的时候，出版社就来向我约稿。做过学术的人，对书总是抱着敬畏之心的，那时虽然也已经做了几百道菜了，但还是觉得自己的积累不够扎实。对待自己的处女作，总不希望只是一本纯菜谱那么简单。后来第二年开始拍《小吃中国》，编辑小姐说“现在总够了吧，文化你都研究这么深了”，可我自己还是觉得不够。在这两年里，我将自己沉淀下来，花了很多的时间研究食物、营养、中医，研究饮食与自然、饮食与健康、饮食与文化的关系。当编辑老师再次催促我动手写书时，我便有了特别想表达的愿望，很想通过这本书将我在食物这条路上的所学、所知，与你们分享。

念念不忘，必有回响

记得两年前在一次校友聚会上，有朋友说想起波士顿，就经常想起当年留学时我做的馄饨，说不知道是因为当年我们中餐品种匮乏，还是我做的馄饨真有那么好吃。想起当时做东西给大家吃，看着朋友们吃得很满足，我就特别地开心。如果说人生有100种想象，当年的我大概怎么也不会想到，多年后我会从教大家做饭开始做自己一直都想做的事。

我毕业之后从事的一直是金融行业，所以当所有人知道我做了“迷迭香”这样一件与以前的职业毫无关联的事时，都会好奇我为什么会做这样的决定。实际上社会学专业出身的我是很理想主义的，我一直更喜欢的是创作和有温度的事。所以当我决定要创业的时候，我知道我真正想做的事是通过一件小事，传递一种价值观，可以给人们的生活带来积极的影响。如果说迪士尼是一家给孩子和家庭制造欢乐的公司，那么我想做一家公司，帮助普通人在日常生活中，提升对幸福的感受力。

那为什么会从美食开始呢？从古到今，美食是人们关注的一个永恒的话题，人们的日常生活中谁也离不开它，一日三餐是无差别地与每个人都相关的一件事。

做饭这件事虽然微小，却特别重要，因为它是最接地气的艺术。我们说现代人很忙，但大家都离不开厨房，因为柴米油盐酱醋茶和每个人的生活都息息相关。不管你的生活有多忙、多累，对美好生活的追求是我们每个人心底不变的向往。而美好的生活并不意味着一定要去米其林餐厅吃一顿几千元的牛排大餐，而是你也可以选择去超市买一块60元的牛排，回家很简单地一煎、一摆盘，可能那才是真正的美好生活。这是每个人，只要你想，就可以做到的。不管是年薪百万还是月入几千，每个人都可以通过自己的双手去提升生活品质。它只需要一点，就是用心。

现代生活越发达，我们越追求美好的生活，就越将美好生活的细节都给了别人。照顾孩子的美好给了月嫂，照顾老人的美好给了养老院，做饭的美好给了保姆。我们在追求美好的过程中，成了美好生活的局外人，殊不知美好生活存在于自己亲手去做的细节里。

为心爱的人亲手做上一桌可口的饭菜可能就是这个时代最朴素又最真诚的关于“生”，又属于“活”的事情。林语堂先生说过，“幸福就是吃父母做的饭，和孩子做游戏”。美食是质朴的，再高档精致的美食也来自土地；美食也是温暖的，它是情感与温度的载体。自己亲手做的饭菜终究与外卖或者保姆做的是不一样的。做的人用了心，吃的人就一定能体会得到。只要愿意多花一点点心思，人人都可以做出可口的美味。我不是专业的大厨，如果我可以，你也一定可以。

过去的几年里，有很多用户给我留言说，因为跟着我做饭，他们的生活发生了一些变化，开始愿意去尝试一些新的东西，并且逐渐建立了对生活的信心，也开始慢慢追求属于自己的生活之美。随着年龄的增长，我们对未知会产生越来越多的恐惧，对于新事物会给自己在心理上设立很多的门槛和条件，往往觉得很多事成年人就不可能再去尝试了，生活也开始随着岁月的流逝变得平淡、麻木、千篇一律。而这种心态的改变，重塑“我可以”的信心，是可以通过日常对小事的坚持一点点建立的。做饭与跑步一样，都是一件小事，参与的门槛都不高。对于跑步来说，只要你愿意迈开腿，有一条路，你就可以坚持跑下去。做饭也是如此，只要你愿意开始动手，你就一定做得出美味可口的饭菜。这种坚持，可以打破我们对于未知的恐惧，是我们美好生活的敲门砖。

生活中平凡的小事，如果是个好习惯，坚持下去必然会因此受益。日子慢慢过去，你会发现你的某种坚持逐渐成了信仰，不知不觉已然花香满径。

不是有那么一句话吗，能认真洗衣做饭的人，都自带光芒。周末的阳光明媚，拉开窗帘，阳光洒进厨房，围裙上也有了光泽，沾上了些太阳的味道。戴上围裙，打开冰箱，家里就有了我喜欢的温暖、安宁的味道。

生活，就是我们爱的每一个点滴

我师父的师父是扬州一把刀居长龙大师，他已经七十多岁了。刚开始准备做“迷迭香”的时候我去扬州学习，他以为我是去玩儿的，怎么也不相信我真会洗手做羹汤。到后来看见我在后厨每天练习切菜十几小时，站到浑身浮肿，他说：“没想到你是玩儿真的。”从有这个想法开始，到向师父们学习厨艺、练刀功、理解食物与厨房，再到后来自己创作，我的努力从未停止过。虽然师父们总夸奖我有天赋，但我知道自己真正的天赋是可以为了热爱的事不遗余力。

记得刚开始做“迷迭香”的时候，一位做媒体的前辈说：“欢迎来到这个吃人的行业。”话虽然不中听，但我知道他想表达的是什么。是的，“迷迭香”里每一个精美的视频都是我们非常用心做出来的，拍片子的时候，团队经常连拍整整一天一夜，剪辑的时候不放过一个细节。但我们并没有觉得辛苦，因为觉得它有价值，所以乐在其中。这是我表达生活之爱的方式，如果恰巧你也喜欢，这便是我觉得最幸福的事了。

我始终觉得一个公司也好，一部作品也罢，自它诞生起就是有生命、有灵魂的，是自然生长的。作品是否有诚意，观众是能够感受得到的。一个有温度的片子，必须做菜的人用心、拍摄的人用心、剪辑的人也用心才有灵气，观众才能接收到你想传递的温度。

做饭这件事，就像优衣库的基本款白 T 恤，是生活的必需品，简单，但是质量很重要。我们有时会抱怨日常生活琐碎、无聊，可是我们的确可以用心生活，让日常也开出花来。生活并不容易，它的美好与否，不是生活本身的特质，而是体验、经历它的人添加的评价标签。不要因为世界的恶，也不要因为别人的恨，变得对这个世界抱有敌意。不做机械的条件反射，这是人与动物最大的区别。要相信当你带着美好的心靠近这个世界，它也会温柔地对待你。

时间和经历会慢慢让生命成长，让它更加丰富、深邃。可如果你愿意，也可以让它更加透明。有很多东西，只有你跋涉了千山万水才知道是不是你真心喜欢的。有些路，你不走下去，永远不知道它有多美。每个人都是独特的个体，坚定你的选择，承载风雨打磨，无论好的坏的，你都会收获属于自己的独特生命体验。

拍《小吃中国》扬州系列的时候，一位大师在访谈时对我说：“淮扬菜的烹调方法、口味、色彩的搭配，非常巧妙，很细致，因此不可能像粤菜、川菜一样火遍全中国。所以淮扬菜是什么？它就是生活啊。它不温不火，需要工艺繁复的流程，它需要时间来等待啊。”

他接着说：“任老师，周末的时候，你在家一边炖肉一边泡着一壶茶。肉在加热的过程中，随着营养素的分解，咕嘟咕嘟的一种肉香在你嘴边耳边一点点地萦绕，逐渐包围你的整个嗅觉。在这个过程中，你自己是满足的，它远比你从饭店点了一份红烧肉外卖让你觉得充实与自豪。我们在工作时需要紧张、效率，不断对自己提出高要求，但是生活中一定要有等待啊。这种等待是美丽的。”

可不是吗？做饭就是这样啊，这是一件只要你想做、用心做，就能做好的事。跟着菜谱，慢慢地、不断地做出越来越多的菜式，你会发现，原来用双手将自己对家人、对生活的爱意创造与表达出来，是一件多么幸福的事！

因为生活，就是我们爱的每一个点点滴滴啊！

吃饭的事比天大

一年365天，每天你一定会思考三遍的一个问题就是——“吃什么”。你再去问一个人平常大多数时间最想吃的是什么，通常得到的答案都会是，“家常菜”“家乡菜”。那是因为老祖宗千百年来已经将饮食密码刻进了我们的基因里，已经教会我们用本能来判断什么食物最能滋养我们的身体。万物有灵为美，胃以喜者为补，只有与我们体质相合的食物我们才会自然地想去吃，觉得美味。你必须承认，人类即使发展到今天，我们还是动物，身体比大脑更敏感、更聪明。

可能大部分人都和以前的我一样，觉得吃饭这件事只与好吃和吃不胖有关，但这两年通过亲身经历，我才明白我们吃什么、怎么吃和每个人的身体状况有太大的关系了，可以说我们与食物的关系是我们生活中最重要的关系。

两年前《小吃中国》发布会结束的当晚我便开始发高烧，一周未退后得知是得了肺炎。在西医多日抗生素挂水的强力镇压下，肺炎算是好了，但我的身体状况却从此一落千丈，断崖式下跌。虽说不上有什么具体的毛病，但总是很累，多说一会儿话都会觉得没有力气。那段时间我每天脸都是浮肿的，每天早晨起床都好像被人打了一顿似的浑身疼。后来有一位朋友给我介绍了一位台湾的名医，我慕名前去。

医生看到我便说："你的问题和肺其实没什么关系，问题在于你不吃饭也不睡觉，如果你继续不吃饭，那么我不会给你治。"我说："既然来了我一切遵医嘱。"他接着说："你的身体里全是二氧化碳，即使再节食，你也不会瘦。"我还算听话，回去就开始大吃特吃，牛肉面、红烧肉都开始大口吃起来。果然，我也并没有因此长胖，我能够感受到身体里虚的感觉一点点被填实了。后来经过医生的中医治疗，我的身体慢慢地好了起来。经过了这一课，我开始尊重自己的身体，尊重人与自然的关系，三餐按时，不熬夜，也自此入了中医的门，开始了对中医和食疗的钻研。

我们人生活在天地间，生活在自然中，是自然界的一部分。因此，人和自然共同受阴阳法则的制约，遵循同样的运动变化规律。而中国食疗的历史源远流长，距今至少有 3000 年了。原始人类在寻找食物的过程中，发现了有治疗作用的食物，可作为食，也可作为药。他们就在实践中逐渐将一些营养价值不大但治疗作用明显的食物分了出来，作为专门治病的药。因此，药来源于食。

中国人是从整体出发去认识饮食对人体的滋养的。扁鹊曾经说过："安神之本必资于饮食。不知食宜者，不足以存生。"饮食是人体赖以生存的基础。一个人一生中摄入的食物要超过自己体重的 1000 ～ 1500 倍，这些食物中的营养素几乎全部转化为人体的组织和能量，满足我们生命活动的需要。食物进入人体，经过胃的吸收、脾的运化，然后将水谷精微输布全身而滋养人体。

中国人最讲究食物搭配，也是最早用到"水火既济"烹饪方式去掉食物偏性的国家。中国人爱吃，讲究吃，老祖宗留下的一些亘古不变的饮食习俗其实蕴藏着很多养生的真谛，用《易经》里的话来说，就是"百姓日用而不知"。

食物的生长也与季节和水土相应，所以我们说吃应季当地的菜最健康。中国人搭配烹饪的诀窍是让食物的性味达到平和。一道菜之所以美味，往往是因为对喜欢吃的人来说，没有偏性，足够平和。中国文化强调“中庸”，中国的饮食也一脉相承，讲求药食同源，往往用最简单的食物搭配来获得最大的养生效果。所以中国这些传承已久的传统烹饪技法背后，是我们中国人独有的养生秘密。对饮食稍有研究的人，了解人的身体与四季的对应关系，懂得“春夏养阳、秋冬养阴、四季五补”的原则，就可以把药房开在自家的厨房，利用一日三餐的平凡美食，吃出健康的身体和美丽的容颜。

我们每个人的身体就好像一架机器，它非常精密也非常聪明，它能自己发动、自己营养、自己管理、自己修补，所以当我们的身体受了损伤，要相信我们人体也有巨大的自愈能力，而自愈最需要的修复材料就是“营养”。在这样一个人类生理上的进化难以跟紧工业化脚步的时代，我们更要学会留心体会自己身体的感受，“想吃什么就吃什么”。因为身体往往比头脑更聪明，它喜欢的食物很可能含有你现在所缺少的营养素。

有很多人按照现在流行的理论盲目戒掉一切精制碳水化合物，或者不吃任何脂肪，这样做短期会因为脱水而减轻体重，但终究不能维持长期的健康。减肥的本质是建立健康的生活方式，均衡饮食，让身体这台机器正常运转，吸收好的养分，及时排出身体的废物，加快代谢循环。因此，致力于减肥的朋友，不要为了每一餐的热量纠结，而要为一个长期的饮食平衡努力。

在这样一个动动手指就可以有美味送上门的时代，吃进去的食物用的是什么原材料、什么油、什么添加剂，外卖盒是否有毒，这些可能都无从考证。尽量自己在家做饭，就可以自由选择爱吃的食材、烹饪方式和尽可能健康的调味品。

女人靠“养”不靠“妆”，要想美丽就要从好好吃饭做起，三餐补足充分的营养素，才可以打好美的基础，又保持下去。一张美丽的面庞，应该是气血充足的白里透红，那是用多少粉也抹不出来的、阳光下充满光泽透亮的自然美。

Canon

下厨必备基本厨具

重要的是你要
开始动手做，
以及用心去感受。

这几年里我被问到最多的问题都是关于工具的，不少朋友问我视频里的锅、刀、案板，还有某些小配件，以及某些高端品牌的进口器具是否一定比普通厨房用具好用很多。这一篇里我想分享一些我自己这几年关于器具的使用心得。

总体上来说，如果你刚开始学厨，或是家里的厨房并不是很宽敞，那么最基础的工具就足够用了。重要的是你要开始动手做，以及用心去感受。中国人的厨房其实都不大，我和很多用户交流过，对于每次入手的器具，他们往往考虑更多的不是价格，而是空间。这件东西买回来后的使用频次会是多少，是否会经常用到？所以我在这里只想列一些我们平时不仅会高频用到，同时还能一物多用的器具。有一些厨具非常好看，但是使用的场景和频次都不高，在这本书里我就不过多推荐。

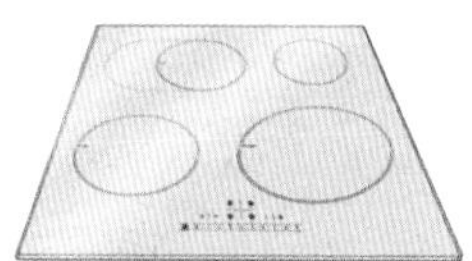

电磁炉

灶台一般分为燃气灶和电磁炉。电磁炉不是用瓦斯产生热能，而是使用电力。

电磁炉的加热速度很快，利用电磁感应涡流加热原理，穿过锅底的磁力线使分子运动产生热量，快速省时，不论煎炒烹炸都大大缩短了时间，提高了效率；同时也比较容易清洁，做完饭后用抹布一擦就可以变得很干净了。但电磁炉只能使用电磁炉专用容器，不能使用铝、玻璃或瓷等材质的容器。它相对比较安全，不会产生气体泄漏；人不小心碰到后也不会被烫伤。

燃气灶

燃气灶是明火烹饪，火力比较集中，热力更为强劲，使用起来效率高，同时能满足明火慢炖的要求，也不挑锅。你要想用砂锅煲个汤，那可只能用明火了。更重要的是明火受热面积广，加热升温比较均匀，做出来的菜相对更好吃，不过明火的安全性没有电磁炉好。

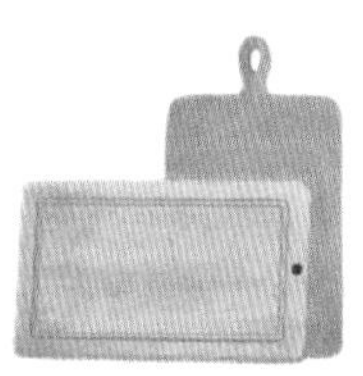

砧板

砧板是家家必备的厨房用具，是下厨时有关健康和卫生的非常重要的一件事，因此砧板的清洁尤为重要。我的建议是至少要准备两个砧板，“蔬果用砧板”和“鱼肉用砧板”，使用起来会比较卫生。

如果你使用的是木制砧板，食物卡在刀痕的地方容易滋生细菌，因此使用后可以先用粗盐擦拭，再用清洁剂洗净为佳。另外，如果用热水清洗放置鱼肉类的砧板，鱼肉的味道就会渗入砧板里，因此最好先用冷水清洗完毕再泼上滚水，去除残余的细菌。洗好后，可将砧板放在通风良好的阳光处晒干。如果使用的是塑胶砧板，可以先用白醋擦拭，再用清洁剂冲洗干净。

平底锅

如果厨房只能留一个锅，那么我留下的一定是一个平底的不粘锅。现在的不粘锅涂层越做越好，一般来说不是很容易刮伤。厨房里无论是做鱼、煎蛋、焖饭还是摊饼，平底锅都最实用。我平时使用最多的是28cm 的平底锅，觉得大多数场合用尺寸都正好。

炒菜锅

炒菜锅有很多种，有铸铁锅、中式传统炒菜锅，还有深口的不粘锅。我自己比较喜欢用的是深口的不粘锅。首先因为女生提起来没有那么重；其次好洗、方便，无论是火灶还是电磁炉都可以使用。如果你使用的是铸铁锅，那么是需要保养的，洗净后要烘干抹油以防生锈。一般来说，小家庭吃饭不需要选择过大的锅，使用起来不太方便，炒菜或炒饭的分量大的时候，女生拿起来会很重；当然也不要选择口径太小的，不实用。我平时用的是尺寸30cm 的。

不锈钢圆锅

不锈钢锅是必备的，一个大一点口径的不锈钢锅有很多用途，一是炖肉之前焯水，用不锈钢锅就可以；二是用来汆烫蔬菜也极为方便。如果你家很小，那么用大锅下个面条或是煮个水波蛋也是没什么问题的。使用不锈钢锅后要立即清洗再晾干，这样就可以长时间维持它的光泽度。

砂锅

当你时间充裕，同时又想煮一锅心意浓厚的暖汤时，砂锅是一定需要的。大部分的肉汤都需要经过小火慢炖，而这个过程如果是在砂锅里进行的，对汤的品质提升有极大的帮助。一来砂锅的性质稳定，不容易与食材起化学反应，长时间炖煮也不会影响汤的口味和营养；二来砂锅导热慢，受热均匀，因此它可以使锅内的食物和汤汁长时间地保持在微微沸腾的状态。由于使用砂锅火小、时间长，最后可以使肉慢慢酥烂，而且汤汁鲜美，尤其是炖老火汤，用砂锅一定是王道。

小汤锅

很多时候，我们早晨做一个窝蛋奶，晚上回家煮个鸡蛋，或是一人食下一碗面条，有一个小汤锅是非常实用和顺手的。买一个好看的小汤锅，煮面的时候，看着锅里沸腾的面条和扑腾的溏心蛋，多么治愈啊！

炖锅

理想的炖锅一定要有盖子，而且锅底面积不能太小，这样煎、炒、炖才可以都在同一个锅里进行。材质上涂了一层珐琅釉的铸铁锅非常理想，因为储热稳定，适合慢炖，又可以整锅放进烤箱，端上桌也很好看，唯一缺点就是价格高得惊人。

电饭锅

对于中国人来说，家家都有一口电饭锅。电饭锅不仅可以用来煮米饭，还可以用来做一些简单的电饭锅菜肴。

电烤箱

很多人觉得烤箱的用处不大，其实只是因为我们国人不太习惯使用。如果你是一家人一起生活，我觉得烤箱是必须有的一个厨房家电。当你习惯了使用烤箱，会发现它真的是一个非常实用的厨房好帮手。无论是早晨 10 分钟出炉一个早餐布丁，还是冬天加热买来的面包，烤箱的方便度都无可比拟。尤其是到了你要请客吃饭，几个灶台忙不过来的时候，加一两个烤箱大菜就能轻松帮你 hold 住全场。烤箱是运用内部的对流扇旋转，促使电热线产生对流热来烹煮食物。它的对流功能有助于将相同的温度传给食材，让它均匀受热。

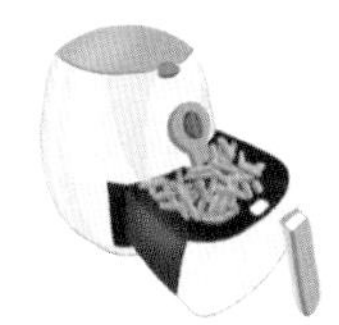

空气炸锅

空气炸锅是利用热空气来油炸食材的，只需要在食材表面涂上少许油脂就能炸出又香又脆的滋味。它是近两年流行的一种新厨房小家电。如果你非常喜欢吃油炸的东西又担心长胖，那么可以考虑买一个。但如果不是经常油炸食物，它闲置的可能性就会比较大。

厨房用纸

如果你买了烤箱，那么厨房用纸一定要仔细了解一下。最主要的厨房用纸就是以下三种。

①铝箔纸

烤东西时铝箔纸是必不可少的。一般来说无论是烤鸡还是烤肉，烹饪时都会在烤盘上铺上铝箔纸。但是一定要注意，铝箔纸千万不能放进微波炉里，因为有可能引发火灾。

②烘焙用纸

烘焙用纸是烘焙时使用的一种烤箱用纸，在烘焙时经常用它铺在烤架上使用。它也可以用来作为铝箔纸的替代品，烤鱼或烤肉都可以使用。它的表面有硅胶涂层，所以不太会吸油。它也可以用来包汉堡或者三明治。

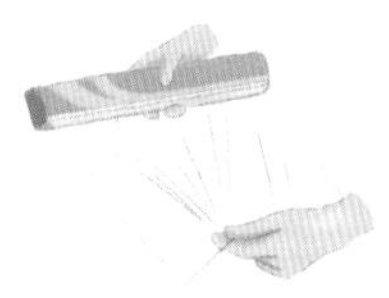

③保鲜膜

这是居家必须用到的。如果有剩下的菜肴要放进冰箱，是一定要用保鲜膜蒙上隔绝细菌和空气的。冰箱里生食、熟食都有，吃不完的食物放进去很容易被污染，所以保鲜膜最适合用来保存食物。它有绝佳的包覆力，因此冷藏或冷冻食物时，可以用来密封和隔绝空气。

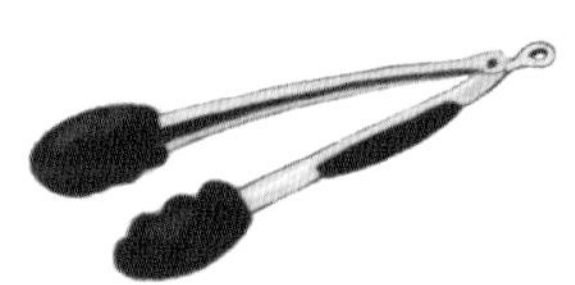

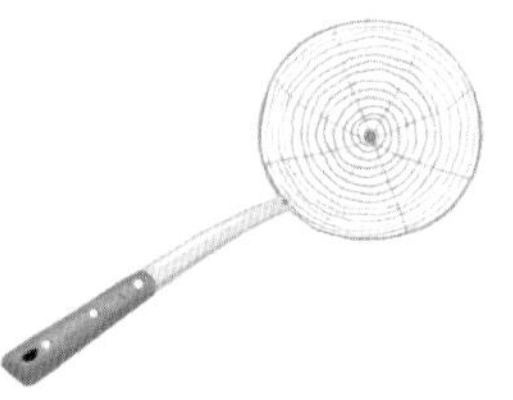

铲子

如果你用的是不粘锅，那么木铲是最好的选择。也可以再准备一把薄面的金属铲子用来煎饼和给鱼翻面，做甜品也可以将盆里的糖浆面糊刮得很干净。

夹子

我常用的是带塑料包裹的长夹，煎牛排时用来翻面，或者做鸡腿时用它来给鸡腿翻面，比用锅铲或筷子方便稳当许多。所有的煎、烤、炸的高温食物都可以用它来夹取和翻面。

漏汤匙

捞面、捞焯水的食物，漏汤匙都是最方便的工具。

大汤勺

用来盛汤。

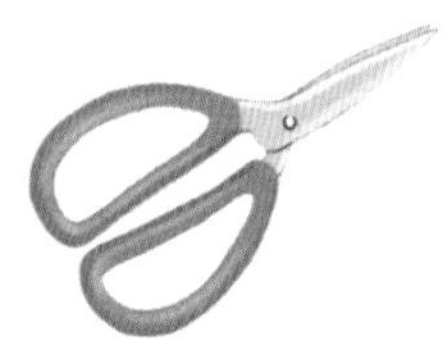

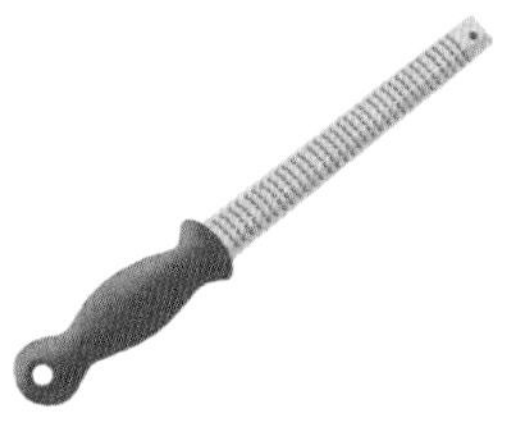

剪刀

除了用来剪开食物包装以外，大剪刀还可以用来给鱼虾开背，使用灵活又方便。

削皮刀

又称为刨刀，应该也是家家户户都必备的小工具。无论是给土豆、胡萝卜削皮，还是刮出漂亮的黄瓜缎带都可以用它来完成。

刨丝刀

中餐里比较少用到，但如果你想用柠檬皮、乳酪丝给菜品增色的话，刨丝刀一定是需要的了。

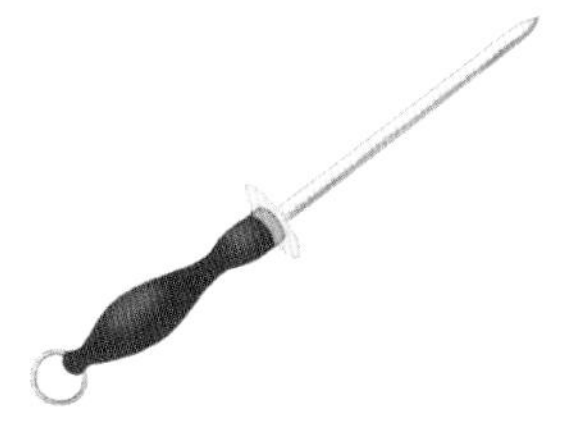

磨刀棒

每次用刀前后，用刀锋对着磨刀棒呈 30 度角两边来回刮几下，刀子可以常保锋利。我比较推荐买一个刀架，这样磨刀棒和几种型号的小刀就齐全了。刀一定要买好一些的，因为使用频率很高。

防热手套

如果有了烤箱，一定要买防热手套。开烤箱门拿里面的东西前一定要戴上手套，这一点尤其要提醒小朋友注意。

打蛋器

打蛋器平时的使用频次不是特别高，如果对蛋液要求没那么高的话，中国人比较喜欢用筷子打鸡蛋。但是打蛋器能比筷子更快地打散鸡蛋，更为方便，同时它还可以快速调匀酱料，做点心时打发蛋白或奶油霜。

温馨提示：做糕点时，如果不用电动打蛋器，你的胳膊会很酸。

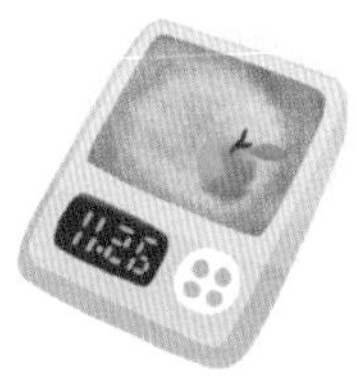

电子秤

做烘焙对所有刻度都有精准的要求，一个小的电子秤是必需的，中餐里用到的倒是比较少。

量匙

量匙多用于西餐和烘焙。买一个一组的套装就足够用了，一般一组 4 种量匙分别为 1 大匙、1 茶匙、½ 茶匙和 ¼ 茶匙。

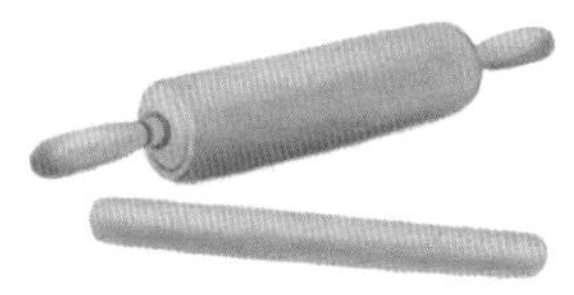

擀面杖

如果你做葱油饼、生煎包或者饺子皮，一根细细的擀面杖就足够用了。西式擀面杖是一个很大的木杆，用来做烘焙里的派、面包很方便。

如何挑选厨房用刀

一般我们常使用的刀具主要是菜刀和水果刀。我觉得买一套带刀架的全刀具最为实用。在刀具上最好不要省钱，买一套高质量的刀具对你在厨房里做饭的幸福感至关重要，因为它是在厨房里使用频次最高、最影响下厨体验的厨具。如果能根据不同用途使用正确的刀具，下厨时就会更轻松。

常见厨用刀

最常见的厨用刀，刀刃面积大且锐利，适合用来切肉类、蔬菜等常见食材。尖锐刀尖适合用于切割肉类。

长厨用刀

既锋利又细长的厨用刀，适合用来将排骨、白切肉等肉类切成片，或是处理鱼肉。

大水果刀

适合用来处理西瓜等体积庞大的水果。烹煮少量食物时，可代替菜刀使用，相当方便。

小水果刀

体积小且轻巧，刀刃短，主要用来切或削蔬菜、水果的外皮。

陶瓷刀

现在比较流行的一种刀具，具有超高硬度、耐高温、耐腐蚀、非常锋利、不易磨损、永不生锈的特点。因为不是金属材质，所以不会生锈，也能防止细菌繁殖，食材不会粘在刀上，刀刃也不会染上食物的味道。但是陶瓷刀不能切割硬物，也要防止它从高处掉落，也不可以用它来砍、砸食材。所以我个人还是比较喜欢使用金属刀。

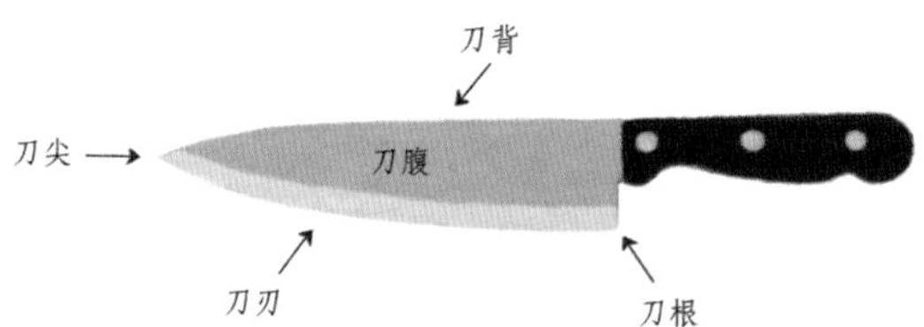

菜刀各部位的功用

刀刃是切菜时最常使用的部位，一般用来切割食材；刀尖位于刀刃前端，可以用来在食材上划刀痕、切断肉筋、清除海鲜的内脏；刀背尽管不够锐利，但却很适合用来切割软嫩鱼肉或是敲软肉类；刀根位于刀刃尾端，可以用来挖马铃薯的芽眼或者用来切割比较坚硬的食材部位；刀腹可以用来拍打压碎大蒜或者生姜。

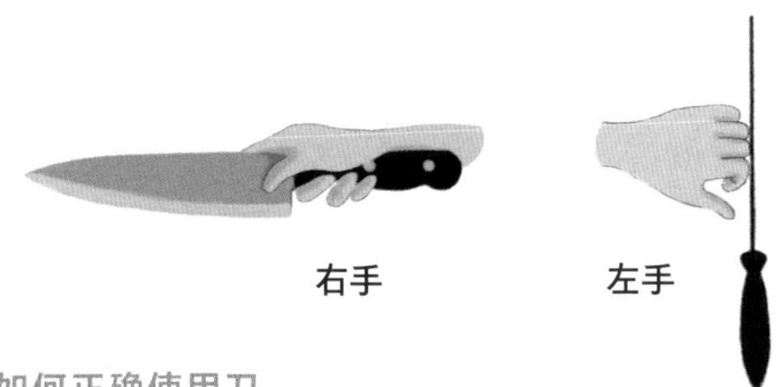

如何正确使用刀

切菜时要右手紧握刀柄，用大拇指与食指握住菜刀两侧。左手手指握住食材的姿势很重要，手指一定要向前展开并弯曲，完全固定住食材，让手指头的第二个关节紧贴刀面，这样在运刀的过程中才不会切到手。开始可以拿白萝卜、冬瓜等好切的食材练习，多练练就能掌握诀窍。

两组烹饪用语

煮开、煮沸

汤或火锅食谱里经常用到煮开这个词，指的就是煮到沸腾的意思。换而言之，就是指汤煮滚后锅的边缘开始冒泡，持续滚到泡泡跑到锅的正中央为止。

水煮

虽然水煮和汆烫都是将食材放到滚水中煮熟，但是有时间上的差异。水煮是长时间烹煮，像马铃薯或肉块这样较紧实的食材就需要用水煮。

汆烫

汆烫是将肌理柔软的食材放入滚水中快速煮熟，像是叶菜类蔬菜，就要用汆烫的方式。如果在水里加些盐，能有效防止食材的风味与养分流失。

做菜时火候的控制非常重要，因为不同的火候会影响食材的烹调时间与入味程度。

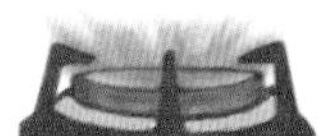

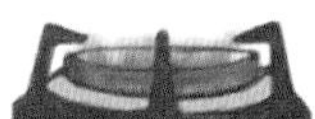

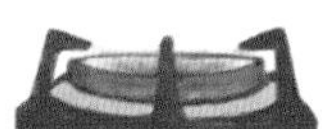

旺火

指的是火焰大小完全盖住厨具底部，需要快炒或爆香时，通常用旺火爆炒（电磁炉有爆炒挡）。

大火

大火的火焰尾端会碰到锅底，但不会盖过整个锅，通常汆烫、熬煮、油炸时会使用大火（电磁炉就是 9 挡）。

中火

中火的火焰尾端不会碰到锅底，适合需要长时间炖煮的红烧料理（电磁炉挡位是 7/8）。

文火

火焰又小又弱，焖饭或是不想让炖汤等料理冷掉时会使用文火。我们通常说的文火熬煮、炖烂，就是小火长时间慢慢熬煮的意思。用砂锅炖汤通常都用这个词。

三个厨房小窍门

轻松打开瓶盖的方法

我们经常会出现打不开玻璃瓶盖的情况，这时候最有效的方法是在玻璃瓶与金属盖子之间制造一个小缝隙，打破玻璃瓶内部的真空状态。比如，用一个一字形的螺丝起子，厚度与瓶盖之间的缝隙差不多，插入缝隙中，再轻轻扭转盖子，听到空气跑进去的声音后，就能轻松打开瓶盖了。

不用放在冰箱保存的蔬菜

洋葱、胡萝卜、南瓜、白萝卜、山药等蔬菜存放在通风良好的阴凉处即可，不需要放在冰箱里。另外，马铃薯不适合冷藏，因为在冷藏的过程中，它内部的淀粉会转化为糖分，导致马铃薯味道改变。马铃薯也不能见光，它一旦暴露在阳光下就会发芽，因此最好用报纸包起来再装到箱子里，并存放在阴凉的地方。此外，如果在马铃薯边上放一颗苹果，它释放的乙烯气体可以延迟马铃薯发芽的速度。

一杯米能煮出几碗饭？

用 1 杯没泡过水的生米煮饭可煮出 1.5 碗白饭。用泡过水的白米煮饭时，米和水的比例是 1 ∶ 1；如果是用生米煮饭，米和水的比例是 1 ∶ 1.2。米泡水 30 分钟后再煮，米饭会更加松软。

小提示

本书中，1 汤匙大约等于 15 克，1 茶匙大约等于 5 克，适量一般少于 5 克（根据个人口味添加）。

第一部分

无肉不欢

001

鹌鹑蛋红烧肉

如果说有一道菜最能代表中国味，我觉得非红烧肉莫属。每当饿得前胸贴后背或久未食肉味、馋虫被勾起时，我脑海中第一个浮现的美食便是红烧肉。第一个做出这道菜的人对中国人的贡献实在太大，因为它无论从色、香、味、形任何一方面，对勾起人的食欲来说都是满分。

难度
初级

时间
80 分钟

无论上至国宴还是下至普通人家的餐桌，红烧肉都是中国人默认的"国菜"。中国各地有不同的红烧肉版本，比如，北派就以鲁菜、京菜、东北菜红烧肉的做法为代表。南派有湖南毛氏红烧肉、上海本帮红烧肉、江浙的苏派红烧肉，还有江西红烧肉、安徽的徽派红烧肉、潮汕客家的梅菜扣肉，以及耳熟能详的东坡肉。南派的口味偏甜，比如，大家一般用"浓油赤酱"来形容上海的红烧肉，认为它的特色就是"汁浓、味厚、油多、糖重、色艳"。北派是咸中带甜，汤汁比南派要多一点，通过慢火细炖来达到色泽红艳油亮、肥肉爽滑不腻、瘦肉香而滋润的效果。

我家一向饮食清淡。一方面是父母年纪大了不喜油腻；另一方面是听了太多的资讯，为了身体健康，恨不得完全素食，殊不知来自食物的能量方是人体机能正常运转的"汽油"。大自然造人时将我们设定成了杂食动物，一定有它的道理，我们应该遵从自然。有一回回家我做了红烧肉，我爸一连吃了好几块，后来每次回家红烧肉就成了家人必点的保留菜目。加了鹌鹑蛋的红烧肉更有意思，因为鹌鹑蛋可以吸收红烧肉的卤汁，它的弹嫩配上肉本身的鲜香，真是人间美味！

扫码观看视频版

很多人觉得红烧肉油腻不健康，其实是对这道菜的误解。中国人很早就懂得通

◆食材

五花肉 … 500 克
鹌鹑蛋 … 250 克
大葱 … 半根
料酒 … 1 汤匙
生抽 … 1 汤匙
糖 … 1 汤匙
姜 … 半块
干辣椒 … 10 克
八角 … 10 克
桂皮 … 1 块
盐 … 1 茶匙

小贴士

1. 鹌鹑蛋煮熟后放在盒子里摇晃使蛋壳裂开，方便剥壳；
2. 五花肉先切块浸泡在水里，去掉肉里的血水；
3. 焯水的时候一定要是冷水，让肉和水一起煮沸，这样就不会造成外熟里生，血沫全都可以成功地撇出来；
4. 炒肉的那一步，一定要把油给煸出来，这样做才会好吃。

◆做法

1. 将鹌鹑蛋洗净，冷水煮开后继续煮3到4分钟

2. 盛出后过冷水

3. 将鹌鹑蛋擦干后放入盒子中

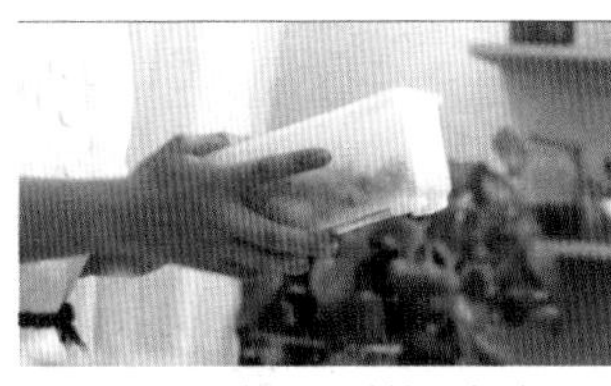

4. 将盒子轻轻摇晃至鹌鹑蛋壳裂开，方便剥壳

5. 摇晃过后就容易剥很多

6. 五花肉切块，大葱对半切开后切小段，姜切片

7. 五花肉冷水焯水后盛出备用

8. 锅中大火热油后，转小火倒入葱白、姜片爆香后倒入八角、桂皮、白糖，翻炒片刻

9. 接着改中火，倒入五花肉翻炒，炒至五花肉变色出油

10. 倒出多余的油

11. 倒入鹌鹑蛋翻炒至变色

12. 接着倒入没过食材的热水，倒入料酒、生抽、干辣椒、盐

◆ **做法**

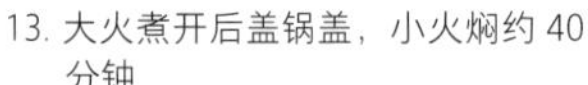

13. 大火煮开后盖锅盖，小火焖约 40 分钟

14. 最后大火收汁

15. 盛盘撒上葱花，鹌鹑蛋五花肉开吃啦！油而不腻，质嫩弹牙

过火，运用煎、炒、烹、炸的方式来调和食材的性味。猪肉本身有寒性，用八角、桂皮等辛热的调料作为佐料和猪肉一起炖煮，中和猪肉的咸寒之性，就增强了猪肉的补肾功能，将其变成了壮阳的温补食物。它既能滋阴，又能通便，还能增加肾气；又因为肥瘦相间，还带着肉皮的猪肉经过料酒、冰糖的烹制，脂肪的性质也发生了变化。它的脂肪和蛋白质含量很高，因此尤其适于补充用脑过度的体力消耗。对老年人来说，红烧肉提供了优质蛋白质，可以减缓机体衰退，对延缓衰老很有好处，因此很多常吃红烧肉的老人反而健康长寿，这道菜对年老阴亏的人有很好的滋阴补益的作用。当然，如果你特别怕油腻，就一定要先将肉煸一下，将猪油先煸出去，这样红烧肉就肥而不腻了。

这道菜一年四季都可以吃，但尤为适合秋冬。北方素有贴秋膘一说，意思就是吃肉进补，因为夏天天气炎热，人们容易食欲不振，造成身体消瘦，所以每到立秋之时，家家户户都会吃肉，比如，炖鸡、炖肉，达到进补的目的，补充夏天流失的营养。只要天气开始转凉，就可以开始多吃一些肉了，从 9 月中旬到 11 月初，都是“贴秋膘”的好时机。坐在温暖的室内，窗外的寒风凛冽、雪花飞舞，吃上几块自己做的红烧肉，大概就是属于秋冬最美的享受了。

中国人很早就懂得通过火，运用煎、炒、烹、炸的方式来调和食材的性味。

002

蜜桃焖鸡

难度
初级

时间
50 分钟

我偶尔请朋友吃饭，有一道菜是夏日必做的，那就是蜜桃焖鸡。刚开始学做菜的时候正值夏天，楼上的邻居送了一大袋水蜜桃，我望着这么多桃子便灵机一动拿它来做了菜。这是我第一次用水果来配菜，没想到味道竟如此之好，一下子打开了我对水果配菜的一扇创意之门。有一天我看家里还剩下一些鸭汤，单纯加热略显单薄，便想着加些配料丰富一下汤的口感，这时我望见了搁板上的几个大梨子，便说不如拿雪梨炖鸭汤吧！我妈大吃一惊，后来尝到味道却也觉得美味。

水蜜桃的营养价值很高，它的含铁量在水果中几乎可以排第一，所以多吃桃子可以防止贫血，还能增加人体血红蛋白的数量。桃子的含铁量是苹果的三倍、梨子的五倍，因此人们送给它一个美誉，叫“水果皇后”。桃子还含有丰富的蛋白质、脂肪和多种维生素，特别是富含果胶，因此多吃可以预防便秘。水蜜桃基本在夏末秋初成熟，对于养肺有独特的效果，它的味道又甜又酸，性微温，因此具有补气养血、养阴生津、止咳等功效；鸡肉具有温中益气、补精填髓、益五脏、补虚损、健脾胃的功效，因此桃子和鸡肉在一起能更好地发挥健脾开胃的作用，酸酸甜甜很可口。

扫码观看视频版

关于这道菜，我还有一些小的体会。因为这道菜做过很多次从未失手，所以我对它就掉以轻心了，直到有一次我做的蜜桃焖鸡味道非常普通。原来是因为那次买的桃子比较酸，不够甜，而我并没有根据桃子本身的差异去加糖调节味道，因此做出来的菜味道就不好。其实每次拍摄时我做的菜似乎都比平时做得好吃，我认为正是因为拍摄时要非常准确、特别用心，生怕哪一步做错了；而平时做饭，往往时间都很紧张，三个灶同时做难免分了心，因此做菜的质量和口味也就有所下降。所以，做菜好吃最重要的一点还是用心啊！

◆食材

鸡大腿 … 2个
桃子 … 2个
青椒 … 1个
蒜末 … 5克
老抽 … 1汤匙
胡椒粉 … 1茶匙
盐 … 1茶匙

小贴士

1. 桃子要挑稍甜一些的蜜桃，如果桃子比较酸要放一些糖；
2. 鸡腿先煎带皮的一面，煎至焦脆后翻面。

◆做法

1. 鸡大腿两面倒上盐，涂抹均匀

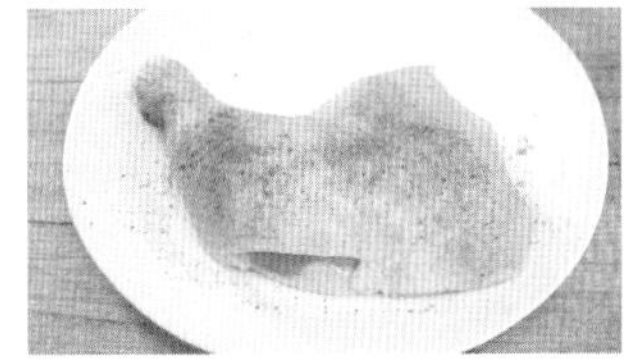

2. 鸡大腿两面倒上胡椒粉，涂抹均匀

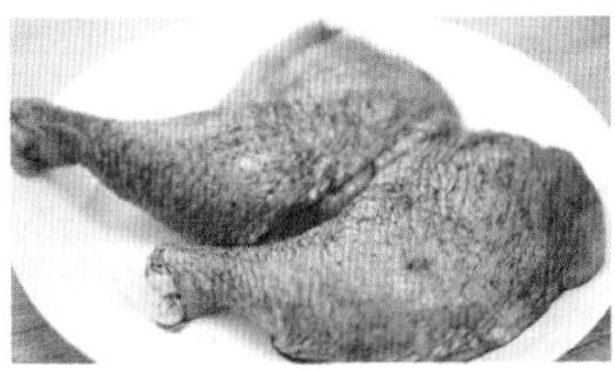

3. 鸡大腿两面再涂老抽后腌制30分钟

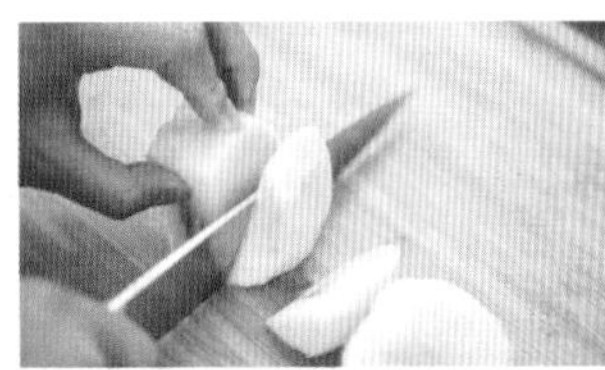

4. 取新鲜的桃2个，去皮切块

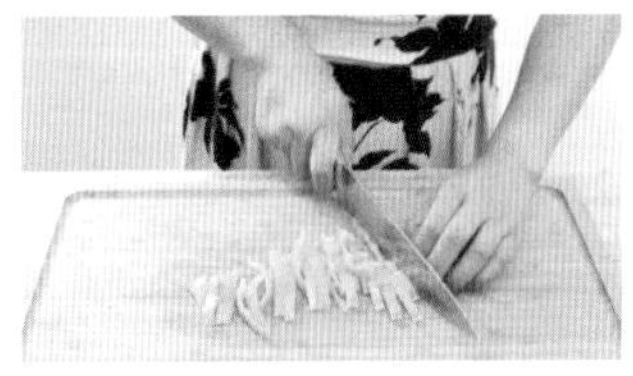

5. 青椒切条，蒜切末

6. 锅中倒油，油热后放入鸡腿大火煎制，先煎带皮的一面至皮焦脆，再煎反面

7. 鸡腿煎至八成熟后挪到锅的一边，转小火，在锅的空白处倒入蒜末爆香

8. 接着倒入青椒翻炒

9. 倒入桃块继续翻炒

10. 锅内倒入适量热水

11. 大火烧开后加盖小火焖15分钟

12. 特色美味蜜桃焖鸡完成

003

可乐鸡翅

难度
初级

时间
20 分钟

可乐鸡翅是一道让人幸福感很强的菜。可乐和鸡翅，这两个词每一个单拿出来都很有吸引力，搭配在一起就更让人流口水了。同时这也是一道很讨巧的菜，因为非常好吃，而且极其简单、省时。鸡翅冷水先焯水，接着在锅中倒入一点底油，中火将鸡翅煎至金黄，这样鸡翅的表皮会有焦脆感。倒入各种调味品再加上可乐，将鸡翅的味道调试得恰到好处。

鸡翅的肉比较少，富含胶质，也是整个鸡身最为鲜嫩可口的部位之一。鸡翅含有大量可强健血管及皮肤的胶原及弹性蛋白等，对于血管、皮肤及内脏都有好处。鸡翅内所含的大量维生素 A，远超青椒。对于视力、生长、上皮组织以及骨骼发育、胎儿的生长都非常有帮助。鸡翅还富含脂肪，可以为维持体温和保护内脏，提供必需脂肪酸；也富含铜，对于血液、中枢神经和免疫系统、皮肤、骨骼、心脏等器官的发育很有帮助。所以小孩子也特别喜欢吃鸡翅，因为它对人体的生长发育很有益。

记住了，要想健康，食材和食物的做法一定要多样化。如果因为太好吃每天都吃，恐怕可乐鸡翅的糖分就有点太高了。可以和其他肉类换着吃，也可以换鸡翅的其他做法。

扫码观看视频版

◆食材

鸡翅 ··· 500 克
葱 ··· 2 根
姜 ··· 3 片
可乐 ··· 1 罐
生抽 ··· 2 汤匙
老抽 ··· 1 汤匙
料酒 ··· 1 汤匙
盐 ··· 少许

小贴士

1. 鸡翅要用冷水焯水，去掉浮沫即可；
2. 可乐选普通可乐，不要用低糖可乐。低糖可乐里加了甜味剂，加热会有苦味。

◆做法

1. 鸡翅洗净冷水焯水，锅中放入葱姜

2. 沥干水分待用

3. 锅中放一点底油，中火将鸡翅煎成金黄

4. 加入 1 汤匙料酒、2 汤匙生抽、1 汤匙老抽，1 罐可乐

5. 再按口味加入少许盐，大火烧开后转小火，盖上锅盖焖 15 分钟

6. 小火炖至汤汁收浓，所有汁都裹在鸡翅上了，出锅

7. 味道棒呆！

004

糖醋排骨

难度
中级

时间
30 分钟

我是南方人，我原先以为只有南方人才喜欢糖醋食品。从小到大，凡是聚会，不管是家庭的、同学的、朋友的，还是公司的，只要有糖醋排骨，通常等不到我伸出筷子就已经光盘了。后来因为工作，走南闯北、从东到西，发现不管东西南北中，人们对它的热爱是没有地域之分的。在美国上学时，我发现不同国度的同学也大都喜爱它，可以定义为任何餐桌上都不会失策的家常菜。

酸酸甜甜，你中有我，我中有你，吃的是排骨，享受的却是那奇妙的味道。告诉你一个小秘密，所有糖醋料理都有养肝、养脾、通经脉的效益。而猪排骨除含蛋白、脂肪、维生素外，还含有大量磷酸钙、骨胶原、骨粘连蛋白等营养物质。钙、镁在酸性条件下易被解析，遇醋酸后产生醋酸钙，可以更好地被人体吸收利用，因此糖醋做法可以提高排骨的营养吸收率，非常适合给老人孩子补钙。

在吃醋这件事上，南北方实现了前所未有的统一。无论是北方人吃饺子，还是南方人吃汤包生煎包，都要蘸上一点醋。缺了醋，就似乎缺少了灵魂。做菜时加点醋，不仅可以使菜肴脆嫩可口，还可以去除腥膻味，保护菜里的营养素。醋可以开胃，帮助消化吸收。有时候孩子食欲不振，这时候糖醋的菜就特别适合用来提振食欲，所以糖醋排骨也是最受孩子喜欢的一道家常菜。在做这道菜时，等到最后大火收汁前，沿着锅边倒入一汤匙醋更能增加排骨酸甜的层次感。

扫码观看视频版

◆食材

小排 ··· 500 克
料酒 ··· 1 汤匙
生抽 ··· 1 汤匙
老抽 ··· ½ 汤匙
醋 ··· 3 汤匙
花椒 ··· 20 粒
白糖 ··· 2 汤匙
冰糖 ··· 10 颗
姜 ··· 8 片
白芝麻 ··· 1 茶匙
盐 ··· 少许

小贴士

1. 小排用冷水焯水，加入姜片可以去腥；
2. 花椒易煳，煸香花椒时一定要用小火；
3. 最后收汁后再沿锅边倒入一汤匙醋会增添味道的层次感。

◆做法

1. 小排冷水焯水，加入姜片同煮

2. 煮至水沸捞出小排备用

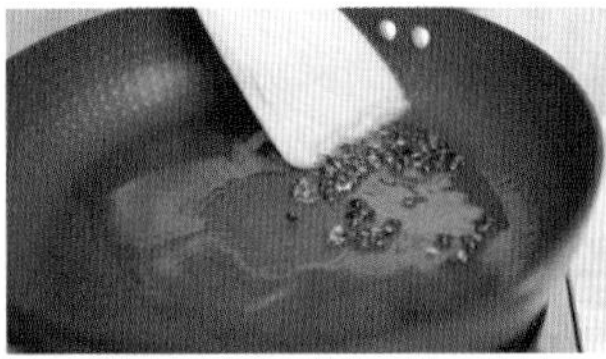

3. 热锅放一点点油，倒入花椒小火炒香

4. 再加入白糖继续小火炒至白糖变褐色

5. 倒入煮过的排骨翻炒至排骨上色

6. 倒入 1 汤匙料酒、1 汤匙生抽、½ 汤匙老抽、2 汤匙醋翻炒均匀

7. 倒入 1 碗热水小火焖煮 10 分钟

8. 待汤汁快干时加入少许盐调味

9. 大火收汁，过程中加入少许冰糖

10. 最后沿锅边倒入 1 汤匙醋炒匀

11. 再在排骨上撒上少许白芝麻，一碗酸甜可口的糖醋排骨就做好了

005

清蒸鲈鱼

难度
初级

时间
35 分钟

在我上中学时，家里的餐桌上经常会出现这道菜。我那时喜欢红烧的口味，不太爱吃清蒸鱼。但是母亲认为这么好的鱼，红烧后吃不出原汁原味，是暴殄天物。见她说得严重，我人小言轻，锅铲又不掌握在我的手中，只能老老实实地吃。这不吃不打紧，那一口下去，鲜嫩的鱼肉似乎全都融化在了嘴里，从此以后，我爱上了清蒸鱼。那时母亲选择经常做鲈鱼而不是她最喜欢的白鱼还有一个原因，鲈鱼除了肉质细嫩，最大的优点是没有小刺，老少咸宜。前不久，看到南宋诗人范成大诗曰："细捣枨齑买鲙鱼，西风吹上四腮鲈；雪松酥腻千丝缕，除却松江到处无。"诗中对松江鲈鱼做了尽情的赞美。感谢现代的养殖业与物流，即使在远离松江的地方，也能尝到鲜美的清蒸鲈鱼。

鲈鱼性温味甘，一年四季都适合吃；含蛋白质、脂肪、碳水化合物等营养成分，还含有维生素 B_2、烟酸和微量的维生素 B_1 及磷、铁等物质。鲈鱼能补肝肾、健脾胃、化痰止咳，对肝肾不足的人有很好的补益作用，还可以治胎动不安、产后少乳等症。准母亲和产后妇女吃鲈鱼，既可补身，又不会造成营养过剩而导致肥胖。

清蒸鲈鱼虽然是一道非常简单的家常菜，但要想做得好吃，要记住两个要点。一是一定要提前用料酒和盐腌制 15 分钟以上，将葱丝和姜丝放入鱼腹和鱼脊中。这样不仅去腥，而且可以让咸味慢慢地充分地渗入鱼肉。如果鱼比较大，那么可以在鱼的脊背正反两面都分别划两刀，这样腌制起来入味会比较均匀。

扫码观看视频版

同时对于清蒸来说，最重要的一步就是蒸的火候。蒸所有的鱼都一定要等蒸锅

◆食材

鲈鱼 … 1 条
葱 … 5 根
姜 … 1 块
料酒 … 1 汤匙
蒸鱼豉油 … 1 汤匙
盐 … 1 茶匙

小贴士

1. 选 500 克左右的鲈鱼，鱼太大肉质易老；
2. 鱼肉一定要提前用料酒和盐抹匀，腌制 15 分钟以上；
3. 蒸锅水烧滚后再放鱼，大火蒸 6 分钟后关火，虚蒸 5 分钟后取出，鱼肉最为鲜嫩。

◆做法

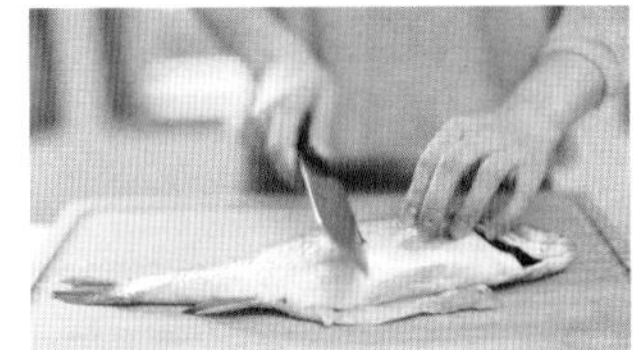

1. 鲈鱼处理干净后在鱼身上划三刀

2. 抹上盐、料酒腌制 15 分钟以上

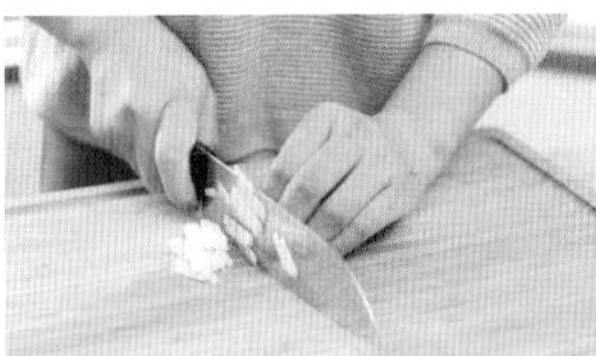

3. 葱姜切丝

4. 将葱姜丝塞到鱼身中再腌 10 分钟

5. 蒸锅水烧开后，入锅先蒸 6 分钟，关火虚蒸 5 分钟后出锅

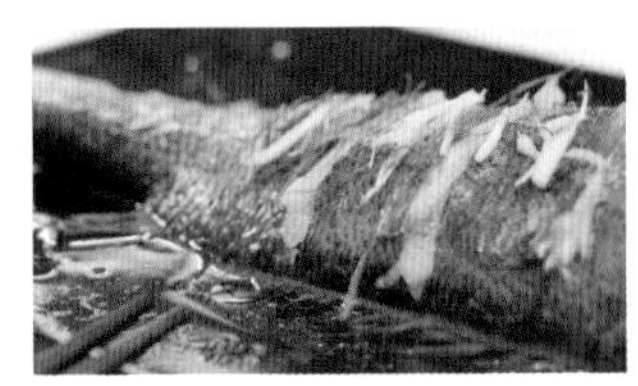

6. 倒出鱼盘里的汁水，再将蒸鱼豉油倒在鱼身上

7. 好吃的清蒸鱼上桌了

里的水烧滚了再将鱼放进去蒸。因为鱼肉很容易熟，所以不需要随着水温升高一起慢慢加热，猛火的迅速加热可以让鱼肉很快变熟，这样蒸出来的鱼肉就很嫩。一斤左右的鱼大概大火蒸六分钟后关火，再虚蒸五分钟后取出，这时的鱼肉是最为鲜嫩的。虚蒸的意思就是关了火不揭开盖子让它继续蒸。如果鱼比较大，就相应增加蒸的时间，比如八分钟左右。因为蒸鱼的时候不能揭盖，所以很多朋友都会担心鱼的火候。其实不用太担心，鲈鱼可以常吃，多蒸几次就能掌握时间和口感了。

006

番茄牛腩煲

难度
中级

时间
90 分钟

在寒冷的冬夜，忙碌了一天回到家中，脱去外衣时，我相信大多数人的第一个动作是深深吸一口气，想知道厨房里飘散的是什么味道。如果等你洗过手在桌边坐下，呈现在眼前的是一锅冒着热气、色香味俱全的番茄牛腩煲，估计那时的你内心一定是满满的幸福，全然不顾烧饭的人还未上桌，就忍不住先尝为快了。

番茄是上好的美容佳品，常吃可以美白。因为它含有丰富的维生素C，这是一种抗氧化成分，能够有效地抑制黑色素的形成。它还含有谷胱甘肽，可以抗癌防衰老。西红柿吃起来酸酸甜甜的，它含有的苹果酸、柠檬酸等弱酸性的成分，能够让皮肤保持弱酸性，使肌肤保持通透亮泽。它既是蔬菜，又可以作为餐前小食或者直接当水果吃，有助消化和利尿，对肾病也很有疗效。

牛肉是秋冬进补的最佳食材，它含有丰富的血红素铁。人体摄入足够的铁，血液中的血红细胞才能增加携氧量，使各个组织器官得到足够的氧气供应。特别是女生，多吃一些含铁的食物更有助于补气血，吃出好气色。

不管你是零基础还是厨房小白，这道菜都是不容易烧砸的，是一道又家常又有面子的菜。它营养较全，味道也是酸酸甜甜还带点咸，适合宴客，也适合三口之家的晚餐。喜欢甜味就多加些糖，反之则加点盐，你可以随意根据家人的口味进行调整，做出带有自己特点的私房番茄牛腩煲。

扫码观看视频版

◆食材

牛腩 … 1 斤
西红柿 … 2 个
小葱 … 4 根
生抽 … 2 汤匙
老抽 … 1 汤匙
料酒 … 1 汤匙
香叶 … 5 片
八角 … 6 个
姜 … 1 块
盐 … 少许

小贴士

1. 西红柿上轻划十字刀口，用开水烫一下，易去皮；
2. 牛腩先用刀背拍松，再逆着纹理切成块，可使牛腩容易炖得软烂；
3. 牛腩切块后，用冷水焯水；
4. 西红柿分两次加入牛腩煲。第一次切小块，让西红柿与牛腩的味道充分融合，第二次西红柿切大块，稍煮片刻即可。

◆做法

1. 开水汆烫一下西红柿，轻轻一揭可轻松去皮

2. 西红柿切块

3. 牛腩冷水焯水

4. 姜切片

5. 煲中倒入牛腩，加上水，水淹没牛腩即可

6. 加 1 汤匙料酒、2 汤匙生抽、1 汤匙老抽

7. 接着加入八角、香叶、姜片、小葱

8. 大火煮沸后调小火炖牛腩约 1 小时，倒入西红柿继续炖 20 分钟

9. 炖好后再加入部分西红柿，并加入盐，出锅时加一点点香菜

007

油面筋塞肉

难度

中级

时间

40分钟

我第一次做这道菜时，脑海中浮现的是已离开我十余载的，疼我爱我教我管我从不宠惯我，满头银发慈眉善目的奶奶。油面筋塞肉是我小时候在奶奶家经常吃的一道菜。奶奶非常好客，只要家里来客人，她总是开开心心地想方设法留饭。那时的物资供应没有现在这么丰富，除了上街买烧鸭或盐水鸭外，就是做油面筋塞肉了。奶奶家厨房的墙上似乎永远有一袋无锡油面筋。我那时很喜欢看她做这道菜。肉馅拌好后，将油面筋取出，用一根筷子从面筋泡比较薄的地方戳一个洞，再轻轻地捣一下，然后将肉馅一点一点地塞进去。我喜欢帮奶奶塞肉馅，觉得很好玩，有时塞满了还往里塞。奶奶也不生气，只是告诉我，塞得太满了，烧好后里面没有卤汁，不好吃的。凡事过犹不及啊！

油面筋已有260多年历史，最原始的做法是将筛过的麸皮加盐水用人力踏成生麸（又称面筋），再将生麸捏成块状，投入沸油锅内煎炸，成为球形中空的油面筋。

油面筋哪里都有，可是油面筋塞肉却是地地道道的江苏菜。虽说不论是配料还是流程都非常简单，但是有一种其他菜无可比拟的味道。面筋的筋道和肉馅的鲜香恰到好处地浓缩在酱汁中，白汽从盘中升腾起来，钻进屋里每一个人的鼻子里。

扫码观看视频版

◆食材

肉末 … 400 克
油面筋 … 数个
生抽 … 2 汤匙
老抽 … 1 汤匙
料酒 … 1 汤匙
胡椒粉 … 1 茶匙
盐 … 1 茶匙
香油 … 1 茶匙
辣椒粉 … ½ 茶匙
鸡蛋 … 1 个
葱花 … 少许

小贴士

1. 用筷子戳面筋时要很小心，开口不要太大，否则煮的时候容易造成“皮肉分离”；
2. 面筋中不必填满肉馅，填至六七成，口感最佳。

◆做法

1. 肉末中倒入料酒、生抽、盐、胡椒粉、香油、葱花、鸡蛋，顺时针搅拌均匀

2. 用筷子在油面筋上戳一个小孔，然后轻轻将内部搅空

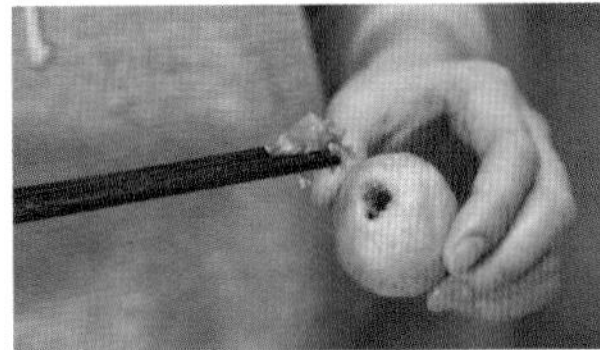

3. 将肉馅塞入面筋球中

4. 锅中倒入开水

5. 倒入老抽搅拌均匀

6. 将锅中汤汁煮沸

7. 倒入塞了肉的油面筋

8. 盖上锅盖，小火煮 15 分钟

9. 开盖后倒入少许辣椒粉

10. 大火收汁

11. 撒上葱花

12. 超级下饭到不可理喻的油面筋塞肉做好啦！

008

梅菜扣肉

难度

高级

时间

120分钟

有那么几种肉，看上去油腻腻的，吃下去才发现毫无违和感，极易下饭。梅菜扣肉，就是其中之一。

舅舅说，外婆做的梅菜扣肉是一绝，但现在已经没有人能够做出外婆那样的味道了，因为外公是个美食家。舅舅说通常小时候过年还差几天，外婆就已经提前做上好多碗，当有客人来访或者全家聚餐时，每个桌上都要摆上一碗，总是会被一抢而空。这菜中的扣肉爽滑醇香、肥而不腻，梅菜香浓，一口下去，唇齿留香。扣肉的色泽喜庆大气，更寓意蒸蒸日上，因此成为南方年夜饭餐桌上不可缺少的经典菜。

每到冬天，梅菜扣肉就尤其受欢迎。一方面是人们需要补充蛋白质和能量来抵御寒冷，而猪肉补肾养血、滋阴润燥；另一方面梅菜的营养价值也很高，特别是含有较多的胡萝卜素和镁，开胃下气、益血生津。两者的结合不仅味道鲜美，更有营养上的互补。

当第一次看到这道菜时，一般人都会在动筷前打量一番，梅菜颜色暗乎乎的，肉皮皱巴巴的，你此时可能也只是怯怯地尝一尝。可是这一口却让你停不下筷子了，那层皱巴巴的肉皮因为榨干了油，嚼起来很酥软；看似油腻的肥肉，吃起来有梅菜的浓香，油而不腻；瘦肉的口感有点硬，特别带嚼劲；而梅菜因为有了油的滋润，吸饱了汤汁，与肉融为了一体。这几层重重叠叠的口感交织在一起，组合成了美味的交响曲。

扫码观看视频版

◆食材

五花肉 ··· 2 斤
梅菜 ··· 200 克
姜 ··· 1 块
葱 ··· 2 根
生抽 ··· 2 汤匙
老抽 ··· 1 汤匙
蚝油 ··· 1 汤匙
腐乳 ··· 1 块
料酒 ··· 1 汤匙
花生酱 ··· 1 汤匙
海鲜酱 ··· 1 汤匙
柱侯酱 ··· 1 汤匙
芡粉 ··· 2 汤匙
白糖 ··· 1 汤匙

小贴士

1. 最好用前一年的梅菜，颜色较深，要提前浸泡至变软松散，清洗干净去掉泥沙；
2. 肉皮煎一下口感更好，同时增加好看的纹路；
3. 煎好的五花肉用冷水浸泡可去油腻，增加肉皮的弹性。

◆做法

1. 梅菜浸泡 15 分钟，洗干净后备用

2. 葱姜切末

3. 五花肉表皮用刀刮干净

4. 五花肉冷水焯水，锅中加入姜片

5. 焯好后盛出备用，表面刷老抽

6. 锅中倒入少许油，小火煎五花肉表皮至焦脆

7. 煎好后将五花肉迅速过凉水

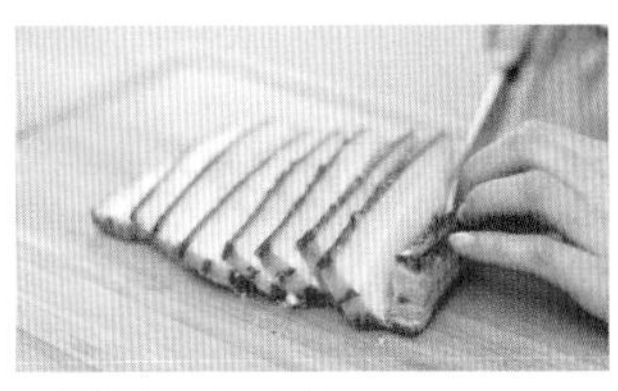

8. 稍微冷却后，切片

9. 将料酒、生抽、老抽、蚝油、花生酱、海鲜酱、柱侯酱、白糖各 1 汤匙，腐乳 1 块倒入小碗，搅拌均匀做调料

10. 五花肉片均匀地蘸上调料腌制 20 分钟

11. 爆香葱姜，倒入泡好的梅菜炒香

12. 再倒入料酒、生抽、老抽、蚝油调在一起的汁炒匀

◆做法

13. 再加适量水小火焖 10 分钟使梅菜入味

14. 把肉片排放在碗底，再将梅菜铺在肉片上压紧

15. 放入蒸锅大火蒸 60 分钟

16. 取出蒸碗，滗出汤汁，将肉倒扣在碗中

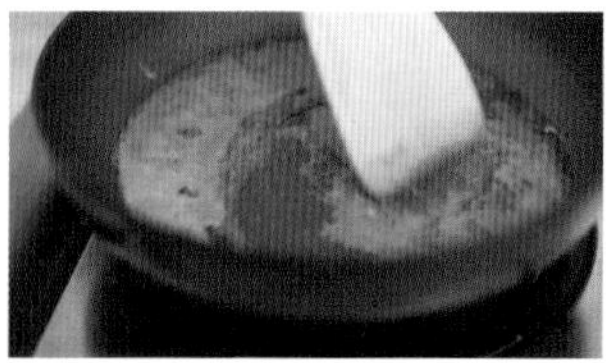

17. 蒸出的汤汁倒入锅中，加入水淀粉勾芡

18. 将芡粉汁淋在五花肉上，梅菜扣肉上桌

人不可貌相，海水不可斗量，世界万物皆如是。

009

春笋千张包

难度
中级

时间
60 分钟

东坡先生是美食家，他有句名言："宁可食无肉，不可居无竹。"这道菜可是既有肉又有竹（笋），相信大诗人一定也会喜欢的。

吃菜要吃时令菜，这是国人几千年传下来的养生秘籍。春天万物生长，其中生命力最强的一种植物就是竹了。竹笋，是竹的幼芽，也称为笋，长出十天之内为笋，嫩而能食，而十天之后则成竹了。春笋被誉为"素食第一品"，文人墨客也留有诗句曰 "尝鲜无不道春笋"。春笋笋体肥厚，美味爽口，营养丰富，可荤可素。不同地方的做法也不同，各地的名菜中以春笋为主角的总会有那么一道。春笋千张包应该算是江浙一带的清淡吃法了。

竹子原产于中国，类型众多，适应性强，分布极广。竹笋味甘性微寒，具有清热消痰、利膈爽胃、消渴益气等功效。竹笋还含大量纤维素，不仅能促进肠道蠕动、去积食、防便秘，而且也是减肥的好食品。

千张是一种特殊的豆制品，由于出品的时候看起来像千百张纸叠在一起，所以称为千张。这是一种四季皆有，包容性特别强的食物，甘当绿叶隐藏自己，却把其他食物的味道融合映衬得格外鲜美。

扫码观看视频版

千张包着满满的馅儿，一口下去，馅儿吸饱了汤汁，又融入了笋的嫩香，怎一个鲜字了得！望一眼窗外，是不是从里到外，满满都是春天的气息?

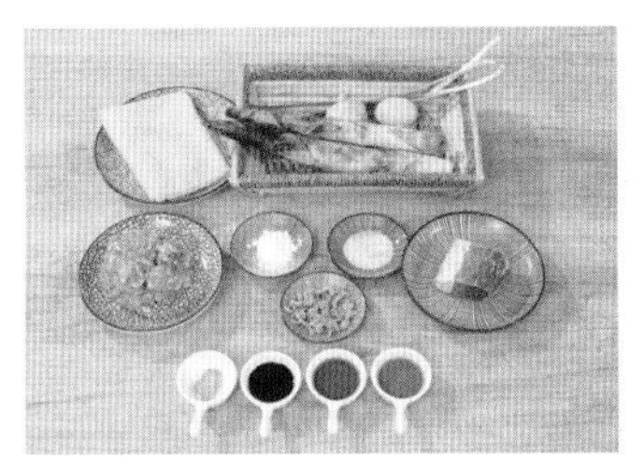

◆食材

春笋 … 2 根
肉末 … 150 克
咸肉 … 1 块
千张 … 3 张
鸡蛋 … 1 个
葱 … 3 根
姜 … 1 块
海米 … 1 把
料酒 … 1 汤匙
生抽 … 1 汤匙
芡粉 … 1 汤匙
香油 … 1 茶匙
胡椒粉 … 1 茶匙
糖 … 2 茶匙
盐 … 2 茶匙

小贴士

1. 春笋很嫩很容易熟，所以不用炖很久；
2. 肉馅按顺时针方向拌匀。搅拌越到位，千张包越嫩越有咬劲。
3. 春笋中含有大量草酸，热水焯水可以去除春笋的涩味，口感更好。

◆做法

1. 咸肉切片

2. 海米热水浸泡 20 分钟后切碎

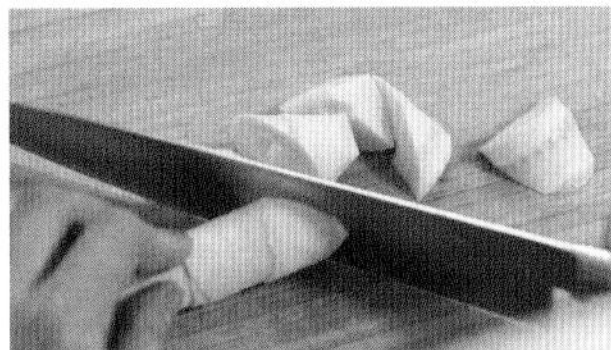

3. 春笋去皮切滚刀块

4. 葱切段、切末，姜切片、切末

5. 肉末、料酒、生抽、胡椒粉、鸡蛋、香油、葱姜末、海米、糖、盐、芡粉拌匀调肉馅

6. 千张切四等分

7. 取 2 汤匙肉馅放在千张中间，卷到一半的位置

8. 再将两边折起来

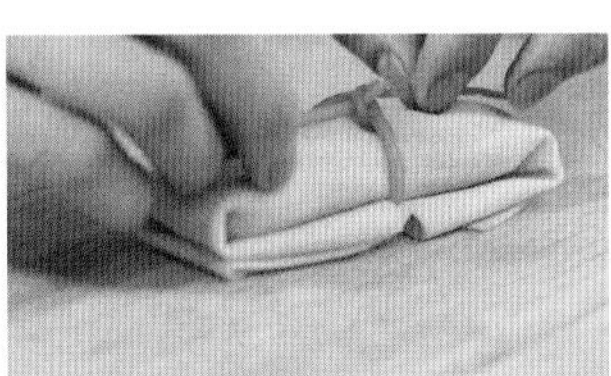

9. 用焯过水的香菜打个结

10. 汤煲里加热水，倒入葱段、姜片和咸肉片

11. 大火煮沸后调小火，放入千张包炖 15 分钟

12. 倒入切好的春笋，继续炖 10 分钟

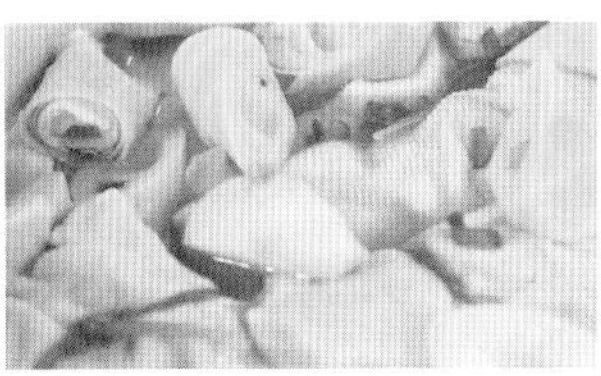

13. 出锅前撒入葱花，鲜嫩清香的春笋千张包，满满都是春天的气息

010

爆炒蛏子

难度
初级

时间
20 分钟

十二岁那年我第一次知道蛏子这种生物。扒开蛏子那壳，里面的蛏子肉长得像个小人。那一年考完小升初，母亲和我去烟台旅游。烟台的附近有一座美丽的小岛叫刘公岛，那里盛产海鲜。渔民们在岸上支着一个个小摊儿，脚边摆着一个个塑料盆，盛满了海鲜：蛤蜊、小螃蟹、海蛎子、香波螺、圆盘波螺、海螺、海虹、海虾，以及叫不出名字的各种贝类，比如蛏子。你告诉渔民喜欢哪一种，他们现场给你做。后来我才知道这就是大排档。

不记得为什么，虽然虾婆、海螺这些海鲜个头大，长得都比蛏子有特点，但我却选了貌不惊人的蛏子。渔民们的做法很简单，锅里放些葱姜大火快速爆炒就出锅了，因为食材特别新鲜，所以讲求原汁原味。那一年，我记住了一个特殊的小岛叫刘公岛，我印象里最好吃的海鲜被定格在了大排档，而爆炒蛏子就成了我童年最美味的记忆。

蛏子肉非常鲜美，但是性寒，所以脾胃虚寒的人不能多吃。这道菜里加了姜丝、辣椒，并采用爆炒的方法，在一定程度上调和了蛏肉的寒性。还记得正式做这道菜是在几年前的一次家宴，请了三位好友吃饭，我故意在这道菜里加了好多好多辣椒，把他们给辣的，现在想起来也会忍俊不禁。

扫码观看视频版

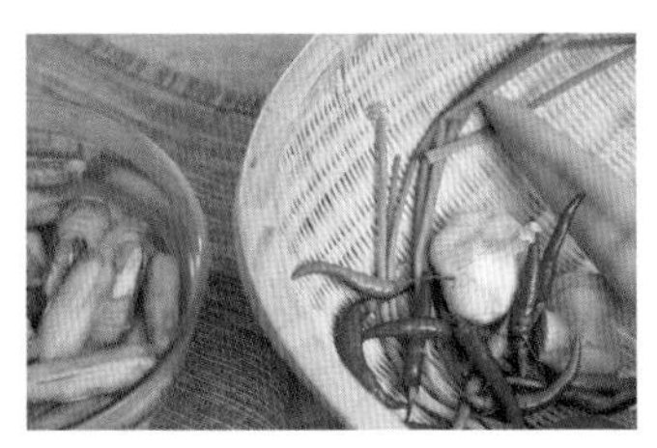

◆食材

蛏子 … 150克
青椒 … 1根
红米椒 … 5根
青米椒 … 5根
葱 … 4根
姜 … 1块
蒜 … 4瓣
豆瓣酱 … 1汤匙
生抽 … 1汤匙
盐 … 少许

小贴士

1. 蛏子要先在盐水中至少浸泡2小时待其吐尽泥沙；
2. 蛏子下锅后大火快速爆炒1分钟即可出锅；
3. 炒熟后的蛏子不张口的勿食，不张口代表蛏子不新鲜。

◆做法

1. 蛏子倒入盐水中2小时待其吐沙

2. 葱切段，姜切条，蒜切末

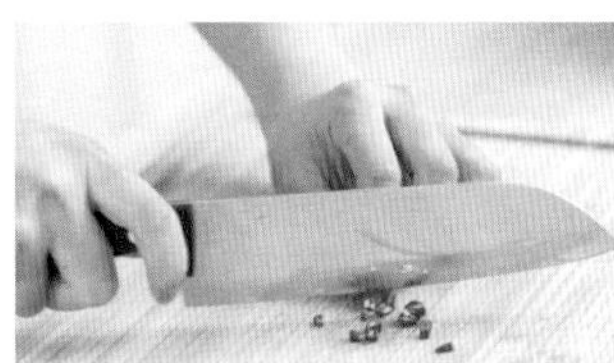

3. 青椒切丝，红青米椒切小圈

4. 锅中热油倒入豆瓣酱炒出红油

5. 炒香葱、姜、蒜、青椒及米椒

6. 倒入蛏子，加入生抽、盐爆炒1分钟

7. 别怕辣哦！

011

椒盐大虾

难度

初级

时间

30 分钟

椒盐的做法其实可以用在很多菜上，在南方的时候有一回和朋友去吃烧烤，穿起来的虾撒了椒盐，烤出来非常棒。所以照着味觉的记忆，我用平常的炒锅还原了一下椒盐大虾。本来只是抱着试一试的心态，并没觉得味道会特别出彩，结果一出锅就被抢光了。用椒盐炸的虾皮虾肉都是脆脆的，所以连着壳都能吃。

每次有人根据身体情况向我咨询饮食注意事项的时候，我总是会告诫体寒的朋友忌海鲜，尤其是带壳的贝类，寒性都比较大。但虾却是海鲜里可以常吃的，因为虾肉性温，很容易消化，所以对病后调养的人非常友好。虾肉里含有丰富的镁，镁能很好地保护心血管系统，还能减少血液中的胆固醇含量，防止动脉硬化。

虾也是一款百搭的食材，无论是清水加两块姜片煮，还是做沙拉、红烧、盐焗、油焖，怎么做怎么好吃。所以不管吃腻了哪种做法，都可以在家随意按照自己喜欢的口味来试做，说不定无意间发明了一个新菜。可能这就是自己下厨最有意思的地方吧！

扫码观看视频版

◆食材

虾 … 1斤
红椒 … 1个
葱 … 1根
姜 … 2片
蒜 … 3瓣
香菜 … 1棵
胡椒粉 … 1茶匙
盐 … 1茶匙

小贴士

1. 胡椒粉换成白胡椒或黑胡椒甚至花椒粉都可以，根据自己口味来定；
2. 虾线一定要挑掉；
3. 虾越新鲜越好。

◆做法

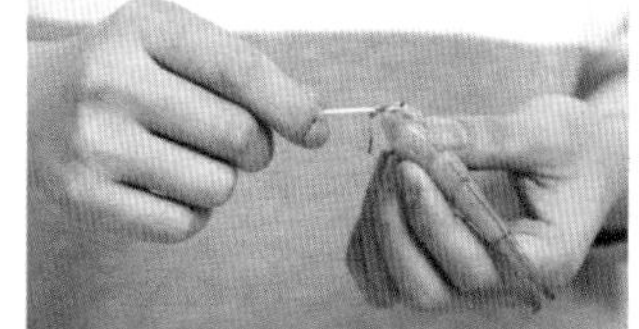

1. 虾洗干净，剪掉虾须，剔掉黑线

2. 红椒切丁

3. 葱姜蒜切末，香菜切末

4. 锅中油烧至五成热，倒入大虾

5. 炒至变色没有水分盛出备用

6. 锅中稍微留一点油爆香葱姜蒜末和红椒丁

7. 倒入大虾、盐、胡椒粉翻炒均匀

8. 出锅前大火收汁

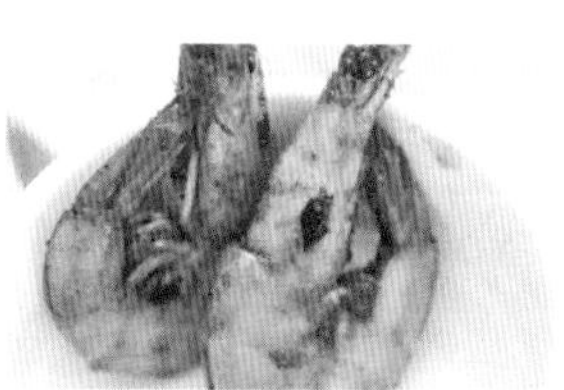

9. 撒上香菜，开吃喽！

012

老北京秘制羊蝎子

小时候吃得最多的羊肉就是涮羊肉。后来到异国他乡求学，才知道原来羊肉与猪肉一样，有很多种做法。到北京工作以后，那就大开吃戒了，各种羊肉美食都要尝一尝，老北京秘制羊蝎子就是我喜欢的一道美食。羊蝎子其实就是带里脊肉和脊髓的完整的羊脊椎骨，和蝎子并没有什么关系，只因形似蝎子而得名。关于它还有一个传说。据说康熙年间，一位王爷打猎回家，经过后院时闻到扑鼻的香味，原来是新来的厨师在炖废弃的羊脊椎骨，准备给下人们吃。这位王爷很有美食情怀，这道下人吃的菜经他品尝后就登堂入室上台面了，以后又逐渐传到民间变成了平民美食。

难度
中级

时间
150 分钟

羊蝎子低脂肪、低胆固醇、高蛋白，富含钙质，易于吸收，有滋阴补肾，美颜壮阳功效。据说羊蝎子还有“补钙之王”的美誉。不过我们吃的是它的美味，真要补钙可不能靠它哦，另外高血压病人不适合吃羊蝎子。

有一年十月我去了一趟阿里，司机小胖一路上就在跟我说他冬天要回北京开羊蝎子店，在想着怎么做好吃。我说你别试了，就直接照着我的方子做吧，味道一定好，如果不好我再帮你调。也不知道小胖的店开起来了没有，如果按照我说的方法烹饪，想必生意兴隆啊！

扫码观看视频版

◆食材

羊蝎子 … 1000 克
葱 … 6 根
姜 … 1 块
干辣椒 … 8 个
花椒 … ½ 汤匙
香叶 … 2 片
小茴香 … ½ 汤匙
八角 … 5 个
桂皮 … 2 块
料酒 … 1 汤匙
生抽 … 2 汤匙
老抽 … 1 汤匙
豆瓣酱 … 1 汤匙
糖 … 1 汤匙
盐 … 1 茶匙

小贴士

1. 炖时的水量要没过羊蝎子，中途勿加水；
2. 羊蝎子要慢炖 2 小时至肉质酥烂入味。

◆做法

1. 羊蝎子冷水焯水，捞出后洗干净备用

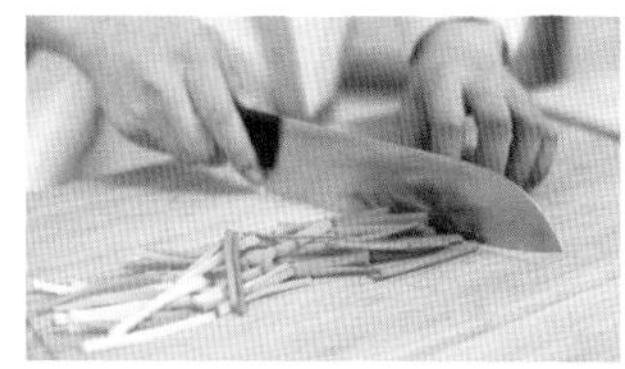

2. 葱切段，姜切片

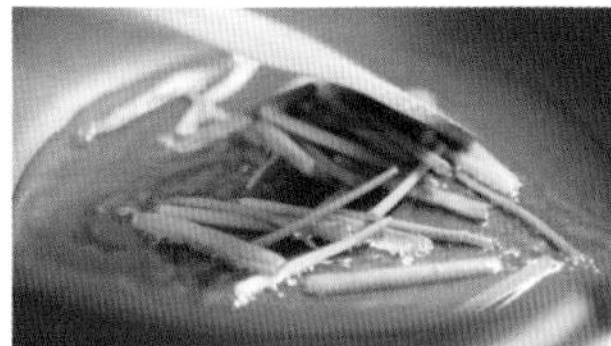

3. 锅中热油，中小火熬葱油，熬至葱段微煳，捞出葱段

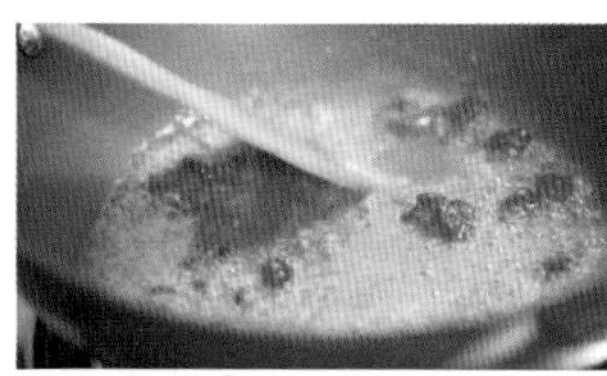

4. 放入郫县豆瓣酱，小火煸炒，直至熬出红油

5. 放入花椒、香叶、小茴香、干辣椒、八角、桂皮

6. 煸炒出香味后，倒入适量热水，再倒入羊蝎子

7. 再加入姜片、料酒、生抽、老抽、糖和适量盐

8. 大火烧开后，盖上盖子，小火慢炖 2 小时

9. 鲜香四溢的羊蝎子出锅啦！

013

水煮肉片

川味，是分享的味道。当那一汤匙滚油浇下去，辣椒在碗里一边滋滋响一边跳动，心也跟着雀跃起来。

难度
中级

时间
40 分钟

山城重庆，在我幼时的印象里是一座不能骑自行车的城市，接着就是听说蜀地的姑娘肤色白净、靓丽。之后去过一次重庆，那一锅红油和麻辣的菜，让我的眼泪直往下流，淹没了我以往所有对辣的认知。再接着就是川菜像一阵风似的刮遍中华大地直至地球村。四川人喜食辣。一来四川位于中国内陆西南部，多雾、多雨，有“巴山夜雨”之说。下雨时阴冷潮湿，古时没有暖气，寒气是由外及内，再由里而外夹攻的。而辣椒中含有辣椒素，吃了辣椒能使人心跳加快、血流加速、汗腺张开，身体里的寒气湿气就被驱赶出体内，全身上下都感觉到热乎乎的。

二来重庆、四川地处山区，山高路险，早年交通极为不便，饭菜缺油少盐难以下咽，为了解决这一难题，只得用酸与辣来调味。多年前我走过一次川藏线，看过落石，走过通麦天险，深刻体会到了古人面对崇山峻岭发出的“蜀道难，难于上青天”的感慨。一代代沿袭祖先的生活习惯，并以此安排自己的饮食，是我们与自然相处的智慧。

扫码观看视频版

去川菜馆，水煮肉片是一道人们常点的特色菜。据说这道菜起源于四川盐都自贡一带，菜中的肉片，不是用油炒的，而是在水中煮熟，再以一汤匙滚油淋上勾勒点睛，故名“水煮肉”。一碗上乘的水煮肉，各种调味料在一个大碗中交融共舞，汤红油亮，麻辣味浓，肉片鲜嫩，唇齿留香。想起川味，眼前出现的是红红火火，是朋友，是家人，是平平常常的生活和分享的味道。

◆食材

里脊肉 … 250克
生菜 … 1把
鸡蛋 … 1个
葱 … 2根
蒜 … 4瓣
干辣椒 … 1汤匙
辣椒碎 … ½汤匙
辣椒末 … ½汤匙
花椒 … ½汤匙
豆瓣酱 … 1汤匙
料酒 … 1汤匙
芡粉 … 2茶匙
盐 … 1茶匙
糖 … 1茶匙

小贴士

1. 里脊肉加入蛋清与芡粉拌匀并冷藏可以让肉质更嫩滑；
2. 肉片在锅中煮的时间不宜过长，否则肉质会变老；
3. 豆瓣酱要翻炒出红油，要烧得特别热，这样才能够将蒜末的香味煸出。

◆做法

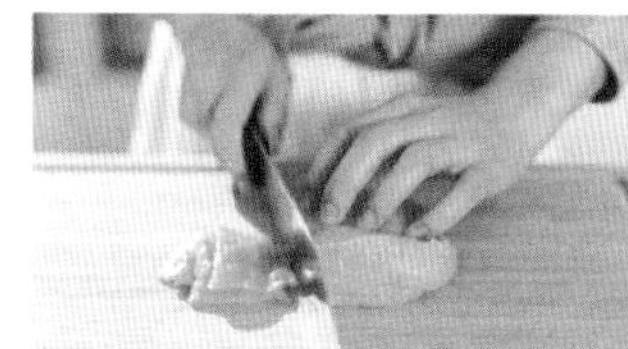

1. 里脊肉切薄片

2. 倒入料酒、盐、蛋清和芡粉拌匀，然后放入冰箱冷藏半小时

3. 生菜、葱切段，蒜切末备用

4. 干辣椒、花椒中火炒香后盛出备用

5. 锅中热油，倒入豆瓣酱翻炒均匀后倒入葱段、蒜瓣和糖

6. 锅中倒入水大火烧开

7. 倒入生菜煮熟，然后盛出置于碗底

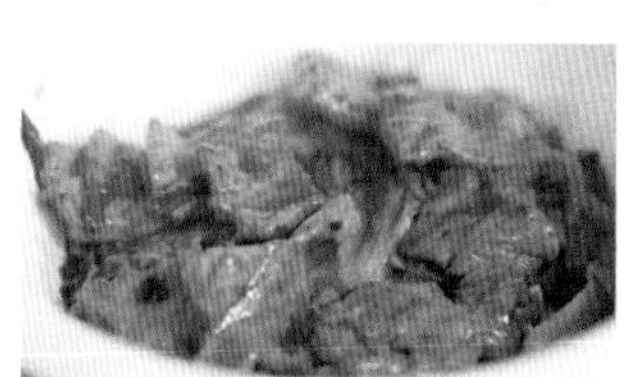

8. 锅中倒入肉片煮熟，然后盛出平铺于生菜上

9. 把锅中的汤汁倒入碗中

10. 将辣椒末与辣椒碎平铺于肉片上

11. 再将炒香的干辣椒和花椒铺于辣椒末上，然后撒上蒜末

12. 另起锅热油，油烧热至冒烟后倒入碗中

13. 最后撒上葱花，水煮肉片就大功告成啦！

014

熏鱼

熏是会意字，上面像火烟冒出，中间是烟突，两点表示烟苔，下面是火焰，可以联想到火烟向上冒。

难度
中级

时间
60 分钟

自从人类学会用火吃熟食以来，就开始因人、因时、因地、因材而异发明了各种食物防腐的方法。熏，就是其中一种，人类熏制食物的历史源远流长。虽然现代的冷藏技术让我们不再需要用熏法来保存食物，但是独特的烟熏风味给我们的食谱增加了许许多多的地方美食，甚至风靡全国乃至世界。

在江苏、浙江、上海一带，熏鱼一定是过年必备的冷盆菜，寓意年年有余。小时候，外婆家会在春节前向卖鱼的预先订购一条五六斤的螺蛳青，用来做熏鱼。虽然价格不菲，不过外婆认为全家的年夜饭是不能马虎的，再说好几个小馋虫在盼着呢！听母亲讲螺蛳青是吃荤的，喜欢吃螺蛳、贝壳类食物，因此它肉质特别鲜嫩。我清楚地记得，当时我还非常认真地看了它的牙，果然异常锋利，难怪螺蛳壳不是它的对手。青鱼除含有丰富的蛋白质、脂肪外，还含有丰富的硒、碘等微量元素，故有抗衰老和抗癌的作用；鱼肉中还富含核酸，这是人体细胞所必需的物质。

扫码观看视频版

现在菜市场上很难看到螺蛳青了，普遍用草鱼来做熏鱼，价廉物美。按照我妈的说法，鱼至少要买四斤以上的，鱼头可以炖汤，鱼尾做红烧划水，一鱼三吃，物尽其用，绝对不会浪费的。

◆食材

草鱼 … 1 条
生抽 … 2 汤匙
老抽 … 1 汤匙
料酒 … 2 汤匙
香叶 … 4 片
糖 … 1 汤匙
盐 … 1 茶匙
生姜 … 3 片
小葱 … 2 根

小贴士

1. 草鱼也可换成带鱼、黄鱼等；
2. 炸鱼时炸干一些，口感更加酥脆；
3. 腌鱼过程中可翻动两次，让鱼更入味。

◆做法

1. 将草鱼处理干净擦干后，沿背部剖成两片

2. 切块

3. 切姜丝、葱花

4. 鱼片中倒入料酒、盐、姜丝、葱花，将鱼块腌制半小时

5. 锅中热油，放入腌好的鱼块，炸至金黄后盛出备用

6. 另起锅倒入料酒、老抽、生抽、糖、盐、香叶，加水大火煮沸

7. 再倒入炸好的鱼块

8. 小火煮 3 分钟后盛出

9. 开吃喽！

015

豇豆烧肉

难度

中级

时间

80分钟

第一次吃豇豆烧肉，是在朋友家的饭桌上。朋友的母亲从厨房端出一大瓷碗热气腾腾的豇豆烧肉，笑着对我说："吃完这个就不冷啦！"彼时正值寒冬，我听到这句话感觉周围的空气都暖和了起来。爱上豇豆烧肉以后，自己就常常试着做这道菜，几次过后，终于也能熟练操作了。炒好肉块，放入炖锅炖一次，开盖后放豇豆再炖一次……吃进胃里的不只是美味，更是满满的心意，也盼望着以后能用美食带给更多人温暖。

豇豆性温、健脾补肾，有调和脏腑、安养精神的作用，特别适合夏天做各种凉拌菜。它含有钾、钙、铁、锌、锰等多种金属元素，是很不错的碱性食品，可以中和体内酸碱值，对于吃肉太多不爱吃蔬菜的朋友，可以起到清脂刮肠、清除体内垃圾的作用。到了冬天，这道豇豆烧肉就是最应季的了。豇豆和肉一起炖煮，不仅在咕嘟声中慢慢变软，吸收了肉汁的鲜味，同时也很好地中和了肉的油腻。不同于凉拌豇豆清脆的口感，慢炖后的豇豆软软的，就是牙口不好的老年人也能咬得动。

听我的大学老师讲过这样一件往事。20世纪90年代中期，他在韩国做了交流学者一年，去了没有几个月，胃就不断地抗议了，无奈之下，只能向母亲求援。母亲托人捎去了干的豇豆角，他如获至宝，终于趁休息日小小改善了一下伙食。原来家乡的味道就在那一小锅豇豆烧肉里。

扫码观看视频版

食物是能给予人温暖的最简单的方式，一道好吃的菜，不仅暖胃更是暖心，愿这道豇豆烧肉也能在冬日里给你带来温暖。

◆食材

豇豆 … 100 克
五花肉 … 500 克
葱 … 3 根
姜 … 1 块
蒜 … 3 瓣
料酒 … 1 汤匙
生抽 … 2 汤匙
老抽 … 1 汤匙
白糖 … ½ 汤匙
八角 … 3 个
干辣椒 … 5 个

小贴士

1. 豇豆要用手掰成小段，不要用刀切哦；
2. 五花肉块冷水焯水后要在锅中炒一下，炒出的油倒掉，增香的同时也减少肥腻感；
3. 加水要一次到位，焖烧过程中如需加水，则一定要加开水。

◆做法

1. 豇豆洗净去蒂，用手掰成等长的段

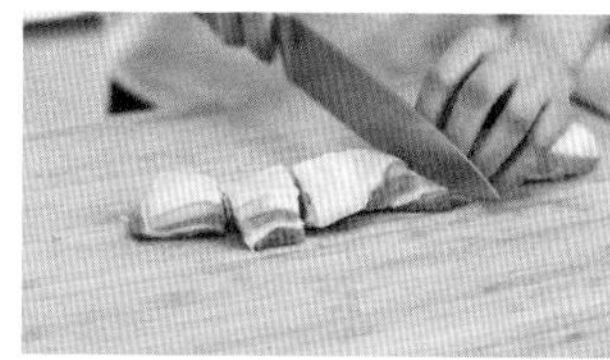

2. 五花肉切块、蒜切片、姜切片、葱切段

3. 五花肉块冷水焯水，捞出备用

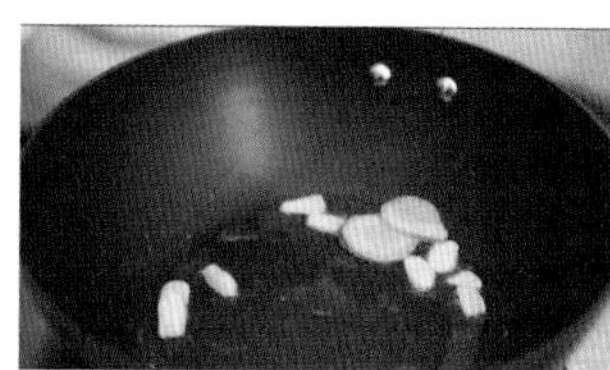

4. 锅中倒油，爆香姜片和蒜片

5. 倒入五花肉块小火翻炒后盛出

6. 将五花肉块倒入汤锅，倒入料酒、生抽、老抽后加热水，再倒入白糖

7. 接着倒入葱段、姜片、干辣椒、八角

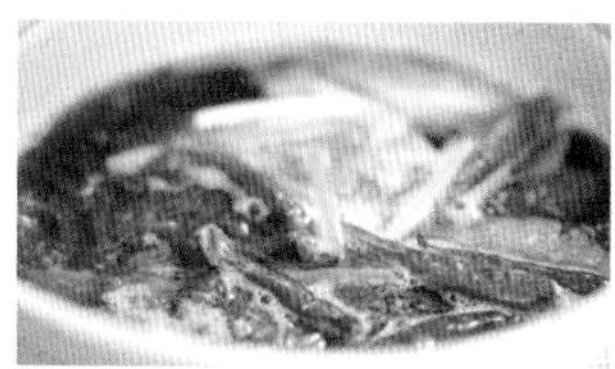

8. 大火煮开后加盖，转小火炖 50 分钟

9. 开盖后放入豇豆

10. 再次盖上锅盖炖 10 分钟

11. 豇豆烧肉出炉

016

宫保鸡丁

难度
中级

时间
30 分钟

宫保鸡丁，是一道驰名中外的汉族传统名菜。鲁菜、川菜、贵州菜中都有收录，原料、做法有差别。它的起源与鲁菜中的酱爆鸡丁，贵州菜的胡辣子鸡丁有关，后被清朝山东巡抚、四川总督丁宝桢改良发扬，形成了一道新菜式——宫保鸡丁，并流传至今，这道菜也被归为北京宫廷菜。

宫保鸡丁的特色是辣中有甜，甜中有辣。鸡肉的鲜嫩配合花生的香脆，入口鲜辣酥香，红而不辣，辣而不猛，肉质滑嫩。这可是多数人喜欢的味道啊，难怪受到长城内外、大江南北食客的青睐。在国外，这道菜也十分流行，它的英文名被直接按照中文翻成了 Kung Pao Chicken。印象中，只要到过中国的外国人，都能一字一顿地用中文报出这道菜名。

在国外读书的时候，西餐吃多了中国胃也会闹情绪。学校里中国学生不少，因此每天中午都会有一位墨西哥帅哥开着餐车来卖中国盒饭，其中排在第一的就是四美元一盒的宫保鸡丁。虽然菜做得并不正宗，但是中午去买他的盒饭一度成了我每天的小期待，我想可能是那一盒宫保鸡丁不小心成为想家的我内心深处与家乡的一座桥梁。

扫码观看视频版

之后的很多年，无论我品尝过多少正宗的宫保鸡丁，当想到这个菜时脑海中蹦出的第一个画面依然是校园里的墨西哥餐车。时光一去不复返，可当时的阳光与校园却在这个画面中永远地刻进了我的心里。

◆食材

鸡大腿 … 1 个
大葱 … 1 根
鸡蛋 … 1 个
干辣椒 … 8 个
花椒 … 20 颗
花生米 … 30 粒
料酒 … 1 汤匙
老抽 … 2 汤匙
醋 … 2 汤匙
红油 … 3 汤匙
白糖 … ½ 汤匙
芡粉 … 1 茶匙
盐 … 少许

小贴士

1. 鸡腿剔骨从鸡大腿上方下刀，顺着鸡骨用小刀划开；
2. 鸡丁一定要腌制才能比较好入味；
3. 花椒与干辣椒都要用小火煸香；
4. 鸡丁要用大火煸炒至八成熟，这样鸡丁不会脱浆；
5. 调料不要同时下锅。每种调料依次翻炒均匀，让每一种调料的味道与鸡丁充分混合后再倒入下一种调料；
6. 出锅前淋 3 汤匙红油，菜色光泽红亮。

◆做法

1. 鸡腿剔骨

2. 剔骨后的鸡腿切丁

3. 鸡丁倒入 1 汤匙料酒、1 汤匙老抽、1 个蛋清、少许盐以及 1 茶匙芡粉拌匀

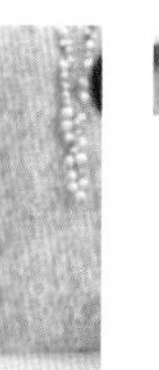

4. 拌匀的鸡丁腌制 20 分钟

5. 大葱切小段

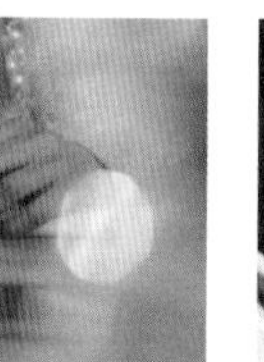

6. 小火炒花生后盛出

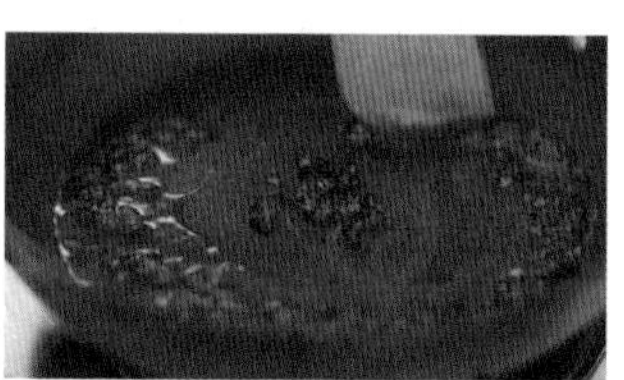

7. 锅里加少许底油，小火炒香花椒至麻香味散发

8. 加入干辣椒继续煸香

9. 倒入鸡丁大火煸炒至八成熟

10. 先加入 2 汤匙醋翻炒均匀

11. 接着倒入 1 汤匙老抽翻炒

12. 再倒入白糖

◆ 做法

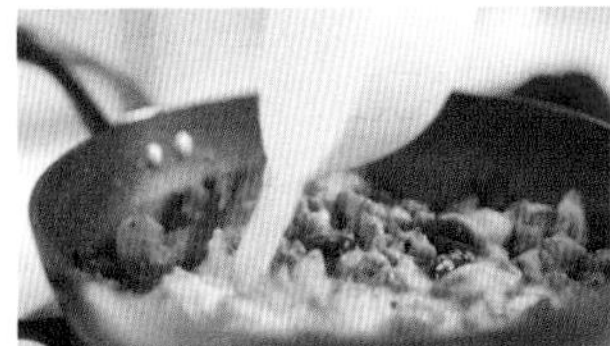

13. 然后倒入水淀粉勾芡

14. 倒入葱段翻炒出葱香味

15. 倒入炒好的花生米翻炒

16. 最后出锅前淋入 3 汤匙红油让其红亮

17. 油亮鲜香的宫保鸡丁就出炉啦！

017

珍珠糯米丸子

全国各地的人都很喜欢做丸子，北京人有炸丸子，南方人就有肉圆子。大概是因为丸子特别讨喜，圆圆的，似乎象征着一种圆满。中国人也讲求吉利，所以逢年过节都会做上各种丸子，讲求一个团团圆圆。

有一次中央电视台录制《回家吃饭》节目，要求我自创一种丸子，我就创作了一个五福小丸子。和我同场录制的另外一位大厨用了西方的香料，也做了一种香气扑鼻的炸丸子。我们一中一西，两种刚炸出的喷香的丸子，被现场观众一抢而空。

丸子的种类也是各种各样的，有菜丸、肉丸、鱼丸、红薯丸，只要你叫得上来的食材，似乎都可以有一种对应的丸子做法。不仅大人喜欢吃丸子，小孩子更喜欢吃，特别是炸丸子，一口一个。不过油炸食品吃多了对健康不好，所以这道珍珠糯米丸子的做法用的是蒸而非油炸，即使多吃两个也没有关系。马蹄或莲藕的清爽中和了肉馅的油腻感，外面的糯米蒸熟之后软软糯糯，一口咬下去，与肉馅的滋味融合在一起，真是人间美味！

难度

中级

时间

60 分钟

糯米是一种温和的滋补品，有健脾暖胃、补血止汗的作用，也适用于脾胃虚寒所致的反胃、食欲减少、泄泻和气虚引起的汗虚、气短无力、妊娠腹坠胀等症。糯米还含有丰富的脂肪、糖类、钙、磷、铁、维生素及淀粉。但是糯米分子链比较大，不易消化，老年人尤其注意不能一次吃太多哦！

扫码观看视频版

◆食材

糯米 … 200 克
香菇 … 1 朵
豆腐 … ½ 块
藕 … 1 块
葱 … 2 根
姜 … 1 块
枸杞 … 1 小把
料酒 … 1 汤匙
生抽 … 1 汤匙
糖 … 1 茶匙
盐 … 1 茶匙
胡椒粉 … 1 茶匙

小贴士

1. 糯米需要浸泡 4 小时；
2. 肉馅要搅打均匀最后才会有滑嫩的口感。

◆做法

1. 糯米清水浸泡 4 小时

2. 枸杞洗干净浸泡 5 分钟

3. 香菇切末

4. 莲藕切末

5. 豆腐用汤匙背碾碎

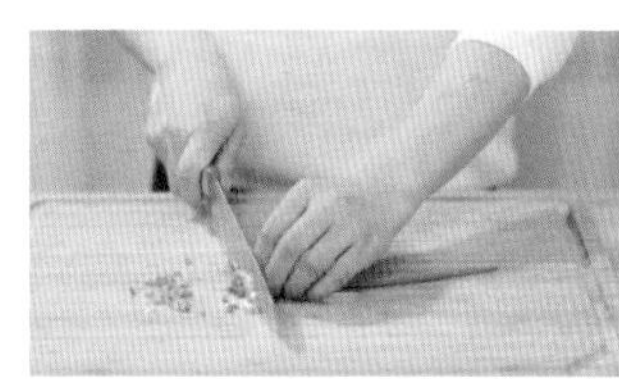

6. 葱姜切末

7. 将藕末、香菇末、豆腐碎、肉末、姜末、葱末、料酒、生抽、糖、盐、胡椒粉备好

8. 混合搅拌均匀

9. 调好的肉馅在手里搓成丸子

10. 给丸子裹上糯米

11. 做好的丸子上面放上枸杞，中火蒸 30 分钟

12. 圆圆的丸子君就做好啦！

018

芋头排骨

难度

中级

时间

60 分钟

如果你看过电视剧《宰相刘罗锅》，看到刘罗锅竟然不给乾隆皇帝吃芋头的故事后，一定会对荔浦芋头感兴趣。聪明机智的中华民族在研究排骨的吃法上真的是不遗余力，不管是红烧排骨、糖醋小排，还是土豆炖排骨……几乎不会有人拒绝排骨的美味。和土豆炖排骨相比，还有一样食材和排骨也很搭，那就是芋头。

芋头排骨是一道色香味俱全的名菜，属于浙菜系。芋头含有丰富的膳食纤维，约为米饭的四倍，与蔬菜的纤维含量相当，以芋头当饭吃，既可增加饱腹感，又能清理肠道，还能减少热量的摄取，达到减肥的目的。芋头经过炖煮后会使汤变浓稠，与肥腻的肉类同烹，可吸收大量脂肪，口感不仅滑糯香口，还因吸收肉汁而味道鲜美。

香糯绵软的芋头吸收了排骨的味道，真的是绝配。涮火锅时，我最喜欢吃的一种食材也是芋头，扔进锅里它一会儿就熟了。软软糯糯的芋头，吸收了饱饱的汤汁，那口感真是无敌了。

扫码观看视频版

◆食材

排骨 … 1 斤
芋头 … 1 个
葱 … 2 根
姜 … 1 块
蒜 … 5 瓣
料酒 … 1 汤匙
生抽 … 2 汤匙
老抽 … 1 汤匙
白糖 … 1 茶匙
盐 … 1 茶匙

小贴士

1. 排骨冷水焯水；
2. 芋头去皮时可以戴上手套，防止手痒；如果没有手套，可以在去皮前用醋洗手，醋的酸性可以中和它的草酸碱。

◆做法

1. 排骨冷水焯水

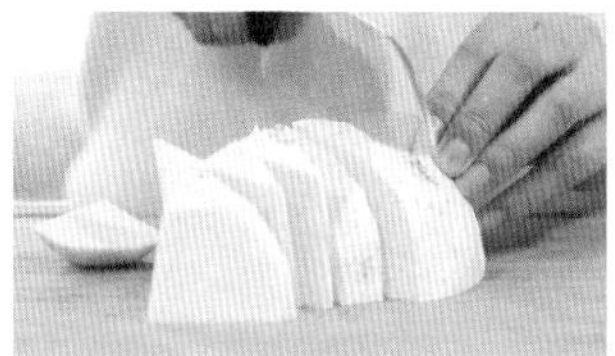
2. 芋头去皮切块

3. 葱、姜、蒜切末

4. 锅中热油，爆香葱姜蒜末后倒入排骨煎炒

5. 煎炒至两面微焦分次放料酒、生抽、老抽、白糖翻炒均匀

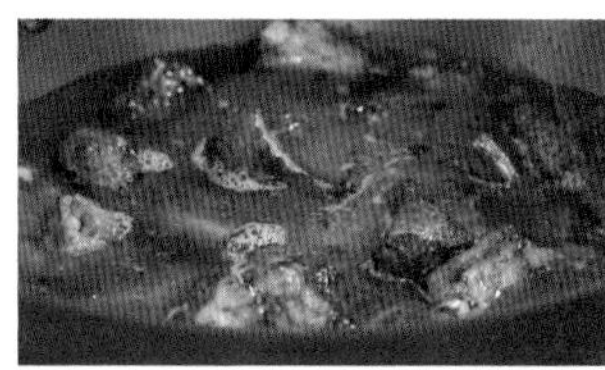
6. 加开水没过排骨

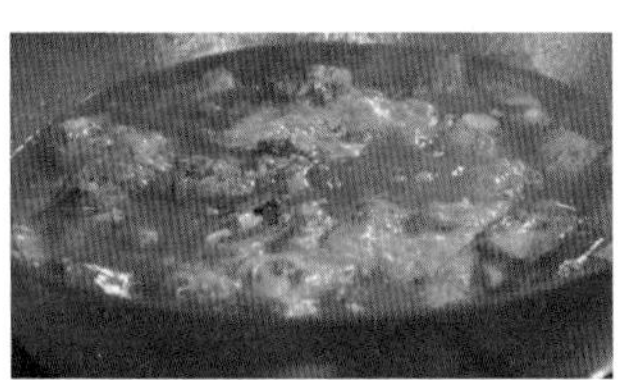
7. 大火烧开，中火炖 20 分钟

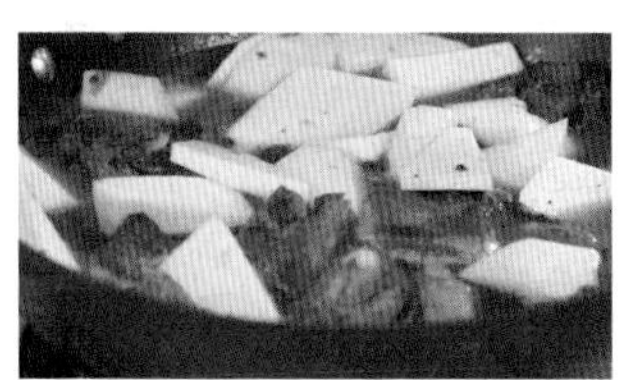
8. 加芋头再炖 15 分钟

9. 加盐调味，最后撒上葱花或香菜

10. 好吃到我都没吃一口白米饭！

019

带鱼炖豆腐

难度

初级

时间

50 分钟

说起小孩子都很喜欢吃的一种鱼，那非带鱼莫属了。每个小孩子记忆里都有母亲做的红烧带鱼的味道。带鱼性温，补脾益气，表面那一层银鳞其实是“银脂”，是一层由特殊脂肪形成的表皮，是营养价值很高、含有不饱和脂肪酸的优质脂肪。带鱼还含有很多卵磷脂，可以使皮肤细嫩、柔润，还有养发的功效。此外，带鱼还含有丰富的 DHA 成分，俗称“脑黄金”，孩子吃了更“聪明”，所以是一种老少皆宜的食材。

有人说带鱼会有些腥，其实还是和新鲜度有关。刚捕上来的带鱼软软的，银光闪闪，完全没有腥味。我们在挑选带鱼时，一是一定要选鱼身是白灰色或者银灰色的，这样的鱼比较新鲜，不要选黄色的鱼身；二是要选鱼鳞分布均匀的，这也是判断带鱼是否新鲜的特征，一定不要选破损或鱼肚变软的带鱼。

要说海鲜和豆制品中最搭的一对，非带鱼和豆腐莫属了！带鱼的绵密鲜香和豆腐的入口即化形成了近乎完美的互补体验。更棒的是，带鱼豆腐剩下的那点浓汤，混合着鱼肉和豆腐的鲜香，在口中一点点释放，滋润肝腑。当然，集精华于一身的浓汤，再配上一口甜香的白米饭，幸福感爆棚！豆腐营养丰富，含有铁、钙、磷、镁等人体必需的多种微量元素，还含有糖类、植物油和丰富的优质蛋白，素有“植物肉”的美称。豆腐的消化吸收率达 95%以上。两小块豆腐，即可满足一个人一天钙的需要量呢！豆腐所含蛋白质中缺乏的蛋氨酸和赖氨酸，而鱼中缺乏丙氨酸，所以豆腐和带鱼一起炖煮，会让蛋白质的组成更合理，营养价值更高。食材之间的互补也是豆腐炖带鱼会这么好吃的原因。

扫码观看视频版

◆ **食材**

老豆腐 … 1 块
带鱼 … 1 条
姜丝 … 10 克
蒜末 … 10 克
葱花 … 5 克
料酒 … 1 汤匙
花椒 … 1 茶匙
生抽 … 1 汤匙
盐 … 1 茶匙

小贴士

1. 带鱼腥味较重，要先用料酒腌制片刻；
2. 要用小火煎带鱼，防止煎煳；
3. 豆腐最好选择北豆腐，北豆腐比较耐炖。

◆ **做法**

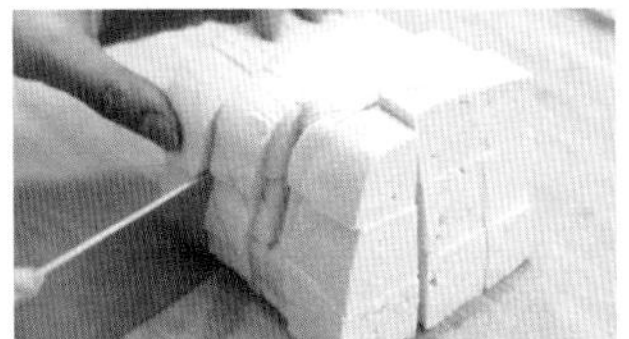

1. 豆腐洗净切块，姜切丝，蒜切末，葱切葱花

2. 带鱼中倒入姜丝和料酒搅拌均匀并腌制半小时

3. 腌制好的带鱼擦干水

4. 热锅冷油，倒入姜丝、蒜末和花椒粒爆香

5. 放入带鱼小火煎至两面金黄

6. 放入豆腐块，加热水，水量没过豆腐

7. 倒入生抽、盐并轻轻搅拌均匀

8. 大火烧开后加盖，小火焖 10 分钟

9. 开盖大火收汁

10. 撒上葱花，带鱼炖豆腐出锅啦！

020

爆浆芝士猪排

难度
初级

时间
20 分钟

那是我到波士顿的第一个冬天。11 月就开始下雪，从未看过这么大的雪，我兴奋地堆起了一个大雪人。但是，一场接一场的雪，带来诸多的不便，最初的兴奋逐渐变得烟消云散了。那段时间又赶上了我在异国他乡的第一次期末考试，备考、赶论文，我几乎没日没夜，日常生活被压缩到最低限度。

终于到了结束“为伊消得人憔悴”之日。为了慰劳自己，我与两个同学一起到哈佛广场吃西餐。冒着零下十几度的严寒，我们开开心心地到了餐厅。推开门，看到不少熟悉的面孔，在同学的推荐下，我点了爆浆芝士猪排。猪排可是我从小就经常吃的，但多数是红烧、油煎，这种做法的还从未尝过。等到它呈现在我面前时，我感觉五官变得异常灵敏。脆脆的外层，丰富的内里，一刀切下去，浓浓的芝士慢慢地流出，小心地用叉子送到口中，那是神仙般的享受哦！

从此以后，那家店对我来说，就是挡不住的诱惑。

扫码观看视频版

◆食材

猪里脊肉 … 400 克
面包糠 … 100 克
淀粉 … 100 克
鸡蛋 … 2 个
芝士 … 2 片
胡椒粉 … 1 茶匙
盐 … 1 茶匙

小贴士

1. 里脊肉宽度应比片状芝士稍宽一些，防止芝士流出；
2. 面包糠一定要裹好，外脆里嫩全靠它。

◆做法

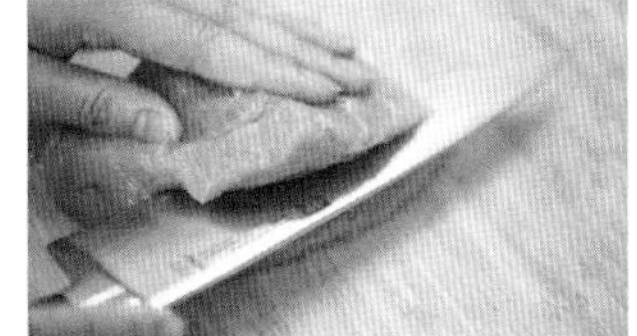

1. 里脊肉从 1/3 处下刀，切开不切断

2. 里脊肉翻过来竖切一刀，接着横向切开

3. 里脊肉用保鲜膜盖上，接着用肉锤捶打

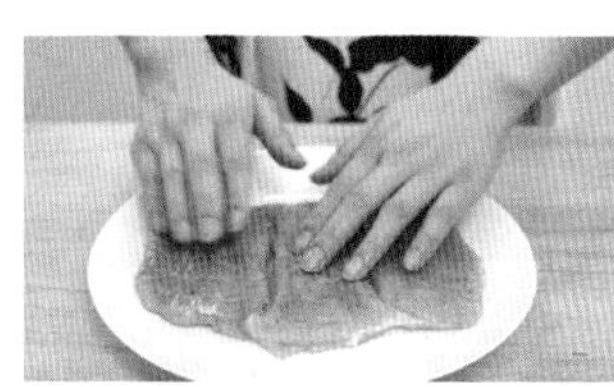

4. 里脊肉撒上盐，按摩均匀后再撒上胡椒粉

5. 猪排均匀地裹上蛋液

6. 裹上蛋液的猪排沾满淀粉

7. 将猪排拿出后打开，铺上片状芝士后对折

8. 夹好片状芝士的猪排沾蛋液

9. 裹上面包糠

10. 锅中热油，将猪排放入锅中小火煎，隔一小段时间就翻面

11. 大约 10 分钟，煎至两面金黄即可

12. 超有诱惑力的芝士猪排出炉！

021

土豆炖牛肉

难度
中级

时间
130 分钟

土豆炖牛肉准确来说起源于匈牙利，是当地的一道名菜。后来，它传入了苏联，成了苏联所谓幸福生活典范，更进入了中国普通百姓家，成了我们的一道家常菜。

在日常饮食中，我一向是非常提倡大家多吃牛肉的。因为它没什么偏性，所含蛋白质较高，脂肪也比较低，还含有铁，因此不仅健脾暖胃，还强筋壮骨。搭配土豆、胡萝卜，不仅能使牛肉浓浓的香味融入土豆和胡萝卜中，而且在一道菜中丰富了维生素和膳食纤维。如果想减肥的话，吃了土豆就可以少吃一口饭了。

土豆炖牛肉是特别适合冬天的一道菜，可以说老少皆宜。老年人有时候会怕自己咬不动牛肉，希望将牛肉炖烂一点。其实将牛肉做得又软又嫩是有诀窍的，你可以用砂锅，然后将火开到最小，火越小，炖的时间越久，肉就越软烂。

冬天的晚上，如果是三口之家，焖上一锅暖暖的土豆炖牛肉，再做一样蔬菜，营养齐全。暖洋洋的灯光，浓郁的牛肉锅香味，想起来都是温暖的感觉。

扫码观看视频版

◆食材

牛肉 ··· 500 克
土豆 ··· 1 个
胡萝卜 ··· 1 个
小葱 ··· 3 根
姜 ··· 3 片
冰糖 ··· 7 颗
桂皮 ··· 1 块
八角 ··· 5 个
香叶 ··· 3 片
生抽 ··· 2 汤匙
老抽 ··· 1 汤匙
料酒 ··· 1 汤匙

小贴士

1. 土豆、胡萝卜切滚刀块;
2. 牛肉要小火慢炖，肉可酥而不老，最后再放入土豆。

◆做法

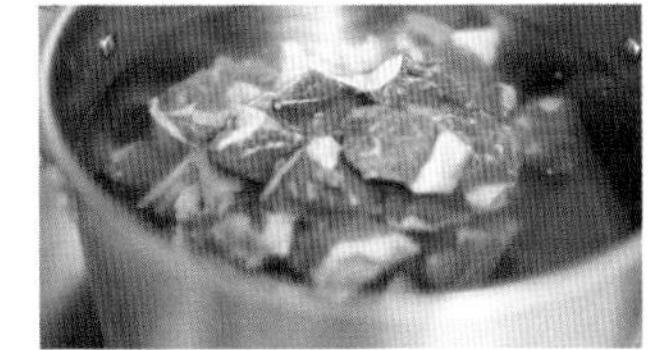

1. 牛肉冷水焯水

2. 牛肉盛出备用

3. 胡萝卜、土豆切滚刀块，葱、姜切末

4. 锅中热油，倒入土豆、胡萝卜

5. 翻炒均匀，待土豆表面金黄，加一汤匙生抽炒匀

6. 炒好的土豆胡萝卜盛出备用

7. 锅中重新热油，倒入葱花和姜末

8. 接着倒入焯好的牛肉

9. 翻炒一下，按顺序倒入料酒、生抽、老抽分别翻炒

10. 待牛肉均匀上色后，倒入冰糖翻炒

11. 小火煸炒 10 分钟，盛出备用

12. 煲中倒入热水，接着倒入炒好的牛肉

◆ **做法**

13. 再放入八角、桂皮、香叶，小火炖煮 90 分钟

14. 倒入炒过的土豆、胡萝卜继续炖煮 20 分钟

15. 出锅

022

白灼虾

难度
中级

时间
20 分钟

白灼作为粤菜的经典做法，其目的就是突出食材本身的鲜美爽嫩的特点。“灼”是粤菜烹调的一种技法，以煮滚的水或汤，将生的食物烫熟，称为“灼”，但不是简单地放在热水里捞出来就是“灼”了，食材、火候、时间才是其中的关键，为的是保持食材鲜、甜、嫩的原味。这道白灼虾会告诉你，什么是“鲜”的味道。

当然，食材越新鲜，清水就越能凸显食材本身的鲜味，所以挑选虾的时候就一定要多加留心。我们平时在挑选虾的时候，可以注意以下四个方面。第一，超市里冻成冰疙瘩的虾不要买，尽量去买鲜虾。一般冰冻虾都是虾死后再进行冰冻的。第二，一般冰鲜虾壳的颜色看起来非常亮，而冰冻虾壳颜色看起来就会比较暗。超市里卖虾的地方一般会将虾放在冰块上面，就是为了在低温的环境下保持虾的新鲜度。第三，买虾的时候用手捏一下虾身。冰鲜虾一般捏起来肉质很紧致，而冰冻虾肉质就比较软。所以买虾的时候一定要用手捏一下虾，虾肉结实的，就比较新鲜，肉质就会鲜嫩。第四，就是看一下虾的胡须，一般冰鲜虾的胡须比较长，是比较完整的。而冰冻虾的胡须一般都不完整。

此外，吃虾的时候一定不能将虾肠给吃了。所以在白灼前，要先用牙签从虾的背部将虾肠挑出来，并且用剪刀把虾须清理干净，这样吃起来才是卫生且讲究的。

扫码观看视频版

对了，白灼虾等虾类菜肴一定不要与含有鞣酸的水果，比如葡萄、石榴、山楂、柿子等同食。鞣酸和钙离子结合形成不溶性结合物刺激肠胃，可能会导致人体不适，引发呕吐、头晕、恶心和腹痛腹泻等症状。海鲜与这些水果同吃至少应间隔两小时。

◆食材

虾 … 1斤
葱 … 2根
姜 … 1块
料酒 … 1汤匙
生抽 … 1汤匙
醋 … 1汤匙
香油 … 几滴
盐 … 适量

小贴士

1. 海鲜腥味较重，需要葱姜去腥；
2. 锅要大，水要多，火候要足，灼的时间要短；
3. 虾很容易熟，所以一定要滚水下锅。

◆做法

1. 虾洗干净，减去虾须，挑去虾肠，沥干备用

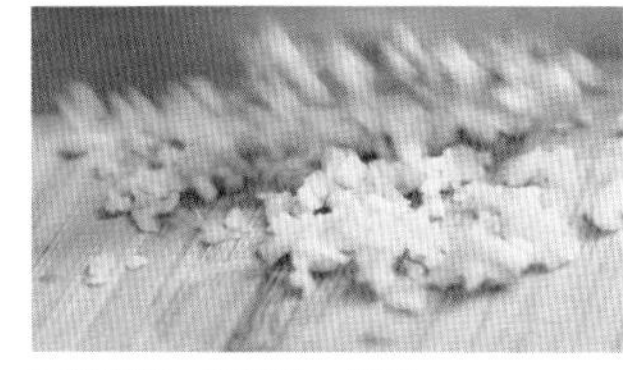

2. 葱切段，姜切片、切末

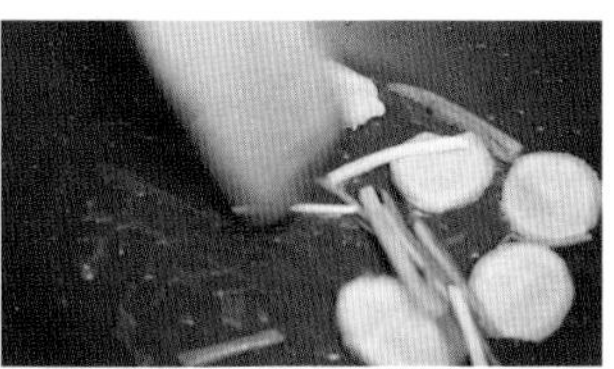

3. 锅中倒入少许油，油烧至六成热时，放入葱段、姜片

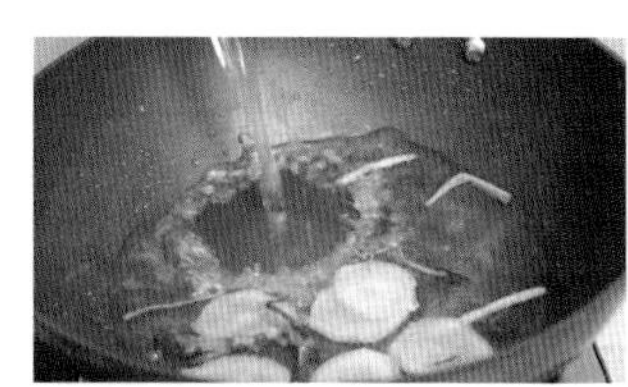

4. 再倒入料酒和适量清水

5. 待清水煮开后，倒入虾灼熟

6. 出锅迅速放入冷水浸泡一小会儿

7. 碗中放入生抽、醋、香油、姜末、盐调汁

8. 只需要虾的味道就够了

023

红烧羊排

难度

初级

时间

50 分钟

我是羊肉的骨灰粉，只要到了内蒙古，就会变成大口吃肉大碗喝酒的蒙古姑娘。古人造字时认为羊大为美，羊鱼为鲜，“鲜”与羊是分不开的。羊肉肉质细嫩，容易消化，高蛋白、低脂肪，比猪肉和牛肉的脂肪和胆固醇含量都要少，是冬季防寒温补的美味之一。

李时珍在《本草纲目》中说：“羊肉能暖中补虚，补中益气，开胃健身，益肾气，养胆明目，治虚劳寒冷，五劳七伤。”一年四季中，冬天是最适合吃羊肉的季节，羊肉算是冬日里最好的温补食材，但过犹不及，也不能因为好吃就顿顿吃羊肉。春夏季节则要少吃羊肉，吃多容易上火。羊肉也不宜与南瓜、西瓜和鲇鱼同吃，容易气滞。

羊肉最常见的吃法其实就是涮羊肉了。尤其是在北京，到了冬天，老北京铜锅店里的生意总是红红火火。大老远的，只要看见那店里冒着热气的铜锅，屋外零下天气里冻得鼻子都发红的人马上就能感受到温暖。其实冬天在家里涮羊肉也是很方便的，除了涮肉，我们在家里还可以做羊排。

羊排有很多种做法，烤羊排、清炖羊排、羊排汤都可以。红烧也是非常适合在冬天做羊排的一种方法，做出来的羊排味道浓郁，适合强身补气。在家里做上这么一锅羊排，就能立刻让家人感受到在餐厅感受不到的、属于家的温暖。寒冬腊月，风雪夜归人，无论在外有多冷多累多委屈，一家人围坐在一起，吃上一碗羊排，就会登时忘却白天的辛苦与不快，尽情享受这一刻美食带来的愉悦。暖黄的灯光下，羊排散发的浓郁肉香和家人开心的笑脸就是最好的解忧草，可以排遣我们所有的烦恼。

扫码观看视频版

◆食材

羊排 … 300 克
料酒 … 1 汤匙
生抽 … 1 汤匙
老抽 … ½ 汤匙
花椒 … 1 汤匙
桂皮 … 2 块
八角 … 3 个
糖 … 1 汤匙

小贴士

1. 羊排要炒至正反面变焦黄才行;
2. 如果能买到 5 至 6 个月出栏的羊排就更棒了;
3. 若不喜欢膻味，可在羊肉焯水时加入少许的醋;
4. 水最好一次性放足，如中途需加水只能加热水。

◆做法

1. 羊排冷水焯水，羊汤盛出备用

2. 热锅冷油，倒入糖、花椒、八角、桂皮爆香

3. 倒入羊排炒至羊排正反面变焦黄

4. 倒入料酒、生抽、老抽翻炒均匀

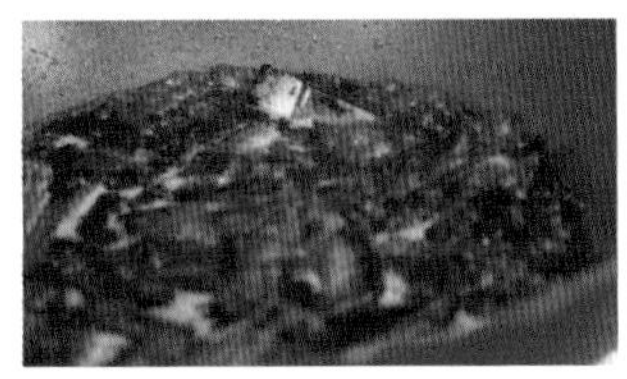

5. 倒入适量的羊汤

6. 大火煮开后盖锅盖，小火炖 40 分钟

7. 超爽的可口红烧羊排出锅啦!

024

青椒塞肉

青椒塞肉是有着儿时味道的一道菜，这道菜让我看到了中国人在烹饪方面无穷的创造力。

难度
初级

时间
30分钟

有次母亲出差时间较长，父亲不可能天天带我到外面用餐。于是他周末买了青椒和肉末（我妈可是从不买肉末的，都是自己剁），对我说："今天给你烧个好吃的。"有好吃的，我自然来劲了。我很配合地洗干净青椒，挖籽与筋，等父亲拌好肉馅后，一个一个耐心地塞上肉馅，还告诉父亲，奶奶说的，肉馅不能塞得太满，否则没有卤汁。父亲煎好后，得意地把菜端上桌。青椒皮被煎得焦焦的，肉带着微微的青椒味和浓浓的肉的鲜香，我登时味蕾大开，一口咬下去别提多下饭了。父亲故意问："好吃吗？"嘴里塞满了菜，我竖起大拇指给了父亲一个用力的赞。

青椒性温，能够通过发汗降低人的体温，并缓解肌肉疼痛，消除疲劳。青椒中还含有维生素C，可以强健毛细血管，预防动脉硬化与胃溃疡。青椒中芬芳辛辣的辣椒素，能促进食欲，帮助消化，青椒的叶绿素则能防止肠内吸收多余的胆固醇。

这道菜非常简单，但是和油面筋塞肉一样非常好吃。一般不要选太辣的辣椒，否则经过长时间的焖煮，青椒慢慢渗出的辣真的能将你刺激出唰唰两行热泪来。

扫码观看视频版

◆食材

青椒 … 6 根
肉末 … 150 克
料酒 … 1 汤匙
生抽 … 2 汤匙
老抽 … 1 汤匙
香油 … ½ 汤匙
胡椒粉 … 1 茶匙
盐 … 1 茶匙
白糖 … 1 茶匙
鸡蛋 … 1 个
葱 … 2 根

小贴士

1. 挑选青椒时注意，要挑外观新鲜、厚实、明亮，带有绿色花萼的；
2. 青椒凹陷的果蒂上易积累农药，清洗前应先去蒂；
3. 青椒一定要煸出虎皮。

◆做法

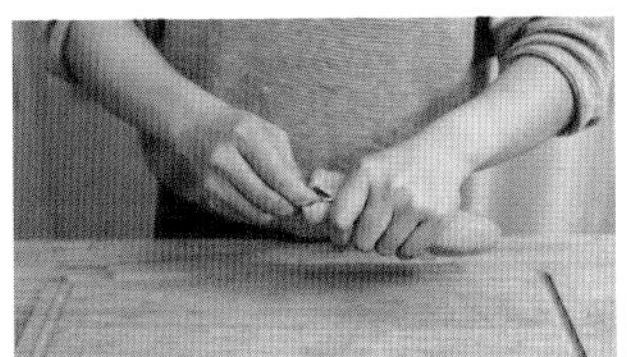

1. 将青椒去蒂，拽住青椒蒂往里一塞再一拉就去蒂了，去籽洗净

2. 葱切葱花，肉末里加料酒、生抽、蛋清、盐、香油、胡椒粉、葱花搅拌均匀

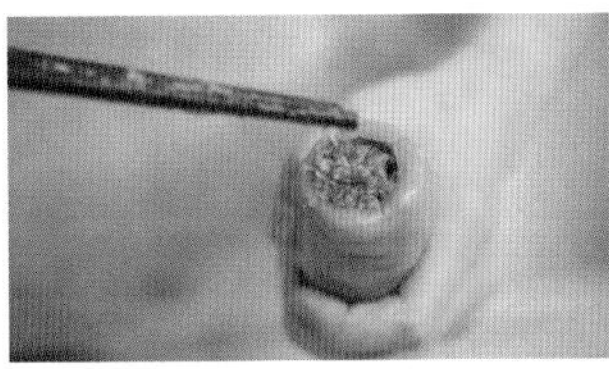

3. 调好的肉馅填入青椒里

4. 小火将青椒煎至起泡

5. 加老抽、白糖和水大火烧开

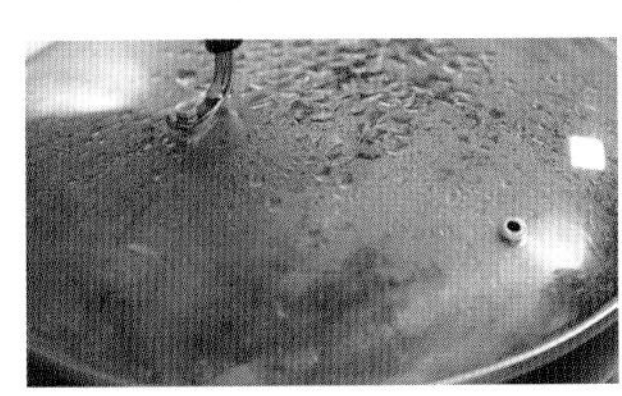

6. 接着小火焖 15 分钟

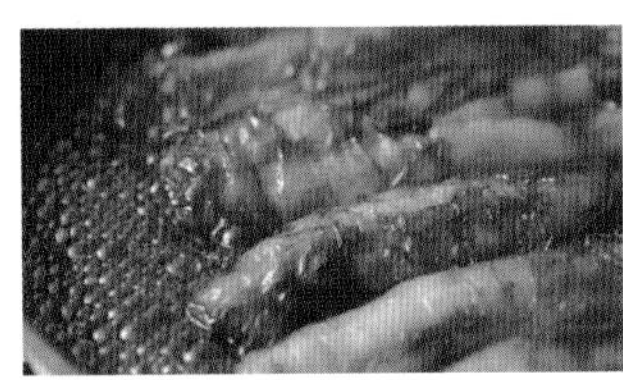

7. 大火收汁

8. 香味扑鼻、唇齿留香的青椒塞肉出炉啦！

025

香烤鸡腿

难度
初级

时间
80 分钟

这道菜的发明有点像命题做菜。母亲的好朋友倪阿姨的女儿在美国生了二胎，正巧赶上倪阿姨夫妇退休，于是夫妇俩义不容辞地去了美国帮忙。倪阿姨是高校教师，平时家里是钟点工烧饭，自嘲笨手笨脚。到了女儿家，她心有余而力不足，特别是烧饭。女儿夫妇在美多年，已经是半个美国胃了，但是年过花甲的倪阿姨吃不惯。自己做又谈何容易，食材很少，想到做饭牵涉一大堆的瓶瓶罐罐，头都大了，再加上美式的开放厨房，怎能来个中式油煎火燎。知道我创办了“迷迭香”美食后，立马请我教几个简单易学又好吃的烤箱菜。

两只鸡腿，青椒、红椒、黄椒，茄子切大块，加上调料，管他荤的素的，一股脑儿放到烤盘里，定好时，该干吗干吗去喽。也就一堂课的时间，大功告成，香气扑鼻。倪阿姨开心地告诉我妈说：“关注‘迷迭香’，只要有烤箱，就什么都不怕了！”

扫码观看视频版

◆食材

大鸡腿 … 2 个
茄子 … 1 个
青椒 … 1 个
红椒 … 1 个
黄椒 … 1 个
迷迭香 … 1 根
橄榄油 … 1 汤匙
黑胡椒 … 2 茶匙
盐 … 2 茶匙

小贴士

1. 烤箱提前预热 5~10 分钟；
2. 鸡腿表面划开三刀后腌制更彻底；
3. 新鲜的鸡腿比冻鸡腿更好吃。

◆做法

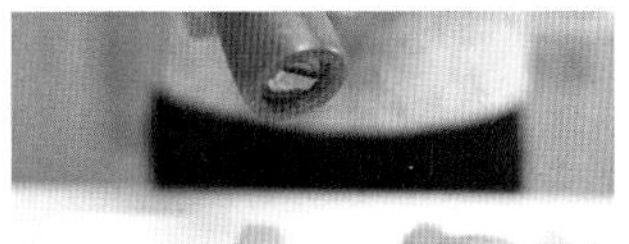

1. 大鸡腿用刀划三刀，加盐、黑胡椒、橄榄油腌制 60 分钟

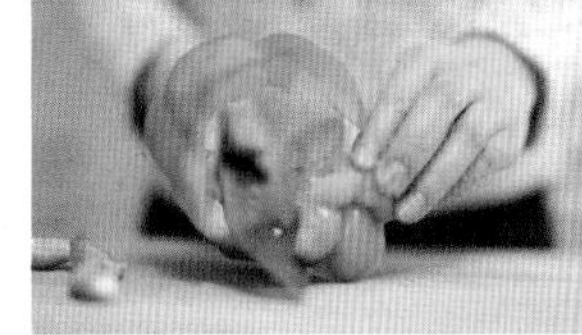

2. 青椒、红椒、黄椒切片

3. 茄子切滚刀块

4. 迷迭香切末

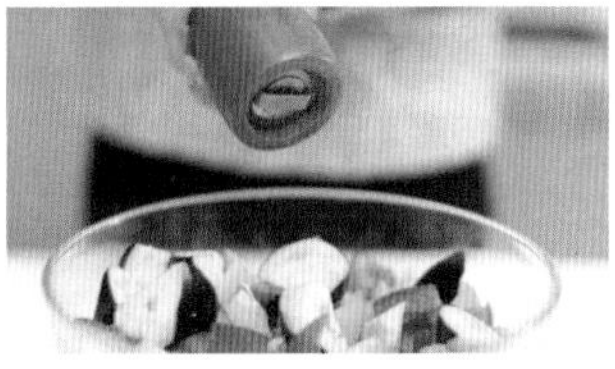

5. 所有切好的菜放入碗中，加盐、黑胡椒和橄榄油腌制 30 分钟

6. 大鸡腿和蔬菜一起放入烤盘中

7. 再撒上切好的迷迭香，上下火 170℃烤 45 分钟

8. 香烤鸡腿出炉

026

蚂蚁上树

难度

中级

时间

20 分钟

“蚂蚁上树”是个有趣的菜名，其实就是肉末粉丝，炒香了的细细的肉末粘在晶莹剔透的粉丝上面活像密密的蚂蚁爬上树梢。这是一道四川名菜，也是四川老百姓常吃的一道菜。

你不一定看过关汉卿写的元曲《窦娥冤》，但是你一定知道窦娥的故事。据说蚂蚁上树的名字来自窦娥。窦娥的丈夫死后不久，婆婆也卧病在床，家里全部的重担都落在了窦娥柔弱的肩膀上。为了给婆婆调理身体，窦娥常常变换着花样做菜。也是因为这样，窦娥手头更加紧张，买肉常常都需要赊账。有次窦娥又去肉摊前赊肉，老板不干。窦娥只得百般相求，老板于是割了一小块肉给窦娥。回家之后，窦娥犹豫了，不知道小小的一块肉能做什么。突然，她看见一旁的粉丝，于是，她灵机一动，将肉块剁成小肉末，混着粉丝一块煮。婆婆闻着香味问窦娥：“你做的什么菜啊？”窦娥回答：“婆婆，是粉丝。”待窦娥把菜端上桌，婆婆看着小小的肉末问窦娥：“这菜上面怎么这么多蚂蚁？”窦娥笑了，告诉婆婆事情的缘由。婆婆也忍不住笑着说：“那以后就叫这菜蚂蚁上树吧！”

我发现每次在外吃饭，无论有多少山珍海味，但凡有蚂蚁上树，都是最先光盘的。看来咱们老百姓的胃还是最爱家常的那一口啊。

扫码观看视频版

◆食材

粉丝 … 200克
肉末 … 150克
青椒 … 半个
红椒 … 半个
香菜 … 2棵
豆瓣酱 … 2汤匙
生抽 … 2汤匙
白糖 … 1汤匙
葱 … 1根
姜 … 3片
蒜 … 4瓣

小贴士

1. 最好选择山芋粉丝；
2. 粉丝倒入开水中煮1分钟后即捞出倒入冷水，这样粉丝不易黏结且能保持弹性；
3. 粉丝易粘连，用筷子炒比用铲子更方便；
4. 用中火炒粉丝，不要开大火。

◆做法

1. 锅里水烧开后放入粉丝，汆烫1分钟

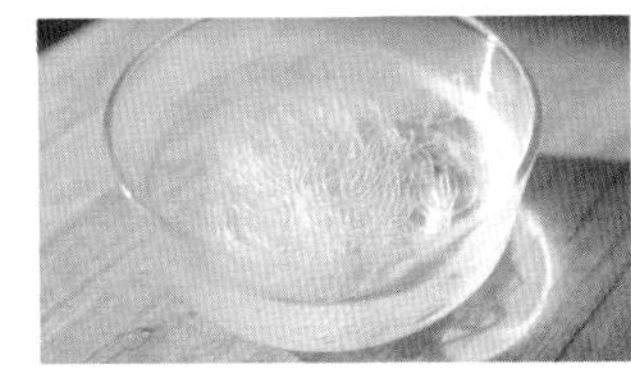

2. 粉丝汆熟后捞出倒入冷水中备用

3. 青椒、红椒切丁，葱、姜、蒜切末备用

4. 热锅冒烟后加油，爆香肉末至微焦

5. 加入2汤匙郫县豆瓣酱煸炒至出红油

6. 加入葱末、姜末、蒜末煸炒

7. 倒入粉丝，中小火用筷子炒粉丝

8. 待汤汁剩少许时，倒入2汤匙生抽、1汤匙白糖

9. 倒入青椒丁、红椒丁以及少许香菜继续翻炒

10. 接着撒上葱花

11. 又是一个诱人的下饭菜

027

荔枝肉

难度

初级

时间

35分钟

唐代著名诗人杜牧的一首诗“长安回望绣成堆，山顶千门次第开。一骑红尘妃子笑，无人知是荔枝来”，告诉了我们杨贵妃对荔枝的喜爱是骨灰级的。但是，荔枝生长在岭南，采摘后，一日而色变，两日而香变，三日而味变，四五日后，则香味尽去矣。岭南距杨贵妃居住的京城长安有千里之遥，为了能让杨贵妃吃上色香味俱全的鲜荔枝，只得派人将刚摘下的荔枝，一个驿站一个驿站地换快马于当日送到京城，杨贵妃看到快马荡起的尘埃，知道是有人送她爱吃的荔枝来了，喜形于色。传说宫中厨师根据这一典故，特创制“贵妃荔枝肉”一菜。

传说归传说，实际上，荔枝肉是福建省福州、莆田等地汉族的传统名菜，属于闽菜，已有两三百年历史。将猪瘦肉剞上十字花刀，切成斜块，剞的深度、宽度需均匀恰当，炸后蜷缩成荔枝形，佐以番茄酱、白醋、白糖、酱油等调料即成；因原料中有白色的荸荠和切成十字花刀的猪肉，烹调后因外形似荔枝而得名。

这道菜是属于春夏季节的。大夏天的，就算再没有胃口，一盘酸甜可口的荔枝肉瞬间就能让食欲恢复。这道菜餐厅并不常有，你不妨自己做起来啊。

扫码观看视频版

◆食材

里脊肉 ··· 150 克
荸荠 ··· 250 克
大葱 ··· 1 根
蒜 ··· 3 瓣
番茄酱 ··· 半碗
生抽 ··· 1 汤匙
白醋 ··· 1 汤匙
料酒 ··· 1 汤匙
白糖 ··· 3 汤匙
淀粉 ··· 2 汤匙
鸡蛋 ··· 1 个
盐 ··· 1 茶匙

小贴士

1. 如果喜欢酸甜的味道，可以多放番茄酱，少放糖、醋；
2. 十字花刀切成菱形，荔枝肉炸出来会更美观；
3. 加入少许的盐更能突出这道菜的甜与酸；
4. 也可用瘦中夹肥的前腿肉，口感更细润。

◆做法

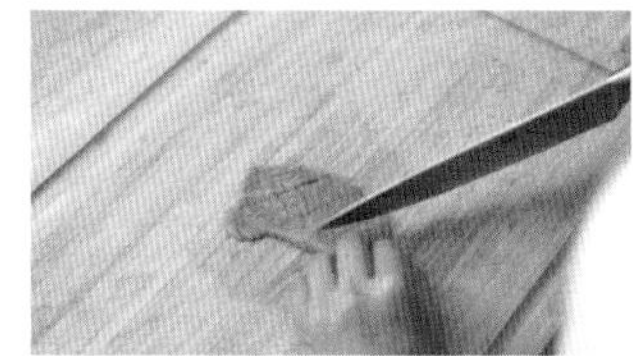

1. 里脊肉切片，在每片肉上正反面切十字花刀

2. 肉片加入料酒、生抽、盐、蛋清腌制 15 分钟

3. 荸荠去皮、切块，大葱、蒜切末

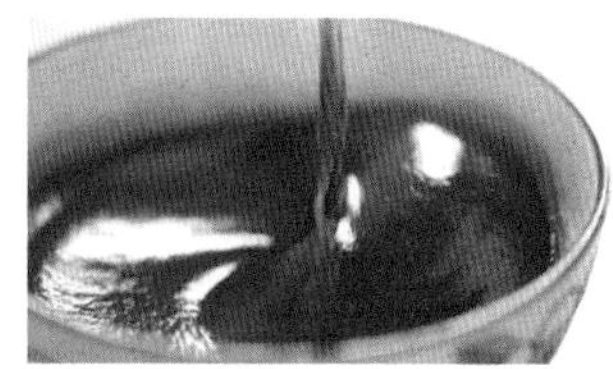

4. 番茄酱中倒入 3 汤匙白糖、1 汤匙白醋搅拌均匀

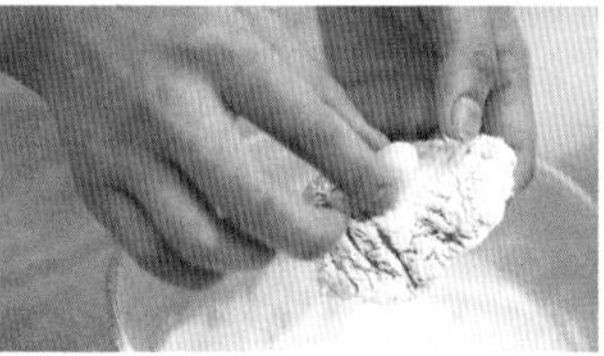

5. 将腌好的肉片裹上淀粉，然后包入一小块荸荠

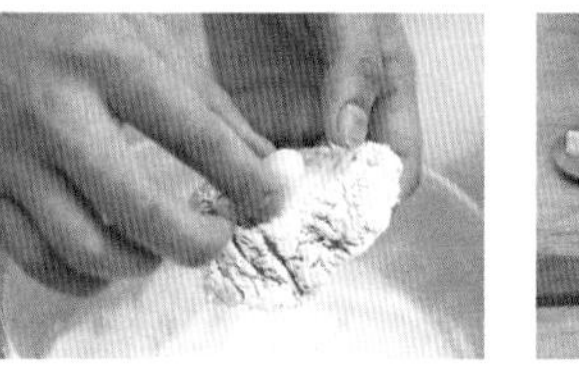

6. 裹成球状

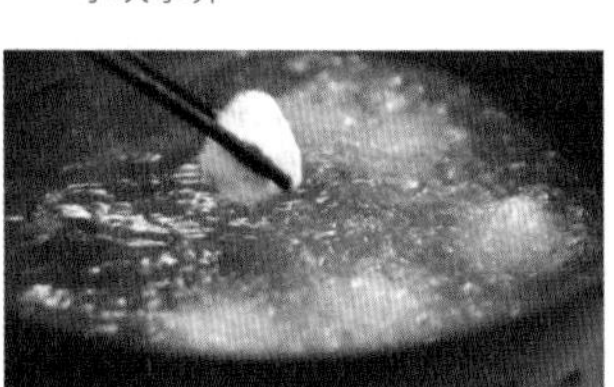

7. 锅中热油，油温六成热时倒入荔枝肉，小火油炸 5~8 分钟至金黄

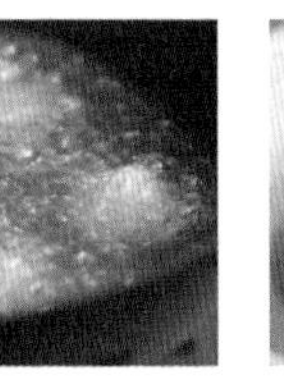

8. 用漏汤匙盛出备用

9. 锅中再加入少许油，将拌好的番茄酱倒入锅中，加入水淀粉拌匀

10. 接着倒入荸荠块翻炒

11. 将荔枝肉、葱末、蒜末倒入

12. 翻炒至番茄酱都均匀裹在食材上

13. 让人食欲大开的荔枝肉完成了！

028

江西辣焖鱼

难度

中级

时间

30 分钟

有一年的五月初，春茶已上市，待稍有空闲，与几个好友相约到杭州龙坞茶乡游玩。江南的春天是伴着雨水的，一路上小雨淅淅沥沥下个不停。也许是看到了我们这些来自各地的远方客人，快到龙坞乡时，雨婆婆大度地让位给太阳公公了。

下车后我深吸一口气，沁人心脾的是说不出的清香，耳边是啾啾鸟鸣，满目是各种层次的绿，茶园层层，竹林成片。想不到杭州十几公里之外竟有这么一个美妙的去处。我们每人挎着一个小竹篮，体验了一下采茶的滋味，了解了一些茶叶的知识后，享受了一顿美美的午餐。桌上的素菜都是茶农自己种的，鱼是爷爷早上钓的，虾是男主人摸的，跑山鸡是家里养的，只有黑猪肉是到镇上买的。一桌丰盛的菜，我独爱那盆鱼，辣的！原来掌汤匙的小青年是江西人，与妻子是大学同学，四年同窗产生了爱情，毕业后到这里来成家立业了。他烧的是家乡菜——江西辣焖鱼。

要想吃滋味够足的鱼肉，除了水煮鱼、重庆酸辣鱼、麻辣烤鱼，你还能想到什么鱼吗？这样入味的江西辣焖鱼你一定要试一试。泡椒、小米椒、绿剁椒、豆瓣酱，这几种调料经过焖煮，所有的味道都渗到鱼肉里面。吃一口，你能尝出几种层次。

扫码观看视频版

◆食材

鲫鱼 … 2条
葱 … 2根
姜 … 1块
蒜 … 4瓣
小米椒 … 5根
料酒 … 2汤匙
泡椒 … 1汤匙
豆瓣酱 … 1汤匙
绿剁椒 … 1汤匙
盐 … 1茶匙

小贴士

1. 用姜片预先擦空锅可以防止鱼皮粘锅；
2. 鱼处理干净后用厨房纸巾擦干可以防止溅油；
3. 烹制时将辅料调料铺在锅底，这样能够保持鱼身的完整；
4. 辅料的用量一定不能少，否则味道不正宗。

◆做法

1. 鲫鱼处理干净后用厨房纸巾擦干

2. 鲫鱼用盐和料酒腌制10分钟

3. 切葱花、姜末、蒜末，小米椒切圈

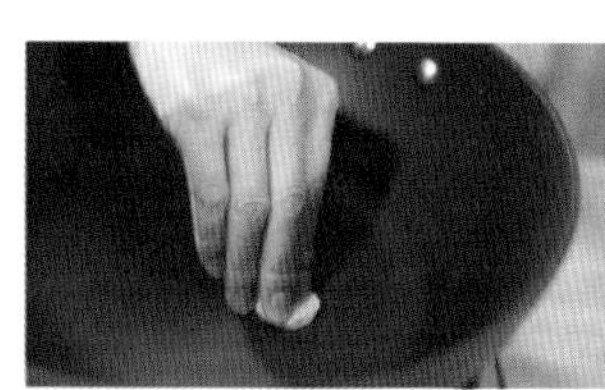

4. 姜片擦一下空锅

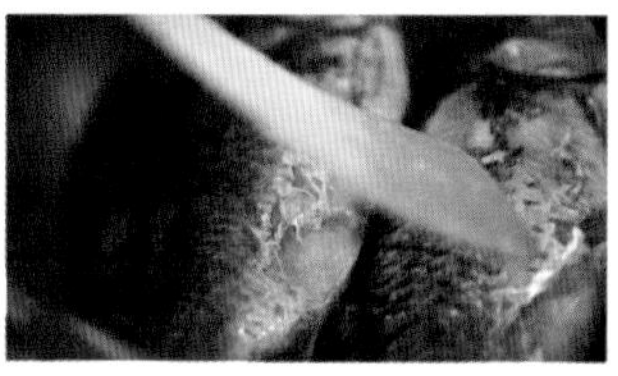

5. 锅中热油，油烧热后调小火放入鲫鱼

6. 待鱼煎至两面金黄后盛出备用

7. 锅中倒油放入豆瓣酱炒出红油，接着放入葱花、姜末、蒜末、泡椒、绿剁椒、小米椒炒出香味

8. 接着放入鱼，倒入料酒

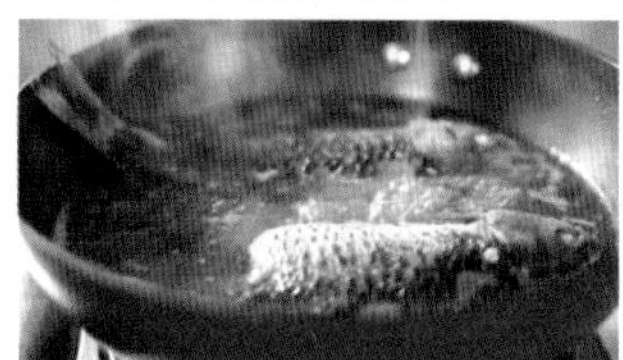

9. 再倒入没过鱼身的开水，根据自己的口味加盐

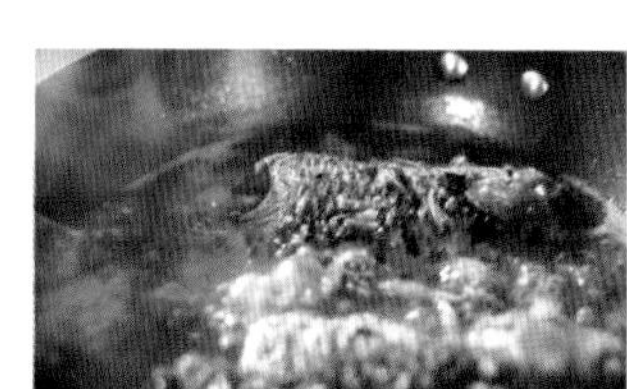

10. 小火焖煮10分钟

11. 鲜辣入味的江西辣焖鱼出锅

029

鱼香肉丝

难度
中级

时间
45 分钟

鱼香肉丝是一道经典的传统名菜，有鱼香味，但其香味并非来自鱼，而是由泡红辣椒、葱、姜、蒜、糖、盐、酱油等调味品调制而成，具有咸、甜、酸、辣、鲜、香等特点，用于烹制菜肴味道极好。这种调味方法最早起源于四川地区民间的制鱼之法，如今已广泛用于川味的熟菜中，咸甜酸辣兼备，葱姜蒜味也很突出，受到各地人们喜爱，于是迅速在全国普及开，成为一道家喻户晓的国民菜。

据说很久以前在四川有一户生意人家，他们家很喜欢吃鱼，对调味也非常讲究，所以他们在烧鱼的时候都要放一些葱、姜、蒜、酒、醋、酱油、泡菜等去腥增味的调料。有一天晚上家中的女主人在炒另一道菜时，为了不浪费配料，把上次烧鱼时用剩的配料都放在这款菜中炒。她还紧张如果味道不好，先生会怪罪。正在发呆之际，她的先生回家了。不知是肚饥之故还是感觉这碗菜很特别，他多盛了两碗饭，连连称赞菜好吃，并问太太是怎么做的。女主人这才一五一十地道出缘由。这道菜是用烧鱼的配料来炒其他菜肴，才会其味无穷，鱼香由此得名，后来又演变出了鱼香猪肝、鱼香肉丝、鱼香茄子和鱼香三丝等经典菜肴。

别看鱼香肉丝是一道普通的家常菜，自己做起来可并不简单。它的配料很多，而且每一个都需要切丝，相对比较麻烦，但是自己能为家人做出一碗健康正宗的鱼香肉丝，内心会充满成就感。

扫码观看视频版

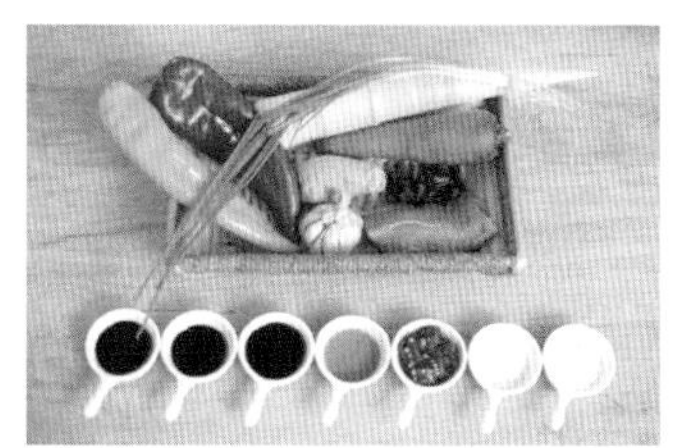

◆食材

里脊肉 … 150 克
青椒 … 1 根
红椒 … 1 根
笋 … ½ 根
胡萝卜 … ⅓ 根
木耳 … 5 朵
姜 … 2 片
葱 … 3 根
蒜 … 2 瓣
生抽 … 2 汤匙
老抽 … 1 汤匙
料酒 … 2 汤匙
香醋 … 1 汤匙
泡椒 … 1 汤匙
芡粉 … ½ 汤匙
白糖 … 2 汤匙
盐 … 2 茶匙

小贴士

1. 干木耳需要先浸泡；
2. 肉丝腌制时，不可多加老抽，否则颜色会过深。选材方面，里脊肉是首选，吃起来较为鲜嫩。泡椒下锅前细细剁碎，这样才能炒出鲜亮的红油；
3. 这道菜的火候是关键。炒鱼香肉丝要猛火快炒，火要够大，锅气要足，这样炒出来的肉丝才嫩滑；
4. 鱼香肉丝讲究“见油不见汤”，收汁很重要。

◆做法

1. 将干木耳用温水浸泡 20 分钟

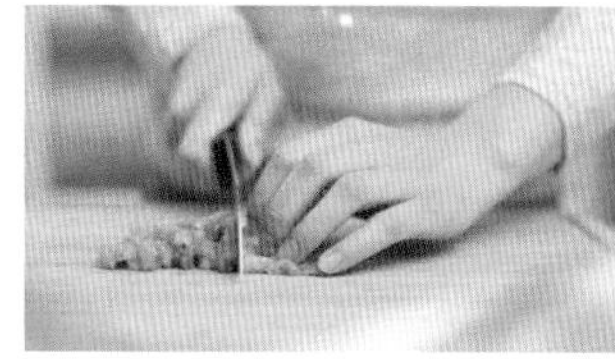

2. 里脊肉切丝

3. 加入 1 汤匙料酒、1 汤匙生抽、2 滴老抽、1 茶匙盐、½ 汤匙芡粉腌制 15 分钟

4. 将生抽 1 汤匙、香醋 1 汤匙、料酒 1 汤匙、白糖 2 汤匙、盐 1 茶匙混合调制鱼香汁

5. 泡好的木耳切丝

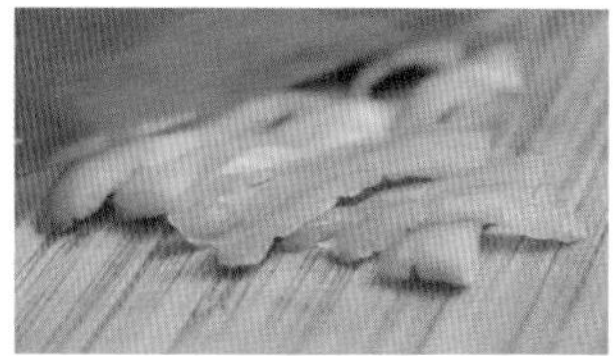

6. 青椒、红椒、胡萝卜、笋切丝

7. 葱、姜、蒜切末

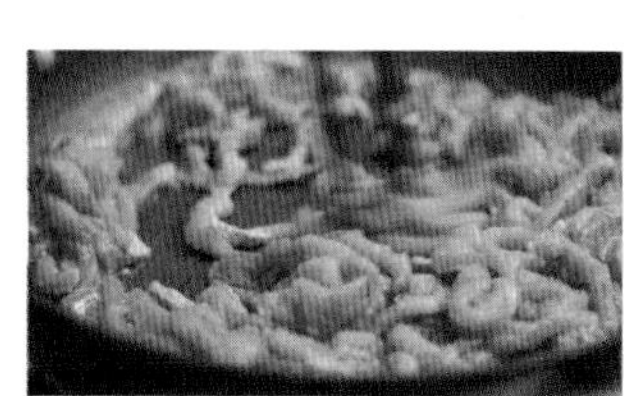

8. 锅中热油，倒入腌好的里脊肉

9. 炒至肉变白色后盛出备用

10. 锅中重新热油，倒入姜末、蒜末爆香后，再放入泡椒

11. 接着依次倒入木耳丝、胡萝卜丝、青椒丝、红椒丝和笋丝

12. 锅中菜炒至七八成熟时，倒入炒好的里脊

◆ **做 法**

13. 翻炒片刻，倒入调好的鱼香汁

14. 大火快速翻炒后，收汁

15. 色鲜味美的鱼香肉丝就做好了

030

老北京干炸丸子

老北京有一道肉菜，既当得了主菜，也能当作小吃，因为吃起来酥脆，又是纯肉做成，在正宗的老北京饭店，一般会作为主菜出现，偶尔也会出现在火锅店里作为佐菜——它就是色泽金黄的老北京干炸丸子。常听老一辈说，几十年前，即使是最普通的老北京干炸丸子，也不是经常能吃到的，要等过年过节才能吃到。所以对于北京人来说，老北京小吃是一种儿时的记忆，一种胡同的味道，更是属于北京人的一种饮食文化。色泽金黄的老北京干炸丸子，外焦里嫩、香脆解酒。丸子，谐音“完子”，寓意圆满，因而无论南北，都是中国人节日餐桌上的必备之菜。

难度

中级

时间

30 分钟

如果你吃过干炸丸子，最初可能并不会觉得太惊艳，但它会越嚼越香。不像我们胖乎乎的狮子头，老北京的干炸丸子一般个头不大，外焦里嫩，一口一个。在家里，要想做出正宗的老北京干炸丸子，还是有一些小诀窍的。首先准备的肉要肥瘦相间，如果肉太瘦，吃起来就会觉得柴，加了点肥的就会有油脂充盈在肉里，吃起来的口感会更好。其他的配料包括葱、姜、鸡蛋、淀粉，还有黄豆酱。要想炸出来的丸子色泽金黄，一定不要用葱末、姜末直接和馅，而是先将葱段和姜片泡水，让它们的香味浸入水里，再用葱姜水和馅。因为葱末、姜末熟得快，如果用它们做馅来炸丸子，就会出现一个个黑点；而用葱姜水，馅料既可吸收葱姜本身的味道，也不会出现受热不均的问题了。

扫码观看视频版

此外，老北京干炸丸子的馅料一定要放黄豆酱，这可能也是老北京的干炸丸子和其他各地丸子的一个重要区别。放了黄豆酱的肉馅在炸制过程中会泛出自然的金黄光泽，放酱油就容易炸得比较黑，此外黄豆酱会让肉馅有一种酱香的味道，

◆食材

肉末 … 1斤
鸡蛋 … 1个
葱 … 2根
姜 … 1块
芡粉 … 1汤匙
黄豆酱 … 1汤匙
料酒 … 1汤匙
香油 … 1茶匙
五香粉 … 1茶匙
盐 … 1茶匙

小贴士

1. 葱切段、姜切片泡水15分钟制成葱姜水和肉馅，直接用葱姜和馅料炸制肉丸时容易煳；
2. 调肉馅放黄豆酱，丸子炸后才会呈现金黄的颜色，不能放酱油；另外放鸡蛋清可以实现“里嫩”的口感；
3. 挤丸子时将手沾湿，抓一把肉馅从虎口处挤出；
4. 第一遍炸丸子用小火慢炸至金黄，第二遍用大火复炸片刻至外壳酥脆；
5. 复炸时用漏汤匙接着丸子不容易溅油。

◆做法

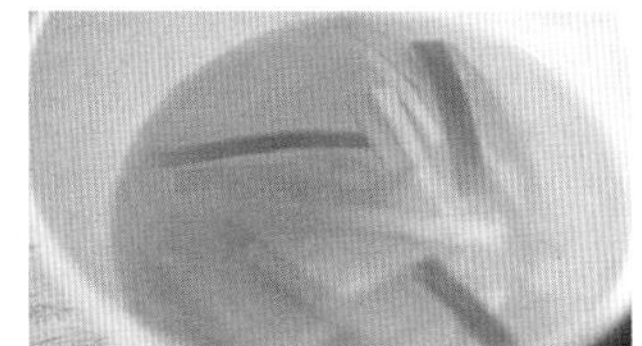
1. 葱切段、姜切片浸泡15分钟做葱姜水

2. 肉末里放入料酒、葱姜水、黄豆酱、五香粉、鸡蛋、盐搅拌，再加上芡粉、香油搅拌均匀

3. 锅边放一碗清水将手沾湿，抓一把肉馅从虎口处挤出一个圆圆的丸子（详细过程请扫码看视频）

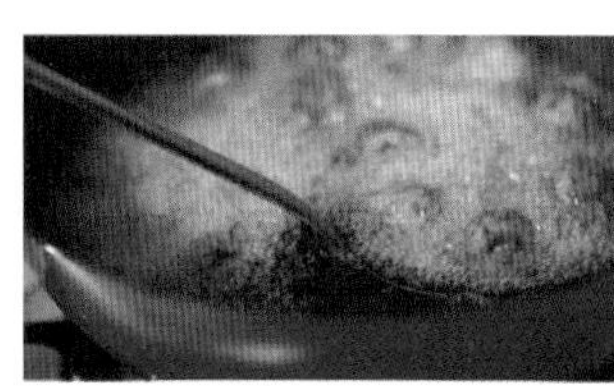
4. 锅中油热至六成时，肉丸入锅小火炸至金黄色，盛出备用

5. 待肉丸稍冷却，油温重新升高再次入锅，大火复炸至外壳酥脆

6. 香喷喷的干炸丸子就出炉了

味道偏咸，也不发甜，所以北方人比较喜欢。最后如果在肉馅中加点鸡蛋清，就会让肉馅更加滑嫩。

待油锅到六成热的时候就可以下丸子了。怎么判断油锅是六成热呢？将木筷子放进去，旁边泛起小气泡的时候，火候就差不多了。丸子放进锅后不用太频繁地搅拌，等颜色炸成金黄色，就可以捞出了。待丸子放凉片刻，就可以再次入锅大火复炸。别小看这次复炸，它可是非常重要的步骤，丸子外焦里嫩的口感和外皮的焦脆靠的就是这次复炸了。

老北京干炸丸子的特点是必须趁热吃。刚刚出锅的炸肉丸，色泽金黄，一口咬开，香喷喷地冒着热气，食欲根本停不下来哪！

031

鸡米花

难度

中级

时间

50分钟

孩子天生喜欢油炸食物，所以西式快餐毫无疑问地占据了孩子们的胃。母亲们为此很是烦恼，一方面孩子太喜欢吃，另一方面又非常不放心快餐店的食材和用油。孩子到了快餐厅除了鸡腿，最喜欢吃的可能就是鸡米花了。

其实喜欢吃油炸食品实乃人的天性，你看无论是美国的炸鸡、日本的天妇罗，还是中国的老北京干炸丸子，都是老少皆宜的国民美食。油脂包裹着淀粉或是脂肪，都会将食物本身的口感提升一个层次。虽然喜欢油炸食品，我们长大后因为身体的衰老，对油脂的代谢变慢，从健康的角度考虑，便逐渐放弃了油炸食品。

从养生角度来说，油炸食物当然不应该多吃，但偶尔吃一点也无妨，特别是孩子想吃的时候。其实我们自己在家做鸡米花也并不复杂，健康和安全都可以保证，大人和小孩都可以满足。

很多人喜欢用鸡胸肉做鸡米花，因为鸡胸肉相对好处理，实际上如果你选用鸡腿肉来做，味道会更胜一筹。给鸡腿剔骨稍微有点麻烦，具体怎么操作你可以看视频版学习。其实只要掌握了剔骨的方法，多做几次，很快就熟练了。记得我做照烧鸡腿的时候，是第一次学给鸡腿剔骨，开始还紧张了好久，可一旦学会，操作起来就很快了。自从我在“迷迭香”里教了鸡米花，就经常收到母亲们的留言，说鸡米花已经成了家里最受欢迎的菜。为了不让孩子吃过多油炸食品，她们现在一般将鸡米花作为表扬孩子的特别奖品。

扫码观看视频版

◆食材

鸡腿 … 2个
葱 … 2根
姜 … 1块
蒜 … 3瓣
生抽 … 1汤匙
料酒 … 1汤匙
淀粉 … 2汤匙
五香粉 … 1茶匙
辣椒粉 … 1茶匙
胡椒粉 … 1茶匙
盐 … 1茶匙

小贴士

1. 炸鸡肉时先用小火炸至金黄，接着大火复炸；
2. 大火复炸时用漏汤匙接着倒入油锅可以避免溅油。

◆做法

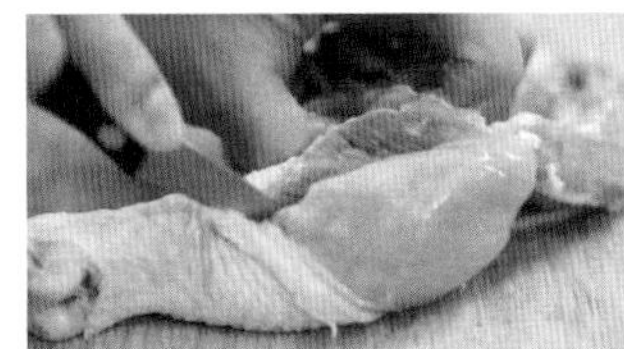

1. 将2个鸡腿剔骨、去皮、切块

2. 在切好的鸡腿肉中加料酒、生抽、盐、胡椒粉、五香粉、葱花、姜末、蒜末搅拌均匀，腌制半小时

3. 将腌制好的鸡肉均匀裹满淀粉

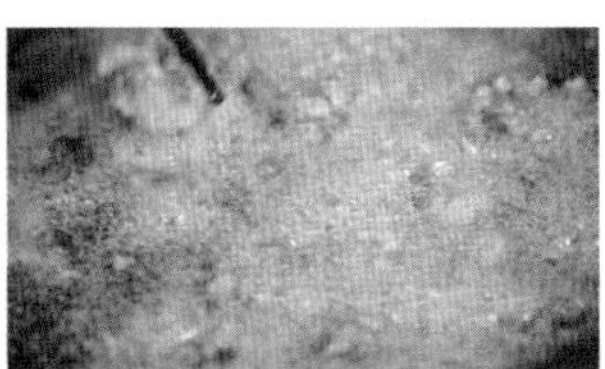

4. 锅中稍微多放些油，烧至六成热，放入鸡肉小火炸至金黄

5. 盛出放凉

6. 再大火复炸后盛出

7. 趁着热，撒点辣椒粉，快吃

在家里想要吃到不同的口味，可以提前准备些花椒粉、辣椒粉、番茄酱，甚至咖喱粉，这样就能满足不同的味蕾。自己在家做最大的好处是经济实惠，一大盘鸡米花，其实才用了两个鸡腿。你是不是流口水了呢？

032

创意蘑菇酿

难度
中级

时间
30 分钟

这道菜其实是一个无心插柳的创意，有一天我想做香菇酿，可是太忙了，去菜场的时候已接近傍晚。菜市里的香菇已近售罄，剩下的几个长得歪歪扭扭、残缺不全。倒不是我对食材的外观有偏见，而是这道菜要以食材本来的姿态呈现，一盘称得上好菜的酿，除了对味道与色泽的把握，也需要食材个头大小差不多，这样装盘才会好看。

那天，我特别想做一次蘑菇酿，它在我的脑海里已经盘旋很久了。我正想着怎么办呢，就瞥见了一筐长得整整齐齐的新鲜口蘑。为什么不用口蘑做这道蘑菇酿呢？可是较香菇而言，口蘑的口感偏脆、淡，不仅味觉的层次单薄了一些，色彩也比香菇少了一层。于是我想到了用鹌鹑蛋来弥补，我脑海中已经想象出口蘑、肉馅与鹌鹑蛋组合后美妙的口感层次和色彩搭配了。那天是我第一次做这个菜，所以掀开盖子的时候每个人都迫不及待地想尝一口。不吃不知道，正如我的想象，味道好极了！

蘑菇营养丰富，富含人体必需的氨基酸、矿物质、维生素和多糖等营养成分，是一种高蛋白、低脂肪的营养保健食品。经常吃蘑菇能促进人体对其他食物营养的吸收，老少皆宜。

扫码观看视频版

周末闲来无事，请朋友在家吃饭，做个创意蘑菇酿，一定可以让你惊艳全场！

◆食材

口蘑 … 10 个

鹌鹑蛋 … 10 个

肉末 … 150 克

鸡蛋 … 1 个

蒜 … 2 瓣

葱 … 2 根

料酒 … 1 汤匙

蚝油 … 1 汤匙

生抽 … 2 汤匙

芡粉 … ½ 汤匙

白砂糖 … ½ 汤匙

香油 … ½ 茶匙

胡椒粉 … 1 茶匙

盐 … 1 茶匙

小贴士

1. 肉馅里放蛋清可以让肉质保持水分，口感更加鲜嫩爽滑；
2. 焖的时候一定要用小火，防止煳锅；
3. 蘑菇要挑选菌盖未张开的，比较嫩；
4. 病菌很容易附着在蘑菇粗糙的表面上，最好用自来水不断冲洗，流动的水可将蘑菇彻底洗净。

◆做法

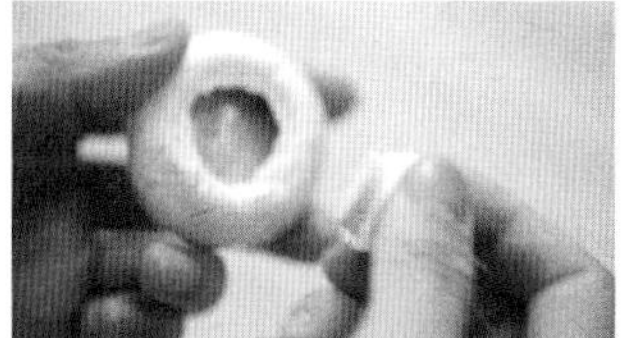

1. 口蘑洗干净后去蒂，切葱花、蒜末

2. 肉末、料酒、生抽、蛋清、芡粉、盐、香油、胡椒粉、葱花拌肉馅

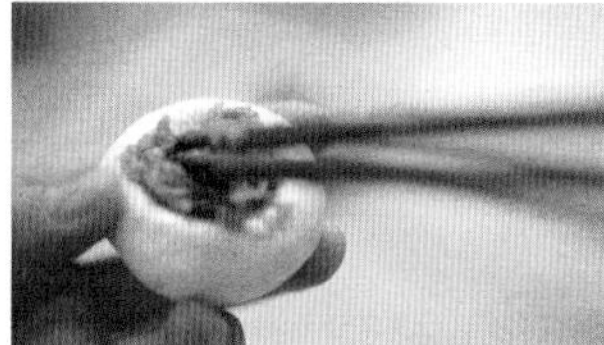

3. 肉馅酿入口蘑里

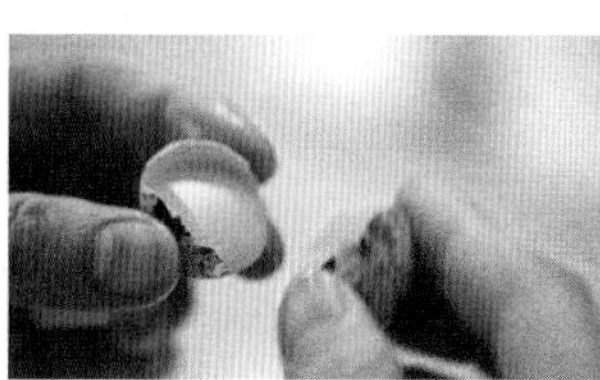

4. 鹌鹑蛋取蛋黄

5. 放在酿好的口蘑上面

6. 用 1 汤匙蚝油、1 汤匙生抽、½ 汤匙白砂糖、蒜末和少量水调汁

7. 锅中热油，放入酿好的口蘑小火煎，再倒入调好的汁

8. 小火焖 10 分钟

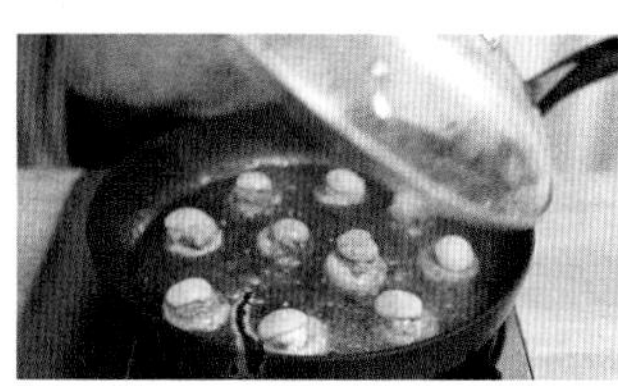

9. 开盖，大火收汁

10. 一盘高颜值的蘑菇酿就出炉了

033

红烧鲫鱼

难度
中级

时间
30 分钟

红烧鲫鱼可以说是一道走遍中国南北的家常菜了，小时候母亲在家就经常烧。我们家在吃鱼这件事上一直以来很和谐，父亲喜欢吃鱼肚子，我喜欢吃鱼脊背，母亲喜欢吃鱼头和鱼尾，我还特别喜欢吃鲫鱼子。所以一条鱼在我们家总是能充分完整地发挥作用。后来长大了我才知道，没有人是只喜欢吃鱼头的，天下所有的母亲都喜欢吃鱼头，那是因为她们总是选择将最好吃的留给最爱的家人。

鲫鱼是非常常见的淡水鱼，营养价值很高，性平味甘，补虚、补气、健脾利湿，可以常吃。它的做法有很多种，红烧、煲、焖、烤、蒸，都很不错。女性月子里常喝的一款催乳汤就是鲫鱼汤，除此之外，鲫鱼对糖尿病、哮喘、气管炎都有很好的滋补食疗作用。而且鲫鱼里含有全面优质的蛋白质，对肌肤的弹力纤维能起到良好的强化作用，尤其对压力大、睡眠不足等精神因素导致的早期皱纹有奇特的缓解功效。鲫鱼虽好，但是痛风病人、肝硬化患者和出血性疾病的患者不宜常吃。

很多朋友说做鲫鱼的时候容易粘锅，这里告诉你一个小窍门，用姜片先擦一下锅底，能在锅面形成保护膜，这样鲫鱼就不容易粘锅了。

扫码观看视频版

◆食材

鲫鱼 ··· 2 条
小葱 ··· 3 根
姜 ··· 1 块
料酒 ··· 1 汤匙
生抽 ··· 2 汤匙
老抽 ··· 1 汤匙
盐 ··· 2 茶匙

小贴士

1. 热锅冷油，姜片先擦锅底可以防止鱼皮粘锅；
2. 鱼身 45 度斜划三刀可以让鱼更入味；
3. 鱼身洗净擦干，沿锅边慢慢滑入，不易溅油。

◆做法

1. 姜切片，葱切段

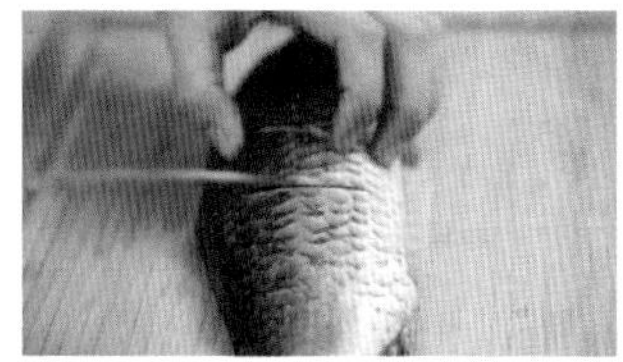

2. 鱼身用刀划开

3. 用姜片擦一下空锅

4. 锅中倒入油，油烧热后放入鱼

5. 待鱼两面都煎至金黄，放入姜片和葱段

6. 之后倒入料酒、生抽、老抽

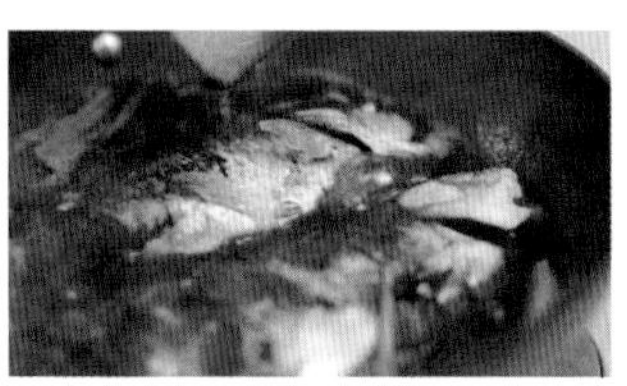

7. 再倒入没过鱼身的开水，大火烧开后，小火焖 20 分钟，放入盐

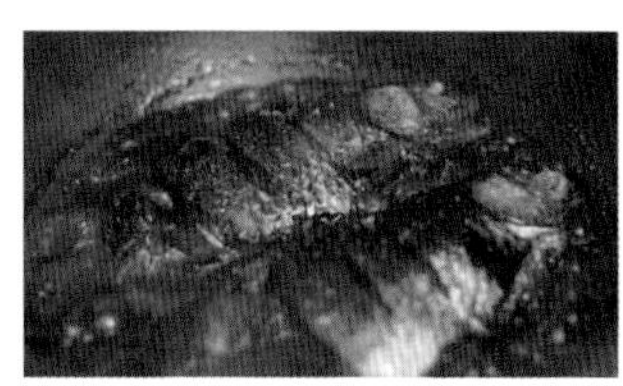

8. 大火收汁

9. 好吃的红烧鲫鱼就出锅喽！

034

简易牛排沙拉

难度
初级

时间
30 分钟

牛排在很多国人心中是只可远观的那一类菜肴，仿佛吃牛排就要去高档的餐厅，穿着正式的衣服，摆着优雅的姿态小口小口吃。高高在上的牛排也让我们不敢轻易在家尝试，感觉只有顶级大厨的料理才不会浪费了这样珍贵的食材。

实际上牛排有很多种做法，有非常复杂的腌制与调汁的做法，也有简单好吃的做法。这次教大家的就是我最常用的一种专业牛排料理方法，做法简单，味道也很好。无论你选用肋眼、菲力还是西冷，都可以用这个方法。当然，牛排稍微厚一些更好，这样做出来的牛排外皮焦脆，里面的肉还泛着粉色，味道最好。只要你掌握了几个小窍门，即使在家中，一样能使牛排绽放最美的滋味！

我一直觉得牛排是家庭食谱中最省时、最方便的一道菜了，即使在家宴客也绝不丢面子。做好的牛排既可以单独成菜，也可以切成小块拌个沙拉，反正怎么做怎么好吃。一边撒盐抹牛排的时候，我已经开火热锅了。所以这道牛排，从撒盐腌制到最后出锅，平均用时很短，不能更方便快捷！

扫码观看视频版

◆食材

牛排 … 1 块
芝麻菜 … 1 小把
圣女果 … 多个
橄榄油 … 1 汤匙
胡椒粉 … 1 茶匙
盐 … 1 茶匙
柠檬 … 半个

小贴士

1. 牛排两面均匀沾上胡椒粉、盐、橄榄油，用手在牛排的两面轻轻按摩使其入味；
2. 一定要开大火预热到平底锅滚烫的时候，再放入牛排煎烤，这步非常重要。牛排上已经有了橄榄油，锅内不需另外放油；
3. 牛排煎好后一定要静置 2~3 分钟，让牛肉内的汁水流出，这步也同样重要。

◆做法

1. 圣女果切半，与芝麻菜一起放在盘中

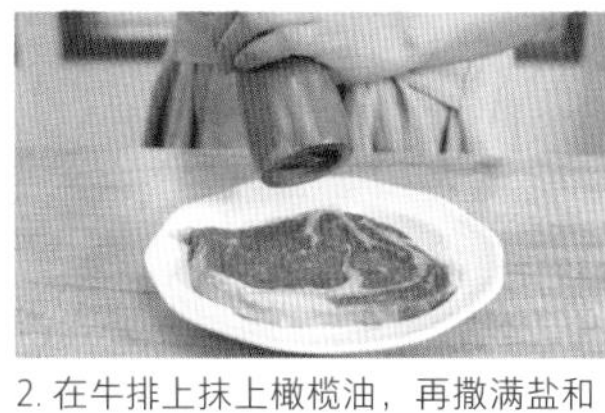

2. 在牛排上抹上橄榄油，再撒满盐和胡椒粉

3. 用手指把牛排两面涂抹均匀

4. 大火热锅 3 分钟至锅滚烫略冒烟，放入牛排煎制

5. 一面煎完煎另一面，中间可以用铲子按压

6. 煎好的牛排放入盘中静置 2 分钟，会有部分汁液流出（这步很重要）

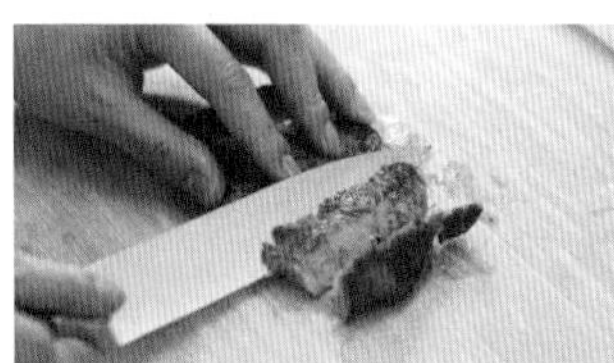

7. 牛排切斜刀，放入沙拉盘中

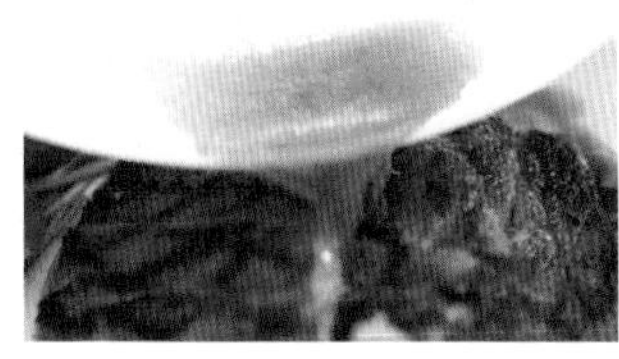

8. 在牛排静置时流出的汁液上挤上柠檬汁，搅拌均匀后浇在牛排上

9. 美味又简单的简易牛排沙拉就做好啦！

第二部分

素食之爱

035

麻婆豆腐

难度
中级

时间
25 分钟

因为中学和小学距离家都不远，我在家吃了整整十八年饭。大学虽然住校，但依旧没出城，周末回家，母亲总要想方设法给我烧点她认为我在学校吃不到的菜。一次，母亲笑眯眯地看我吃饭，随口一问："我烧的菜与学校的菜哪个好吃？"我反问道："想听真话还是假话？"父亲接上说："当然是真话了。"我笑答："有些菜比学校的好吃，有些菜是学校的好吃。""哪个菜？"母亲迫不及待地追问。"麻婆豆腐。"现在回想，大概是学校烧菜从不吝惜下重口的调料吧。

《锦城竹枝词》云："麻婆陈氏尚传名，豆腐烘来味最精，万福桥边帘影动，合沽春酒醉先生。"《成都通览》记载陈麻婆豆腐在清朝末年便被列为成都著名食品。当时只是一道地方菜，由于它的食材方便易得，色香味俱全，随着交通的发达、人员的流动，已经从闭塞的西部传遍了中华大地，变成了千千万万家庭餐桌上的家常菜了。

多年以前，波士顿的唐人街有一家小中餐馆，我几乎吃过菜单上所有的菜，每次必点的就是麻婆豆腐，那是我认为这个餐厅做得最地道的中餐，也是最能慰藉我中国胃的一道菜。一晃十多年过去了，如今麻婆豆腐远渡重洋，在七大洲各国安家落户，只要有华人的地方就有它，已经真正从一道家常菜成了国际名菜。

扫码观看视频版

◆食材

韧豆腐 …1 盒
肉末 …100 克
葱 …1 根
姜 …4 片
蒜 …¼ 个
花椒 …20 克
辣椒碎 …2 茶匙
辣椒面 …2 茶匙
豆瓣酱 …2 汤匙
料酒 …1 汤匙
生抽 …1 汤匙
辣椒油 …½ 汤匙
花椒油 …½ 汤匙
芡粉 …1 汤匙
盐 …少许

小贴士

1. 豆腐切块后，先用淡盐水浸泡与焯水很重要；
2. 豆腐连同热水一起倒出，豆腐才不会粘连；
3. 煸炒肉末时用中火，油温不能高，否则酱容易炒煳；
4. 豆腐的表面比较光滑，最后要勾芡两次；
5. 豆腐要嫩又不易碎，以韧豆腐做食材为佳。

◆做法

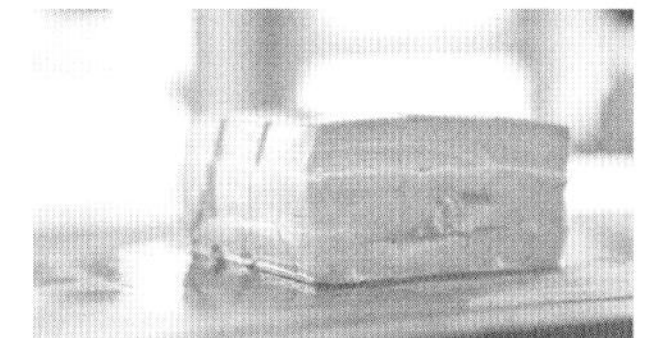

1. 豆腐切小块、葱、姜、蒜切末

2. 切好的豆腐在淡盐水中浸泡 10 分钟以上

3. 凉水下锅焯豆腐并在锅中倒入少许盐

4. 豆腐连同热水一起倒出

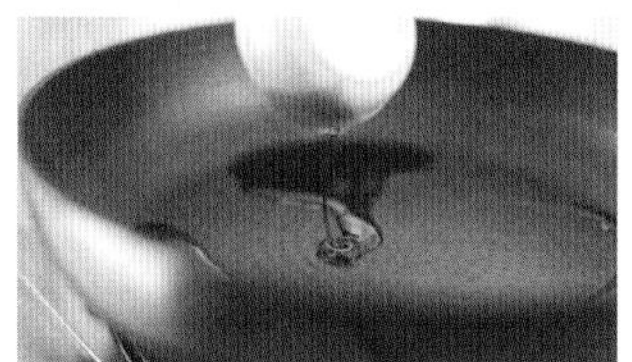

5. 锅中倒入辣椒油

6. 中火慢慢煸干肉末，油温不能高

7. 加入 2 汤匙豆瓣酱煸炒至辣香味散发，辣椒酱的红色与肉末均匀混合

8. 接着倒入花椒、辣椒碎、辣椒面、蒜末、姜末煸炒，再倒入料酒、生抽以及少量水

9. 接着倒入豆腐，下锅后不能过多来回搅动

10. 勾芡一次稍加翻炒后再次勾芡

11. 最后倒入花椒油，关火后利用余温继续咕嘟一下豆腐

12. 盛出豆腐，撒上葱花，有没有马上想来一碗白米饭？

036

地三鲜

难度

中级

时间

30 分钟

三是一个很奇妙的数字，中国文化中很多经典的说法里都有它。老子云：一生二，二生三，三生万物；三才者天、地、人，三皇五帝，三星在天，三朝元老，三阳开泰，三思而行，三足鼎立，甚至三人行必有我师；数学中有三角形的稳定性、三角函数；物理中有三维空间；宗教有三位一体等。大家爱看的综艺节目中，三人组合也是比较讨巧的。这也应了老话：一个篱笆三个桩。

地三鲜是一道地道的东北菜。茄子、土豆和青椒，这极不起眼的三样菜，经过巧妙的组合烹调，竟然各显所长，各隐其短，在锅里热情地跳了一出三人舞。上桌后，茄子不再是那个无味的茄子，朴实的土豆也化了彩妆，青椒更是将自己的美味慷慨地传递给了茄子和土豆。你只能由衷地赞美：“真好吃！”

在餐厅吃饭，不少人喜欢点地三鲜，餐厅为了食物的亮泽和口感一般下油都比较重，洗过“油锅澡”，再健康的素菜也没那么健康了。地三鲜虽是素菜，但一过油，热量比肉还高。所以如果喜欢吃地三鲜，自己在家做最合适。这里教你一个控油的小诀窍，先将茄子用盐腌一下，茄子里的水就会慢慢渗出。挤过水的茄子在烧的过程中就不会吸那么多油，常吃也没关系了。

扫码观看视频版

◆食材

土豆 …1个
茄子 …1个
青椒 …2个
葱 …1根
蒜 …3瓣
料酒 …1汤匙
生抽 …2汤匙
蚝油 …1汤匙
白糖 …2茶匙
芡粉 …1汤匙
醋 …½汤匙
盐 …少许

小贴士

1. 茄子放盐腌制片刻挤去水分，煎的时候可以少放油；
2. 青椒一定要最后放。

◆做法

1. 土豆、茄子切滚刀块

2. 青椒切片，葱、蒜切末

3. 茄子加少许盐，搅拌均匀后，静置10分钟倒出多余的水分

4. 锅中倒入少许油，将土豆煎至表面金黄后盛出备用

5. 再倒入少许油，将茄子煎至皮皱变软时盛出备用

6. 锅中热油，倒入葱末、蒜末爆香，再倒入煎好的土豆

7. 大火翻炒2分钟，倒入煎好的茄子

8. 接着放入青椒

9. 按顺序倒入料酒、生抽、蚝油、白糖翻炒

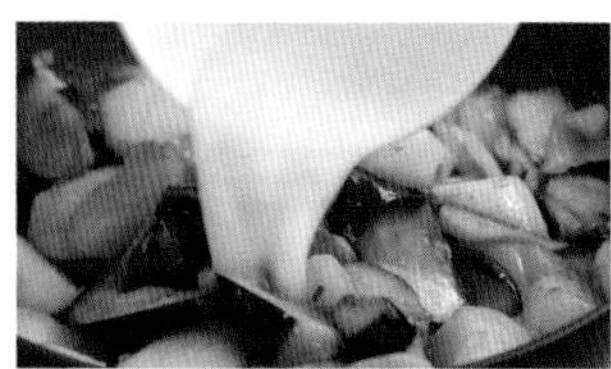

10. 勾薄芡，在出锅前加少许盐

11. 最后沿锅边再倒入½汤匙醋

12. 带着肉味儿的地三鲜就出锅了

037

鱼香茄子

难度

初级

时间

20 分钟

中学时看《红楼梦》，里面有很多和美食相关的场景，有的特别文艺范儿，比如，边吃边吟诗作词、猜谜。但是印象最深的一道菜却是贾母让凤姐给刘姥姥尝的茄鲞，还调侃她“你们天天吃茄子，也尝尝我们的茄子弄得可口不可口”。刘姥姥吃后不相信是茄子，又尝了第二口，细嚼了半天，才说道：“虽有一点茄子香，只是还不像是茄子。告诉我是个什么法子弄的，我也弄着吃去。”凤姐也不嫌烦，娓娓道来：“这也不难。你把才下来的茄子把皮签了，只要净肉，切成碎丁子，用鸡油炸了，再用鸡脯子肉并香菌、新笋、蘑菇、五香腐干、各色干果子，俱切成丁子，用鸡汤煨干，将香油一收，外加糟油一拌，盛在瓷罐子里封严，要吃时拿出来，用炒的鸡爪一拌就是。”刘姥姥吓得摇头吐舌：“我的佛祖！倒得十来只鸡来配它，怪道这个味儿！”当时我就想，这么烦的一道菜，有什么意思啊！还是鱼香茄子好，好吃又好做，只要一点儿肉就行了。

茄子是四季都有的一种常见蔬菜，营养也非常丰富。平时我们凡是看到颜色深的蔬菜一定要多吃几口，因为这类蔬菜往往富含抗氧化效果极强的花青素，紫色的茄子也不例外。其次，茄子因为味道像肉，所以受到很多减肥的朋友喜爱。但是茄子特别吸油，所以减肥的时候最好多吃蒸茄子。

扫码观看视频版

这道鱼香茄子是真正属于老百姓的家常菜，也是大部分小餐馆的看家菜。它味道鲜美，柔软润香，鲜咸适口，但每家餐馆做出来的味道却是各有千秋，这就要看掌汤匙人的喜好了。我在江南的一家小饭店居然吃到过甜与辣平分秋色的鱼香茄子，大约是迎合当地人喜爱甜食的胃口吧！

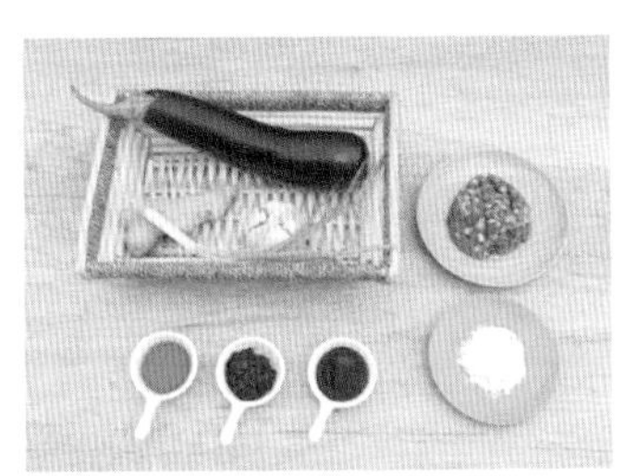

◆食材

茄子 …1根
肉末 …150克
姜 …1块
蒜 …4瓣
豆瓣酱 …2汤匙
生抽 …2汤匙
料酒 …1汤匙
白糖 …½汤匙
水淀粉 …1汤匙
盐 …少许
醋 …少许

小贴士

1. 茄子入锅前用盐抓一下，可以使茄条变软，控出多余水分；
2. 变软的茄条吸油较少，更健康；
3. 建议吃茄子不去皮，茄子皮里面含有维生素B，茄子的价值就在皮里面，但是一定要洗干净，否则也许会有农药残留。

◆做法

1. 茄子切成条、姜蒜切末

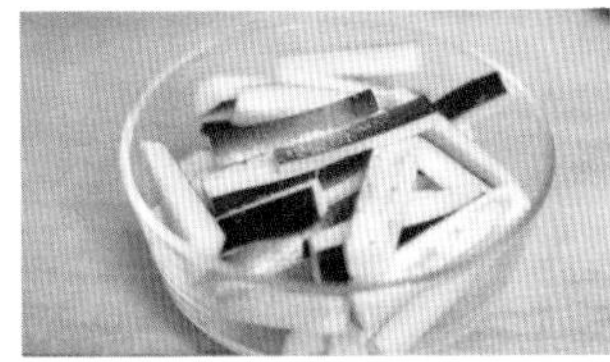

2. 用盐抓一下茄子使其变软出水

3. 热锅放一点点油，倒入茄条快速翻炒至茄条变软，盛出备用

4. 将锅烧热，放入油，煸香姜末和蒜末，接着倒入肉末煸炒至八成熟

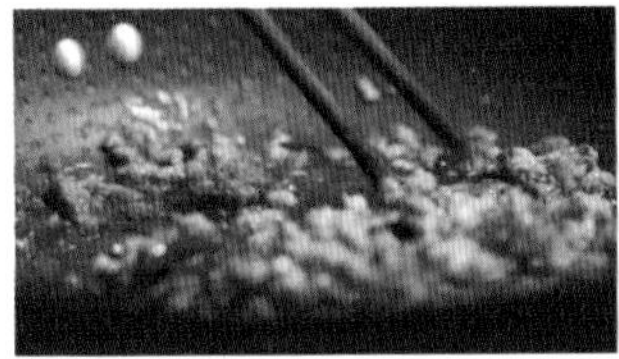

5. 加入2汤匙郫县豆瓣酱煸炒至出红油

6. 炒出香味和红油再烹入料酒

7. 倒入煸软的茄条，加白糖、生抽翻炒均匀，融合香味

8. 待茄子炒软加入蒜蓉，放少许醋，勾薄芡，翻炒均匀出锅

9. 一盘下饭的鱼香茄子就做好了

038

白菜豆腐卷

难度

初级

时间

20 分钟

十多年前，与几个南方的朋友利用圣诞节假期到了中国版图的“公鸡”头部地区，想见识一下林海雪原。我们一路赏雪玩冰，泡温泉乘爬犁，好不开心。最后到了“鸡冠”的顶部漠河，感受了一把“白茫茫大地真干净”。为了拍照留念，冻得半死不活，就差没有牺牲鼻子耳朵了。但是在这人迹罕至的地方，我们意外地吃到了当地人专门为我们做的白菜豆腐卷。

这道在南方不起眼的菜，在这里可是最珍贵的。白菜是主妇细心保存好的，豆腐是自制的石磨豆腐，放在屋内水盆里养着的，菇可是夏天在深山老林里采摘的山珍。这一道当地人平时不轻易吃的菜，在寒冷的东北就被用来待客了。主妇笑着告诉食客们，大家是沾了我们两位女士的光。

东北人超爱大白菜，做起白菜那可是一把好手，酸菜、泡菜，味道寡淡的白菜在他们手里被做出了花儿。东北人不仅性格豪爽，在买菜上也堪称豪迈。东北人去南方，看见南方人论棵买大白菜，就在心里暗暗发笑，因为东北都是论麻袋买白菜。南方朋友去东北也很不理解，看到当地人一车一车地装白菜，还以为是菜贩子，一问才知道原来是囤着过冬的。

扫码观看视频版

白菜营养丰富，不仅含有脂肪、蛋白质、粗纤维及以钙、磷、铁、胡萝卜素等多种微量元素，白菜中所含的果胶还可以帮助人体排除多余的胆固醇。在东北，这可是冬日里最重要的食材了。

◆**食材**

白菜 …1棵
豆腐 …1块
香菇 …8个
生抽 …1汤匙
香油 …½汤匙
盐 …1茶匙

小贴士

1 白菜叶片去厚帮，入开水略煮片刻，即可盛出，方便用来包裹；
2 豆腐焯水可去除部分豆腥味道；
3 若用干菇，需预先泡发，洗去泥沙。

豆腐在我们中国人日常饮食中的重要性不言而喻，它含丰富的微量元素及烟酸、叶酸和B族维生素。豆腐脂肪的78%是不饱和脂肪酸，并且不含有胆固醇，素有“植物肉”的美称。民间也素有“鱼生火，肉生痰，白菜豆腐保平安”之说。这道菜的组合不仅美味，而且是各种营养素的极佳搭配。一份白菜豆腐卷，配上一碗白米饭，就能满足一顿正餐人体所需的营养，非常适合冬天食用。

◆**做法**

1. 白菜洗干净后剥开

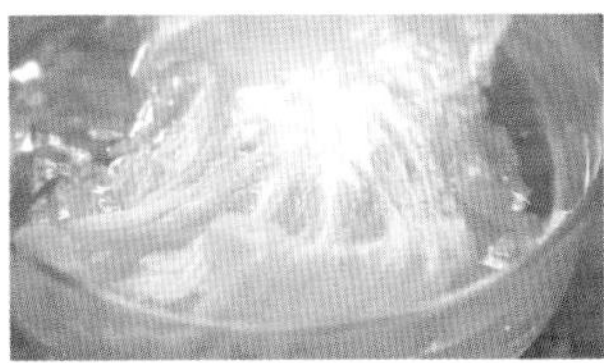

2. 白菜热水焯水后过凉水，沥干备用

3. 香菇洗干净去蒂切丁

4. 豆腐切块

5. 将豆腐放在盒子里压碎

6. 锅中热油，倒入切好的香菇丁炒香后盛出备用

7. 将切好的香菇和豆腐泥倒在一起搅拌均匀

8. 加1汤匙生抽、½汤匙香油、1茶匙盐搅拌均匀

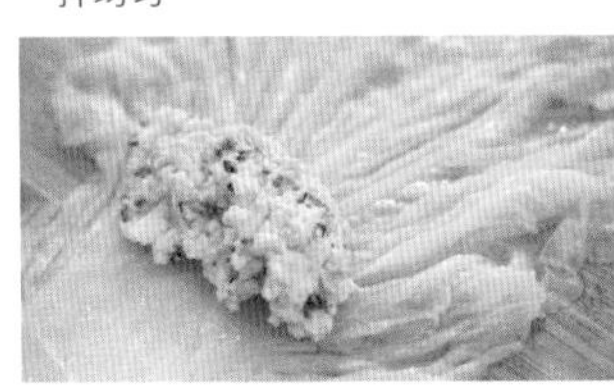

9. 将调好的馅儿放在白菜叶上

10. 卷起来

11. 蒸锅中的水烧开后，转中火蒸10分钟

12. 完成

039

干煸菜花

难度

中级

时间

30分钟

有一道家常菜在餐厅里很常见，但在百姓家里的餐桌上却不多见，它就是干煸菜花。究其原因，我想可能还是在家里不容易做好吃。我的口味其实并不像传统江南人，我很喜欢吃辣。干煸菜花也是我很喜欢在外点的一道菜，一直找不到合适的比喻来形容它。有一天，被朋友拉着去看曲艺，看了双簧，登时灵感来了，有道是“众里寻他千百度，那人却在灯火阑珊处”。

表演双簧的两个演员，一人在前面负责形体表演，一人藏在后面说唱，合二为一，以假乱真，天衣无缝。说唱者，嗓子好，声音亮；表演者不发音，只张嘴仿口型。我们看到的是表演者，笑点却是由说唱者提供，干煸菜花就很像双簧啊！花菜本身寡淡无味，主角似乎是它，实则全靠里面不起眼的肉片及调料提味，这才有了这道经典的大众菜。

菜花俗称“穷人的医生”，是说它营养比一般蔬菜丰富，含有蛋白质、脂肪、碳水化合物、多种维生素等矿物质，也非常容易被消化吸收。菜花中含有一种特别的保护酶，对防癌抗癌很有帮助。其实菜花是从国外传入中国的，南方人叫它花菜，到了北方大家就称它为菜花了。

扫码观看视频版

第一次做这道菜时，我也失败了好几次。要想将菜花煸出脆感，一定不能给菜花焯水，这里面的诀窍就是用料酒来替换水，因为酒很容易蒸发，所以不会影响干煸后菜花的爽脆口感。

◆食材

菜花 …1 棵
五花肉 …150 克
青蒜 …1 根
大蒜 …1 头
红米椒 …2 根
绿米椒 …2 根
干辣椒 …3 根
料酒 …3 汤匙
盐 …1 茶匙

小贴士

1. 菜花以个体周正，花球结实，颜色乳白，颗粒细均，不发黄，无虫者为佳；
2. 初加工时宜用手掰碎而不宜用刀，掰开后的小朵菜花一定要用盐水浸泡 10 分钟后再炒，这一步可以消灭藏在菜花里的小虫；
3. 五花肉可以放在冰箱里冷冻 1 小时变得稍硬时再切；
4. 斜刀切青蒜，在切之前拍打更易带出青蒜本身的香味；
5. 五花肉本身含有较多的油分，烹制时不需要另外加油；
6. 放 3 次料酒是重点。

◆做法

1. 菜花掰成小花

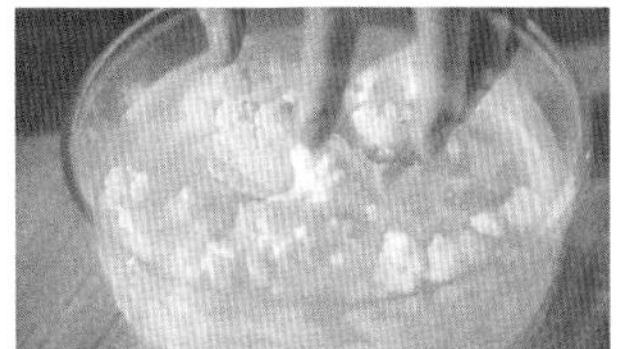
2. 菜花用淘米水加盐浸泡 10 分钟洗净

3. 大蒜拍成整粒蒜瓣

4. 红米椒、绿米椒切成小圆圈

5. 青蒜切斜段

6. 五花肉、切好的菜花、青蒜段、蒜瓣、红绿米椒、干辣椒备料

7. 五花肉直接放入锅中煸炒

8. 炒至出油后盛出备用

9. 锅中倒入蒜瓣、红绿米椒以及干辣椒炒香（不需另加油）

10. 锅中倒入菜花翻炒

11. 放入菜花后倒入第一遍料酒

12. 炒至菜花出水

◆做法

13. 倒入五花肉片继续翻炒

14. 倒入第二遍料酒

15. 出锅前加入第三遍料酒和盐

16. 倒入青蒜炒至断生

17. 有没有香气扑鼻？

040

红烧萝卜

难度

初级

时间

20 分钟

爱丽丝是我的美国同学，对人友善，曾在假期邀请了很多同学到她家的农场做客。这次经历让我对美国的家庭农场有了感性认识。

想不到我到香港工作后，她到我的家乡求学，研修佛学。由于工作紧张，无法分身，我请父亲母亲代表我邀请爱丽丝到家里做客。父母知道她吃素，担心自己烧不出好的素食，特地请她到南京老字号绿柳居，可是她每道菜浅尝辄止，剩下很多菜打了包。

我春节回家后，知道她还在南京，邀请她到我家过年三十，她很开心。满满一桌菜，一半荤一半素，除了一些素的凉拌菜外，她吃得最多的就是红烧萝卜。看完春晚，我将未吃完的素菜给她打包，她很开心地接受了。送她回去的路上，我不解地问她，为什么在绿柳居只吃那么一点点。她说："那些菜可能是用了很多功夫做出来的，形似荤菜，味仿荤菜，实在没有意思，失去了素食的本味，而家里烧的则是真真实实的素食。"假期结束前，我们又做了一次红烧萝卜送去给她。

老人家常说，"冬吃萝卜夏吃姜，不劳医生开药方"。白萝卜性平微寒，具有清热解毒、顺气利尿、生津止渴等功效，同时也具有良好的降压作用。红烧萝卜便成了中国家家户户冬季饭桌上的常客。

扫码观看视频版

◆食材

白萝卜 …1 根
葱 …2 根
姜 …3 片
大蒜 …3 瓣
老抽 …½ 汤匙
料酒 …1 汤匙
白糖 …½ 汤匙
淀粉 …1 汤匙
盐 …1 茶匙

小贴士

1. 白萝卜一定要去皮，洗干净的萝卜皮可以腌后凉拌食用；
2. 萝卜块要开水焯水；
3. 萝卜一定要烧到软透入味再起锅。

◆做法

1. 白萝卜去皮

2. 白萝卜切滚刀块

3. 葱切末、姜切末、蒜切末

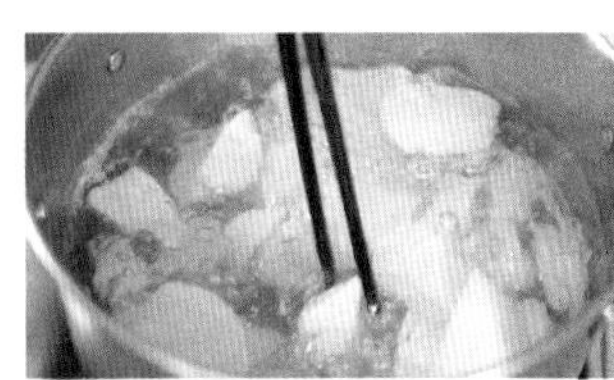

4. 白萝卜块沸水焯水，去萝卜腥味

5. 白萝卜块盛出后过凉水，沥干水分待用

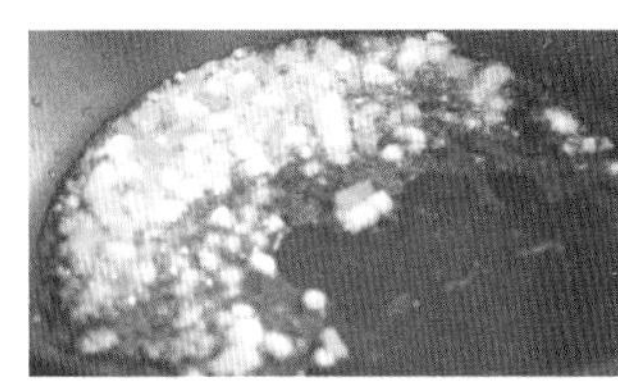

6. 将油倒入锅中烧热，爆香葱末、姜末、蒜末

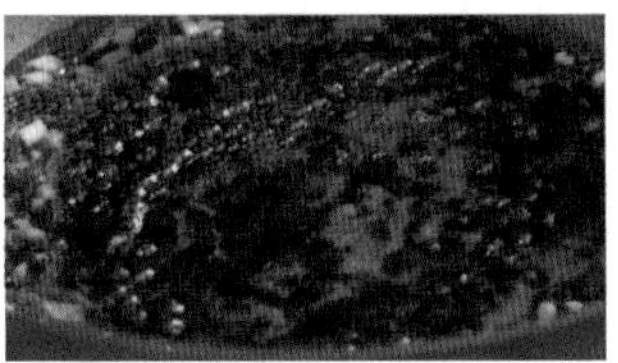

7. 倒入水、料酒、老抽、白糖、盐煮沸

8. 倒入萝卜煮至沸腾，盖上锅盖小火焖 10 分钟

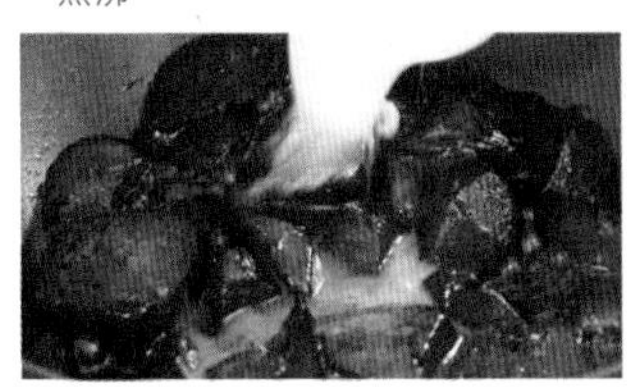

9. 至汤汁剩下一半时，倒入水淀粉勾芡，翻炒均匀

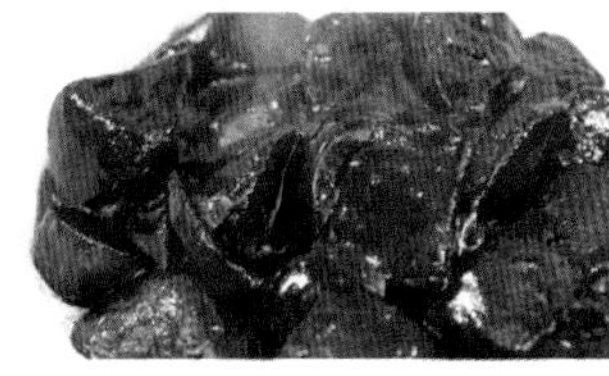

10. 美味可口的红烧萝卜上盘咯！

041

素炒三色丁

难度
初级

时间
15 分钟

这道菜是我在一个初夏的夜晚做的。记得那年春天的脚步匆匆走过，和风徐徐，苦菜青青，细草化入土壤，新麦入口回甘，未待人驻足片刻，就过了小满。一夜入夏，百草迅速丰茂起来，世界仿佛在转瞬之间被注入了夏天的活力。而人作为大自然中的一员，也该顺应时节，按照时令的脚步调节自己的饮食。

春天吃春菜，韭菜、莴笋、蒜苗、荠菜、小青菜……自不必说，但有时一桌子的单色菜不容易勾起胃里的馋虫。一转眼来到夏天，人容易食欲不振，食物的色彩搭配就显得尤为重要。素炒三色丁就是一款特别适合夏天的、常见食材搭配的快手菜。

还记得做这个菜的那日，正是三伏天，录制的时候为了保证机器收声的效果，不能开空调，拍完的时候我们每个工作人员都热得满头大汗。那时候的工作室在北京五环外的清河，我们便用饭盒装着这盘刚做完的素炒三色丁去了附近的一家小餐厅，点了一些烤串、汽水和啤酒。等菜上桌的时候，夏日北方夜里凉爽的风一阵阵吹过。就着这盘小菜，喝着冰爽的饮料，我们就这样互相看着、笑着，安安静静地享受夏夜时光。

扫码观看视频版

◆食材

胡萝卜 …1根
黄瓜 …1根
玉米 …1根
生抽 …1汤匙
盐 …适量

小贴士

1. 食材切成小丁，既好看又容易入味；
2. 最后也可以加一小汤匙辣椒酱提味。

◆做法

1. 胡萝卜去皮切丁

2. 黄瓜切丁

3. 热锅冷油，倒入胡萝卜丁翻炒片刻

4. 倒入玉米粒翻炒

5. 接着倒入黄瓜丁翻炒片刻

6. 最后倒入生抽、盐翻炒均匀

7. 好吃又好看的三色丁出锅啦！

042

翡翠莲花盏

难度
初级

时间
30 分钟

现在的生活条件好了，有的孩子挑食却越来越严重，只吃荤不吃素，长此以往，容易影响身体健康。我的三岁小姨侄就是这样的。姨侄天资聪慧，对色彩特别敏感，很喜欢画画，随便的涂鸦都很有美感，可以说是个小天才，只是挑食太厉害，让他母亲很苦恼。

我便想了一个妙招，如果食物能调动他的兴趣，他就一定喜欢吃，于是就有了这道翡翠莲花盏。润生生的翡翠色小盏，摆上鲜香的肉末，再撒一点红椒做点缀，好吃又好看！小姨侄目不转睛地望着菜，之后便一人包揽了半盘。

这道菜不仅适合孩子吃，用来宴客也能让客人大为称赞。厨艺比赛里，大厨手中菜肴的各种造型是必须经过专业刀功训练才能做得出来的，厨房小白只能望而却步，望洋兴叹。然而这道翡翠莲花盏，只要你青菜选得好，用普通的厨房剪刀就可以做出来了。

扫码观看视频版

◆食材

青菜 … 250 克
肉末 … 250 克
生抽 … 1 汤匙
红米椒 … 4 个
盐 … 1 茶匙

小贴士

1. 挑选的青菜尽量底部大小均匀一致，分层越多越好看；
2. 青菜焯水不要过度，否则会太软没有形状；
3. 如果没有红椒也可用枸杞点缀。

◆做法

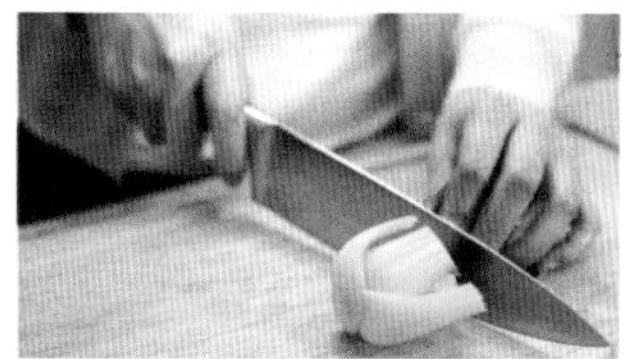

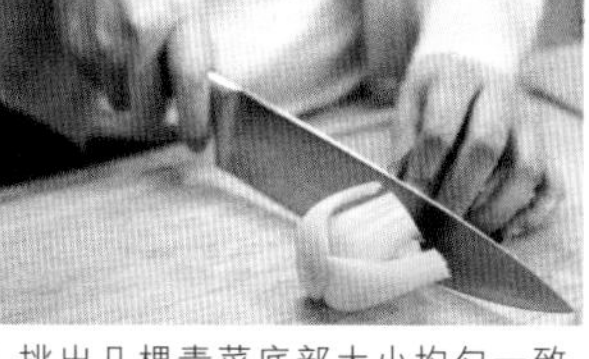

1. 挑出几棵青菜底部大小均匀一致的，横切下菜根

2. 然后用剪刀修剪根部，修成莲花的形状

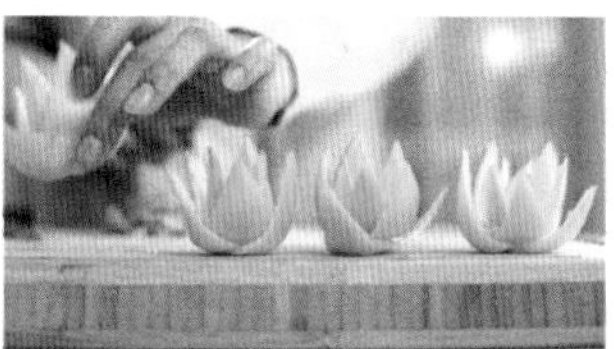

3. 修剪过的青菜根沸水焯水

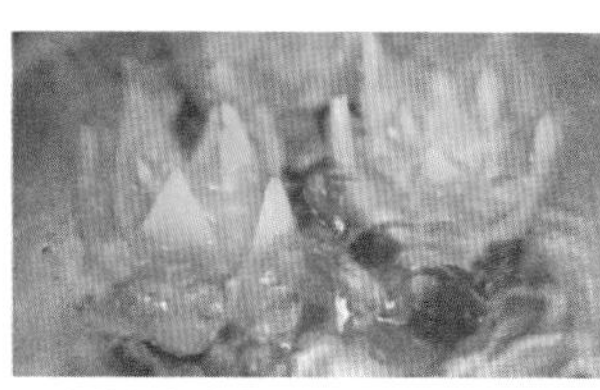

4. 青菜根颜色变深后从水中捞出，注意不要焯水过度

5. 焯水后的翡翠莲花盏盛出备用

6. 将肉末放入油锅炒至变白，加生抽、盐继续翻炒均匀

7. 炒至颜色变深

8. 将肉末放入青菜心中，加上红米椒圈点缀

9. 既好看又美味的翡翠莲花盏上盘

043

小葱拌豆腐

难度

初级

时间

10 分钟

小葱拌豆腐是一道极普通的家常凉菜，也可以说“历史悠久”，酒席上可见，村野小店也有。很多人喜欢它的色泽淡洁，清香飘逸，鲜嫩爽口。俗语有言：小葱拌豆腐——一清（青）二白。清是青的谐音字，葱管青，葱干白，豆腐是白色的，结合起来寓意清白。

记得小时候奶奶做过小葱拌豆腐，这么简单的食物却意外地清爽好吃，因为它保留了豆腐原本的滋味。奶奶悄悄地告诉我，做这道菜的诀窍在于，一定要将豆腐用盐水焯水，这样既能去掉豆腐的豆腥味，又能让盐充分地渗入豆腐里。焯过水的豆腐一定要捞出过一下凉水，这样可以使豆腐保持韧劲，不容易破。

小葱洗净切末，再根据自己的喜好，在做好的豆腐上倒入酱油、盐和其他调味品，最后撒上适当的葱末，一道美味的小葱拌豆腐就做出来了。不瞒你说，有时候我请朋友们吃饭也会做小葱拌豆腐，它真是一道初上桌并不惊艳，却总是被最先光盘的一个菜，建议你也可以在家试试看。

扫码观看视频版

◆食材

豆腐 … 1 块
葱 … 1 把
生抽 … 1 汤匙
香油 … ½ 汤匙
盐 … 1 茶匙

小贴士

1. 豆腐热水焯水可以去除豆腥味，而且可以让豆腐细胞壁失水，让调料和豆腐的味道融合得更充分；
2. 豆腐在沸水中煮时加点盐，入咸味且不易散。

◆做法

1 豆腐切块

2. 葱切葱花

3. 豆腐块倒入开水中，加盐，大火煮至沸腾

4. 盛出过凉水

5. 往豆腐里倒入生抽以及香油，撒上葱花

6. 一盘简单美味的小葱拌豆腐上盘啦！

044

荷塘月色

难度

中级

时间

45 分钟

世界上只有中国有文人菜，这是一种独特的饮食文化现象。中国人把饮食烹饪当作一种艺术，“治大国”也被认为如“烹小鲜”，所以有不少中国的文人也喜爱烹饪，无论是亲自操刀下厨还是为至爱的菜命名。虽无考证，但我想，“荷塘月色”这么富有诗情画意的菜名，一定也是拜哪位文人的灵感爆发而赐吧。

“这几天心里颇不宁静。今晚在院子里坐着乘凉，忽然想起日日走过的荷塘，在这满月的光里，总该另有一番样子吧。月亮渐渐地升高了，墙外马路上孩子们的欢笑，已经听不见了。”读着朱自清宁静美好的文字，即使心里有些烦躁，也登时安静了下来。

有时在外吃饭会点这道素食，那丰富又清凉的色泽，清爽却不单薄的口感，让人仿佛置身荷塘月色中。记得上次做这道菜是在一个深秋的夜晚，我香港的一位好友来北京，我们俩在家里小聚，那时她还未为人母。我做了几个淡雅的小菜，其中之一便是这道荷塘月色。那个晚上，我们喝着红酒，脸颊泛红地聊着属于闺密的话题，特别开心。时间过得可真快，一转眼，她的女儿已经上幼儿园了，马上又要迎来一个小宝宝。那个美好的属于两个单身女孩的夜晚，将会永远留在我们的记忆里。

扫码观看视频版

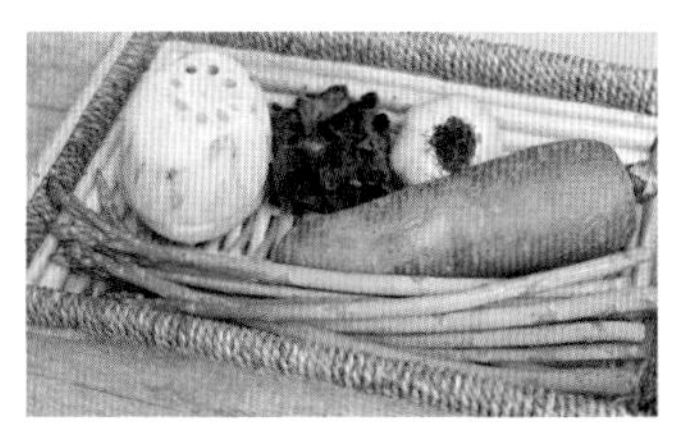

◆食材

莲藕 … 1 节
胡萝卜 … 半根
木耳 … 7 朵
鲜百合 … 1 个
芦笋 … 1 把
盐 … 1 茶匙

小贴士

1 胡萝卜、藕片沸水焯水 1 分钟；
2 其余食材焯水 30 秒。

◆做法

1. 木耳洗净温水浸泡

2. 莲藕去皮切片

3. 胡萝卜去皮切片

4. 芦笋洗干净切段

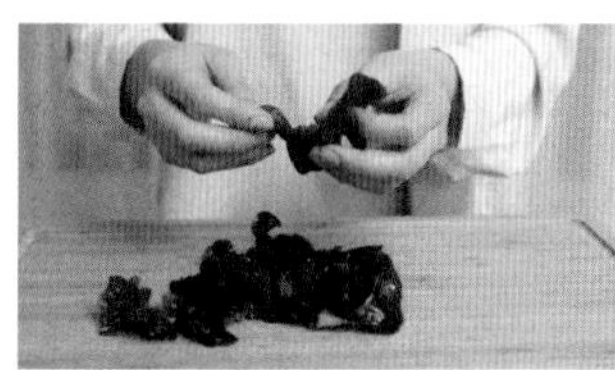

5. 泡发的木耳撕开

6. 莲藕、胡萝卜开水焯水 1 分钟

7. 捞出过凉水

8. 再将芦笋、百合、木耳氽烫 30 秒后捞出过凉水

9. 锅中热油，先放入莲藕和胡萝卜煸炒片刻

10. 翻炒一下，再倒入其他沥干水分的蔬菜

11. 大火快炒，起锅时加 1 茶匙盐

12. 有没有很小清新呢？

045

黄油煎松茸

难度
初级

时间
15 分钟

我对松茸产生兴趣是在川藏线上，过了雅江县，一路上陆陆续续看到有山里的老人或孩子兜售松茸。一天临近傍晚，天下起雨来，高山冷风袭人，我看到一个孩子坐在树下，面前的竹篮里是松茸。我心有不忍，不顾是在旅途中，毅然买下了他全部的松茸，投宿时，请老板娘用来做晚餐。那是我生平第一次吃到奢侈的松茸全席，松茸土鸡汤、松茸炒肉片、松茸炒白菜、松茸蒸蛋与干煎松茸。过去的几天赏的是美景，吃的是干粮，如今尝到这样的美味，宛若身在天堂，此行值矣！

松茸是一种珍稀名贵的食用菌类，被誉为“菌中之王”。松茸价格居高不下的原因之一是，松茸至今仍无法人工种植且不易保存。它的寿命极短，从出土到成熟，一般只需要 7 天时间，实体成熟 48 小时后，松茸会迅速衰老，把体内的营养反哺给松树的根系和土壤，自身营养十不存一，变成老茸。四川、西藏、云南等青藏高原一带是我国松茸的主要产地，产量四川为首，品质西藏为佳。

市场上有一种姬松茸不是松茸。姬松茸原产于巴西，正式名称是巴西蘑菇，属于伞菌科，和松茸是两种完全不同的真菌。松茸的尝鲜季很短，只在每年的八月中下旬盛产，八月底的一场雨后品质就开始大为下降。记得一定不要把松茸当成蘑菇来炖肉，这样会淹没松茸独有的奇香，有些暴殄天物了。我自己最喜欢的吃法是干煎或是用黄油煎，今年的松茸季，你一定要试试啊！

扫码观看视频版

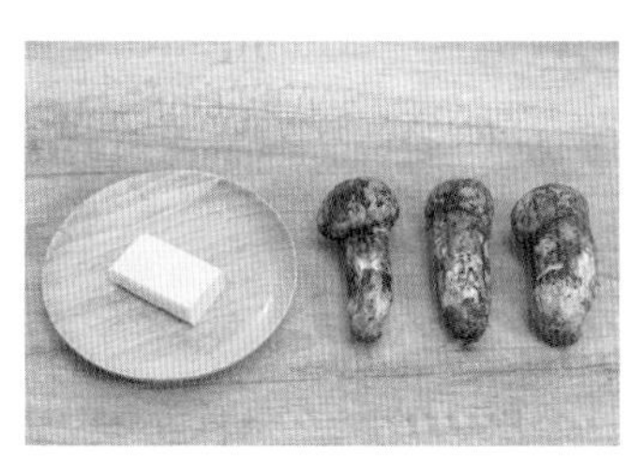

◆食材

松茸…3个

黄油…1块

胡椒粉…1茶匙

盐…1茶匙

小贴士

1. 松茸用清水手洗，将表面泥土轻轻揉搓干净即可。松茸根部的泥脚用小刀刮掉，黑色的部分是松茸茸毛，是松茸最有营养的部位，好多人看不惯黑色就将它刮掉了，太可惜；
2. 松茸收到后，随吸潮纸一并取出，在冷藏室静置20分钟左右，就可以清洗了；
3. 松茸的口感是越新鲜越好，收到后，一定要尽快吃完。

◆做法

1. 新鲜松茸洗净

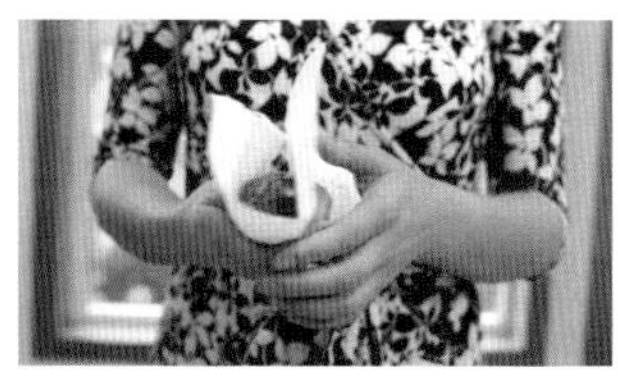

2. 将松茸用厨房用纸擦干

3. 用小刀刮掉根部泥脚

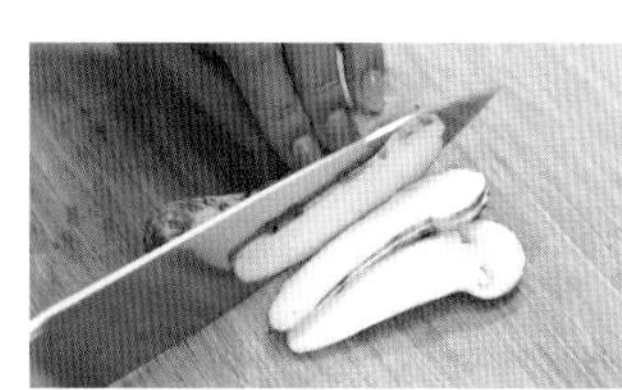

4. 松茸切片

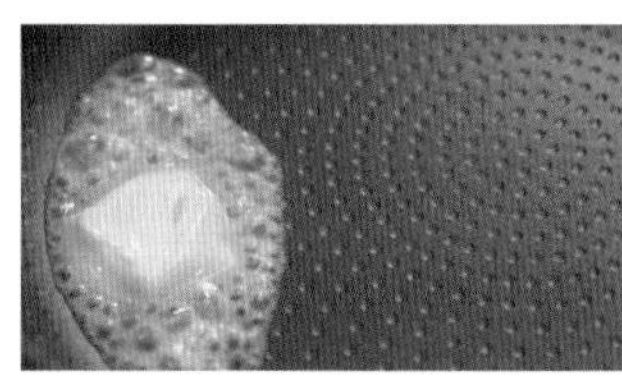

5. 平底锅下黄油，小火融化

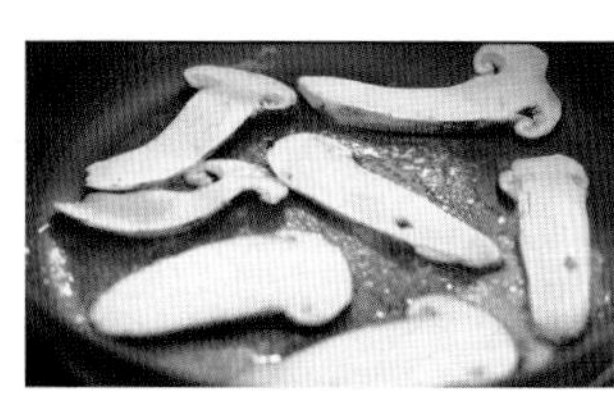

6. 切片的松茸小火下锅煎制

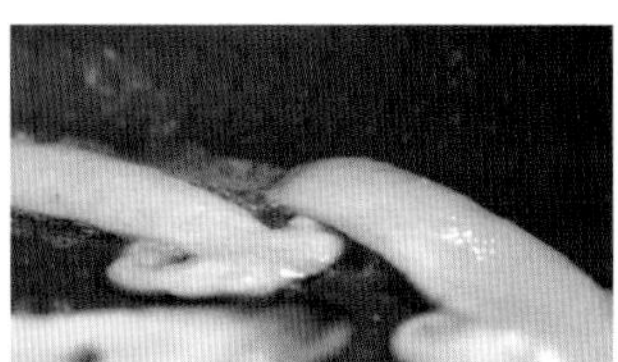

7. 煎至变黄、两面收缩即可出锅

8. 放一撮食盐、一小撮黑胡椒粉在盘边，高营养、超美味的松茸开吃吧！

046

蘑菇炒西蓝花

这道菜的主角是口蘑。口蘑是生长在蒙古草原上的一种白色野生蘑菇，只生长在有羊骨或羊粪的地方，但味道却异常鲜美。蒙古土特产以前都通过张家口市输往内地，所以被称为“口蘑”。由于运输与保存不易，价格较贵。现在菜市场卖的都是人工培育的口蘑，是老百姓菜篮子里的常客。

难度
初级

时间
20 分钟

配角西蓝花又名绿菜花，原产于地中海东部沿岸地区，清代末年传入中国，已有一百多年的“中国国籍”了。西蓝花营养丰富，含蛋白质、糖、脂肪、维生素和胡萝卜素，营养成分位居同类蔬菜之首，被誉为“蔬菜皇冠”。据说多吃西蓝花可以有效降低乳腺癌、直肠癌、胃癌、心脏病和中风的发病率，还有杀菌和防止感染的功效。

胡萝卜在这道菜里是跑龙套的角色，起了点缀作用，但是如果少了它，这道菜的色彩与味道会逊色不少。我的朋友经常给我发照片炫耀他们做的菜，我发现这道菜的出现频率很高，大概是因为做法简单，营养丰富，特别讨孩子喜欢。

扫码观看视频版

◆食材

口蘑 … 7 个
西蓝花 … 200 克
胡萝卜 … 半根
姜 … 1 小块
蒜 … 5 瓣
小葱 … 2 根
生抽 … 1 汤匙
盐 … 少许
橄榄油 … 适量

小贴士

1. 西蓝花和胡萝卜用盐水焯一下，易熟易入味，色泽更鲜；
2. 这道菜的调料虽然简单，但是不可掉以轻心，否则功亏一篑。

◆做法

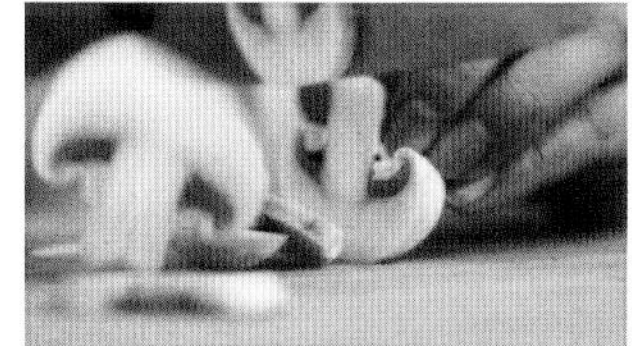

1. 蘑菇切片

2. 西蓝花用小刀切小花

3. 胡萝卜切方形片

4. 蒜切末、葱切段、姜切条备料

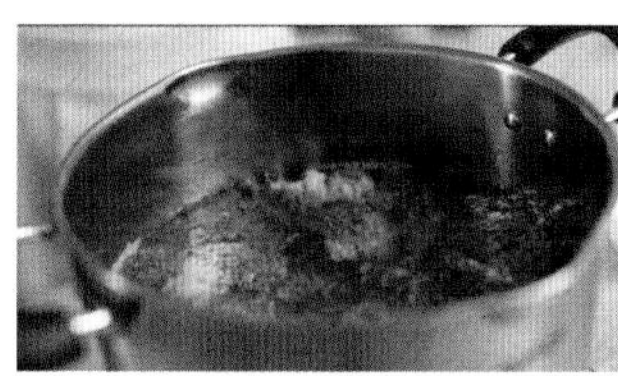

5. 西蓝花与胡萝卜沸水焯水

6. 炒锅烧热后倒入适量橄榄油，倒入蒜末、葱段、姜条炒香

7. 倒入切好的口蘑翻炒至口蘑出水

8. 口蘑出水后，大火不断快速翻炒收汁并加入生抽与盐调味

9. 倒入西蓝花与胡萝卜大火翻炒

10. 看到跳舞的蘑菇了吗？

047

素八珍豆腐

难度

中级

时间

30 分钟

八是个位数里仅次于九的大数字，国人也多喜欢用它做形容词。作为地名，北京有八达岭、八大处，上海有八埭头，青岛有八大关；菜名有八宝鸭、八宝饭、八宝菜与素八珍豆腐等；就连金庸先生的武侠小说代表作也叫《天龙八部》。

南方人常吃的是家常豆腐，配料只有三到四种。我有一次到天津出差，吃到了素八珍豆腐。本来就喜欢吃的豆腐遇上了其他七种食材，味道又提升了好几个层次，以至于后来每到天津，我必吃此菜。

吃的次数多了，感觉这道菜与京剧倒是有点相似。京剧里有红脸的关公、白脸的曹操、黑脸的包公、金脸的如来、紫脸的荆轲等，人物各具特色，剧情跌宕起伏，看点十足。八珍里有红色的胡萝卜、绿色的青豆、黑色的木耳、白色的蘑菇，再配上煎得金黄的豆腐。作为主角的豆腐君吸收了每一种配菜的味道，颜色丰富多彩，味道也尤其美妙。

扫码观看视频版

◆食材

北豆腐 … 1 块
冬笋 … 1 根
口蘑 … 4 个
香菇 … 4 个
黑木耳 … 5 个
胡萝卜 … ¼ 根
花生 … 1 汤匙
青豆 … 1 汤匙
生抽 … 1 汤匙
冰糖 … 1 汤匙
白胡椒粉 … 1 茶匙
生姜 … 1 小块
盐 … 少许

小贴士

1. 煎豆腐时注意保持中小火，煎至金黄色；
2. 八珍里除了豆腐，其他的也可以换成你喜欢的食材。

◆做法

1. 黑木耳温水泡发

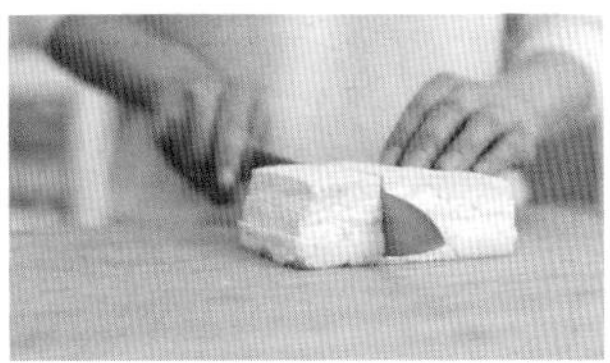

2. 豆腐切块

3. 冬笋去壳切段、胡萝卜切片、香菇切片、口蘑切片、生姜切末

4. 冬笋热水焯水，过凉水后沥干备用

5. 锅中热油，放入豆腐块煎至两面金黄后盛出备用

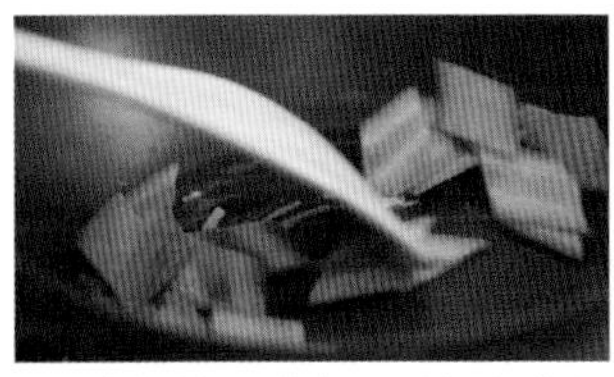

6. 锅中热油爆香姜末后，倒入胡萝卜片翻炒

7. 然后放入花生

8. 接着下香菇、口蘑、木耳，同炒至九成熟

9. 下入煎过的豆腐和冬笋、青豆翻炒一下

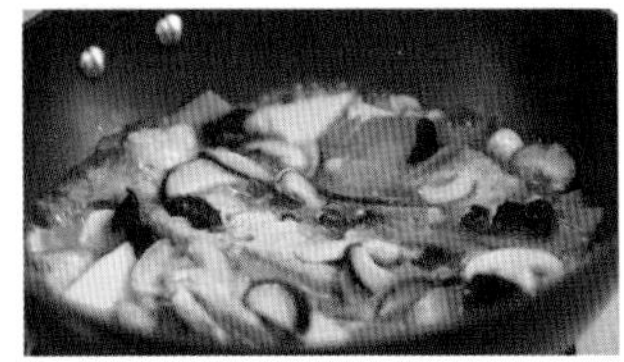

10. 加一碗水到锅中，再加盐、生抽、冰糖、白胡椒粉调味，小火让豆腐吸收汤汁

11. 出锅前大火收汁

12. 美味出炉

048

手撕茄子

难度
初级

时间
15 分钟

我一直都很喜欢吃茄子，很喜欢熟了的茄子软软糯糯的口感，但茄子特别吸油，所以炒茄子也不太敢常吃，吃多了确实是容易发胖的。做这道菜的时候是晚春，我很想做一个凉拌菜，于是就学了北方的手撕手法，做了这道手撕茄子。

茄子本身的热量很低，而且饱腹感强，是减脂的好伴侣。一碗茄子只有 35 大卡的热量，却能提供 2.5 克的膳食纤维。而且紫色的茄子富含抗氧化的花青素，女生吃美容养颜。蒸完茄子过凉水，手一撕，调点汁儿，还有比它更简单省事又好吃的吗？

这道菜非常适合夏天，无论是三口之家简单的晚餐，还是好友聚会做个前菜，既提振食欲又清爽简单。

扫码观看视频版

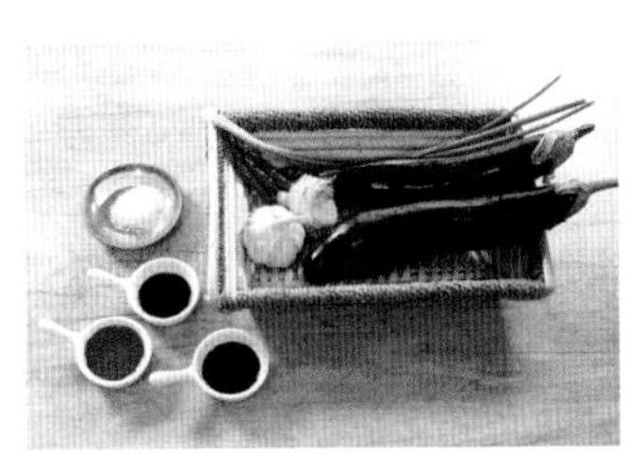

◆食材

茄子 … 2 根
小米椒 … 2 根
葱 … 1 根
姜 … 2 片
蒜 … 4 瓣
生抽 … 1 汤匙
醋 … 1 汤匙
糖 … 1 茶匙
盐 … 1 茶匙
辣椒油 … ½ 汤匙

小贴士

1. 想偷懒的话，可以趁蒸米饭的时候把茄子放在电饭煲的笼屉里，和米饭一起蒸；
2. 秋后的茄子有一定的毒素，其味偏苦，最好少吃；
3. 茄子和蟹肉都是寒性食物，一起吃往往会使肠胃感到不舒服，严重时会导致腹泻，特别是脾胃虚寒的人更忌同食。

◆做法

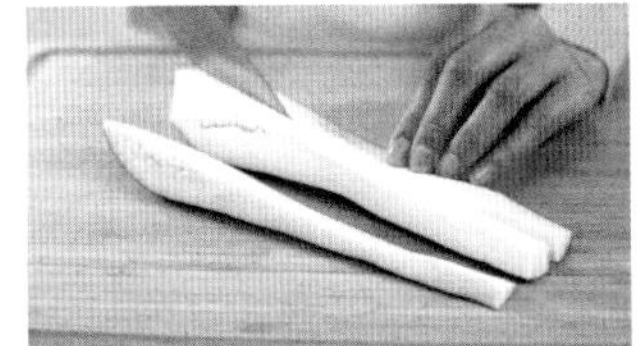

1. 茄子洗干净去掉两头，切成均匀的长段

2. 放入蒸锅中大火蒸 10 分钟

3. 葱姜切末

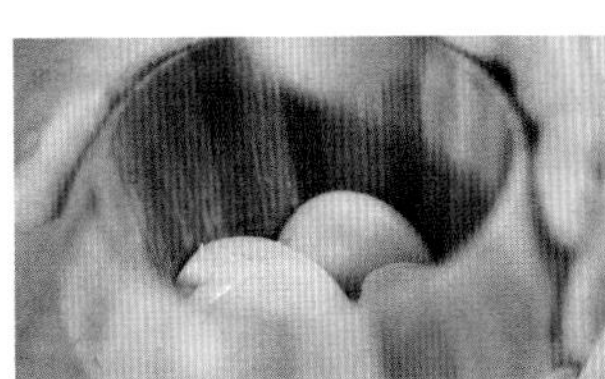

4. 捣蒜末

5. 小米椒切圈

6. 生抽、醋、盐、糖调汁

7. 蒸好的茄子趁热出锅过凉水

8. 待茄子稍微冷却后用手撕成长条摆在盘中

9. 将调好的汁浇在茄子上，葱花、姜末、蒜泥、小米椒放在茄子上面

10. 锅中辣椒油热至八成时浇在茄子上，趁热拌匀

11. 美味的手撕茄子就做好啦！

049

油泼黄瓜

难度
初级

时间
5分钟

“油泼黄瓜”——好有动感的菜名！简单的一个“泼”字，已将你的听觉视觉调动起来，激起了你的好奇与想象。端上桌，这道泛着红红黄黄油光、脆脆绿绿的黄瓜，让不爱吃辣的人望而却步。可是你的嗅觉让你不愿轻易退缩，于是怯生生地夹起一片放入口中，味觉马上告诉你，黄瓜的清香刚好中和了浓烈的辣味。留在你唇齿间的是黄瓜的脆爽和辣椒恰到好处的香味，这水火交融的味道绝了。

黄瓜有些性凉，夏天炎热可以生吃，进入秋冬可要少生吃。辣椒性热，刺激性比较强，温胃驱寒。中国人讲求五味搭配，总是有一定道理的，你看油泼黄瓜的味道那么好，恰恰是因为辣椒的热性可以中和黄瓜的寒。而辣椒油就更是有魔法的调料了，无论是什么食材，只要加上辣椒油和醋，就能成为一道美味爽口的凉菜。

扫码观看视频版

◆食材

黄瓜 … 1 根
干辣椒 … 2 根
生抽 … 1 汤匙
醋 … 1 汤匙
糖 … 5 克
盐 … 适量
蒜末 … 适量
辣椒油 … 适量

小贴士

1. 黄瓜最好嫩小，粗细均匀，无苦味，改刀时刀距均匀，保持黄瓜厚薄一致；
2. 如果家里没有圆铁汤匙，可以直接用锅热油；
3. 热辣油时，至稍稍冒烟即可；
4. 黄瓜应先在盐水中泡 15~20 分钟，去除农药残留再洗净生食；
5. 凉拌菜应现做现吃，现吃的口感最好也最卫生。

◆做法

1. 黄瓜洗净、切片，干辣椒切碎，蒜切末

2. 将切好的黄瓜摆入盘中

3. 在摆好的黄瓜上撒上蒜末、干辣椒碎、生抽、醋

4. 再撒上盐和糖

5. 辣椒油放在火上烧热

6. 趁热把辣椒油泼在黄瓜上

7. 油泼黄瓜就完成啦！

050

蒜蓉苋菜

难度
初级

时间
10 分钟

在南京，端午节除了吃粽子还要吃“五红”，现代的五红版本是“烤鸭、苋菜、红油鸭蛋、龙虾、雄黄酒”，据说端午节吃了这五红，整个夏天就可以辟邪避暑了。苋菜原籍是中国，甲骨文中已有“苋”字，古代国人将其作为野菜食用。如今，苋菜早已从野菜逐渐普及为家常菜。在很多地方，它还被称为“长寿菜”。

苋菜的叶子有绿、红、暗紫等颜色。一般红色比较常见，被称为红苋和赤苋。平时三种苋菜的价格相差并不大。到了端午，一定是红苋菜的价格高出一些，不过一般也只高一点而已。苋菜的做法有很多，蒜蓉苋菜是无论餐厅还是家里都很常见的一道。

大蒜遇热产生的香气，有灭菌、健胃的作用，是苋菜的绝佳搭档。当一盘闪烁着油光、冒着热气、红红绿绿的苋菜端到了眼前，上面还点缀着星星点点白里透红的蒜粒时，真是赏心悦目又养胃啊！

扫码观看视频版

◆食材

苋菜…1斤
蒜…1头
葱…2根
姜…1块
盐…1茶匙

小贴士

1. 一定要挑选嫩的苋菜，这样可以少油而美味；
2. 盛夏，有时苋菜叶的背面会有一些小小的虫卵，一定要摘去这些叶子，再用盐水浸泡20分钟后，反复清洗干净；
3. 苋菜汁是可以做染料的，操作时要注意，不要弄到衣物上。

◆做法

1. 苋菜切段，葱姜蒜切末

2. 锅中热油，爆香葱姜蒜末

3. 接着放入切好的苋菜

4. 苋菜快熟时再放入剩下的一半的蒜末

5. 出锅前放入盐

6. 完成

第三部分

美味主食

051

北非蛋

北非蛋是中东地区的特色早餐，在欧美的早午餐餐厅中经常出现。我第一次做西餐时选的就是这个菜，因为它做法简单，颜值高，味道还特别好。北非蛋的英文是“Shakshuka”，起源于北非，是一道在早中晚任何一餐做都不会出错的菜，后来在好几个国家都开始流行。所以它跟西红柿炒鸡蛋一样，有很多版本，甚至拼写也略有不同。

难度
中级

时间
40 分钟

各地的菜谱大同小异，配菜和配料可能有所不同，但西红柿、辣椒和鸡蛋是必不可少的，有人喜欢在里面放孜然粉和番茄酱，也有人加肉末、香肠，甚至还有人加剩菜。我个人的建议是，想加什么加什么，不用拘泥。一般来说最后撒在菜上的调味配菜是欧芹，但平时中国菜场很少有欧芹卖，我就用香菜来代替了，味道完全不输给欧芹。

在我看来菜谱的作用只是一个引导和借鉴，我们平时在家做菜不用严格按照菜谱来，完全可以根据自己的口味加减配菜和调料，不用过于拘束。有些食材没有，就可以用另一些类似的食材代替，也许还会发现不一样的惊喜呢！做饭和生活的乐趣不就在于探索吗?

扫码观看视频版

北非蛋的颜色特别漂亮，适合一人食，也适合与家人分享，宴客时做这个菜也很撑场。早餐吃一份北非蛋，一天所需的蔬菜、蛋白质就满足大半了，既营养全面，又暖心暖胃。你可以直接将平底锅端上桌，也可以分装到盘子里再吃。

◆食材

洋葱…1个
青椒…1个
红椒…1个
黄椒…1个
西红柿…2个
鸡蛋…4个
香菜…3棵
蒜…2瓣
香葱…2根
胡椒粉…1茶匙
盐…少许

小贴士

1. 洋葱要炒到软、出水、透明的地步，这样才好吃；
2. 在打入鸡蛋以后，也可以盖上锅盖，让鸡蛋熟得更快一点，如果喜欢吃流心的嫩鸡蛋，就要注意火候哦；
3. 这个北非蛋既可以配米饭吃，也可以像中东人那样搭配烤饼和面包吃。

◆做法

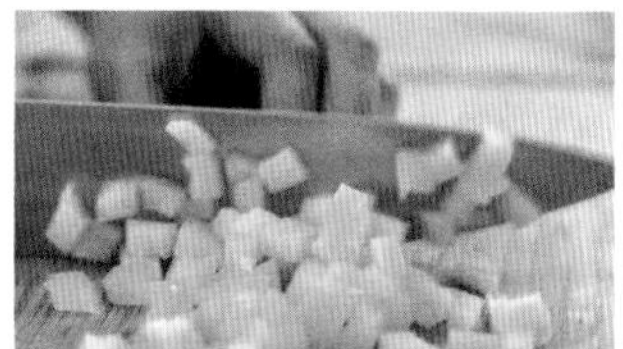

1. 青椒、红椒、黄椒去籽切丁，洋葱切丁

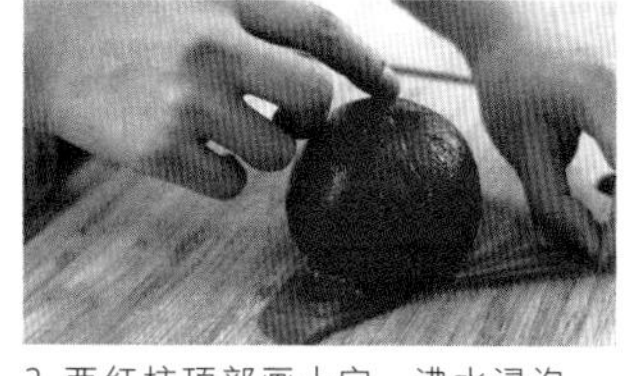

2. 西红柿顶部画十字，沸水浸泡，去皮

3. 西红柿切丁

4. 开火热锅，倒入油，将洋葱丁倒入锅中翻炒至变软

5. 接着将红、黄、青椒丁倒入锅中翻炒

6. 加入蒜片，翻炒至食材变软

7. 将西红柿切碎放入锅中，继续翻炒

8. 接着加入盐和胡椒粉调味，炒至锅中食材变得软烂

9. 之后在锅中拨出4个空隙，打入鸡蛋

10. 盖上锅盖，调小火，焖3分钟，再开盖煎3分钟

11. 将葱和香菜 / 欧芹出锅前撒在锅里

12. 高颜值高营养的北非蛋出锅了！

052

排骨焖饭

难度

初级

时间

75 分钟

我想你一定遇到过这样的情况，在家休息，想为自己或家人做点好吃的饭菜，但是天公不作美，无法如愿，只能看看剩菜有什么，因材制宜；又或者天气炎热，不想待在厨房煎炒烹炸。这个时候，饭菜结合就是个不错的办法。

这道排骨焖饭就特别适合，做法简单却是极致的美味。排骨浓郁的汤汁完全融入米粒，香菇独特的香味又渗入米饭中，再加入金黄色的胡萝卜，就完成了一道色香味俱全的美食，每一口味道都超赞。

排骨味道鲜美，除了含有蛋白质、脂肪、维生素外，还含有大量磷酸钙、骨胶原和骨粘连蛋白，可以为幼儿和老人提供钙质，所以小孩一般都特别喜欢吃排骨。因此，这道排骨焖饭说得上是老少皆宜的懒人饭。

扫码观看视频版

◆食材

排骨 … 400 克
香菇 … 3 个
胡萝卜 … 1 根
米 … 200 克
冰糖 … 10 克
料酒 … 1 汤匙
生抽 … 1 汤匙
老抽 … ½ 汤匙
蚝油 … 1 汤匙
盐 … 适量

小贴士

1. 排骨要冷水焯水；
2. 炒糖色一定要用小火，不然容易煳；
3. 水量要一次加到位，20 分钟后每隔几分钟要观察一下收汁情况，并不时翻炒几下，以免煳底；
4. 如果想偷懒，倒入大米后也可将锅中所有食材移至电饭锅，开启煮饭功能，也可以焖出鲜香味美的排骨饭。

◆做法

1. 大米在水中浸泡 30 分钟

2. 排骨冷水焯水

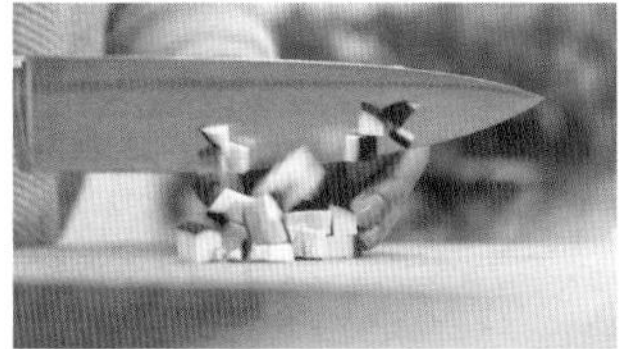

3. 香菇、胡萝卜切丁

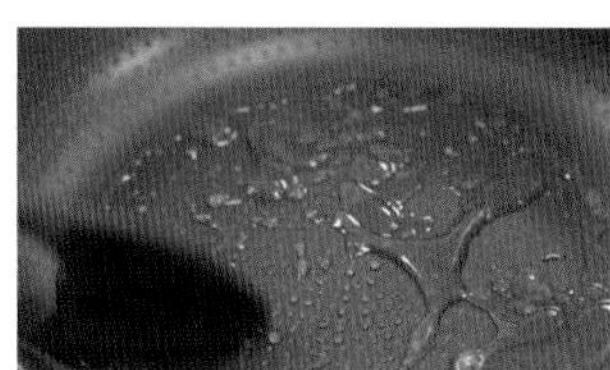

4. 锅中热油，倒入冰糖，小火炒至浓稠浅褐色

5. 倒入排骨翻炒上色至焦黄

6. 倒入料酒、生抽、老抽翻炒均匀

7. 倒入热水，盖锅盖小火焖 20 分钟

8. 倒入胡萝卜丁、香菇丁翻炒片刻，再倒入蚝油、盐翻炒均匀

9. 倒入浸泡后的米，翻炒均匀

10. 接着倒入热水，没过米面

11. 大火煮开后调小火，盖上锅盖焖 20 分钟

12. 又香又糯的排骨焖饭出锅啦！

053

红油抄手

难度
中级

时间
40 分钟

在我做“迷迭香”之前，最拿手的菜算是馄饨了。记得那时候在波士顿读书，似乎全系主要就靠我做馄饨来打牙祭了。北方人喜欢吃饺子，而南方人爱吃馄饨。我外婆做馄饨就是一绝，她传给了我母亲，而我小时候总是跟着母亲一起包馄饨，慢慢也就学会了。到了国外，由于要经常给大家做，我不断调整配方，琢磨出不少做法，应该说逐渐练到了炉火纯青的地步。记得回国后的很长一段时间，大家总是不断地提及刻在记忆里的馄饨，笑说不知道是因为当时没有什么好吃的，还是我做得真有那么好吃。

说起馄饨，江苏人喜欢叫它“馄饨”，广东人则称作“云吞”，而到了四川，它又有了另一个外号“抄手”。江南的馄饨我们还分为“大馄饨”和“小馄饨”，比较有名的是上海大馄饨，皮薄馅大，一般都用猪肉糜和各种菜做馅料。煮好后，在汤里再放上一点紫菜、虾米和香菜，有的还会淋上些香油和陈醋，味道非常鲜美。我平时常做的就是上海大馄饨。

在南京还有一种小馄饨，一般说南京馄饨说的都是“小馄饨”。刚来南京的人模仿南京人说话，都喜欢用买小馄饨时老板娘说的那句，“阿要辣油啊”。小馄饨的皮很薄，包馄饨的大姐左手拿着皮，右手用筷子挑起一点儿馅，左手再一窝，完事儿。熟练的大姐包馄饨的速度快得简直让你眼花缭乱，像是表演一般，我到现在也没有学到这个功夫。记得小时候还有挑担子卖馄饨的人，那时候都是端着锅去买，然后用柴火烧，煮出来的馄饨的味道就更香了。我们一帮小孩在旁边等得口水直流。

扫码观看视频版

“云吞”是广东人对馄饨的称呼，当地人大多配着竹升面一起吃，称为云吞面。

◆食材

肉末 … 250 克
葱 … 4 根
姜 … 1 小块
蒜 … 5 瓣
鸡蛋 … 1 个
馄饨皮 … 250 克
料酒 … 1 汤匙
生抽 … 1 汤匙
醋 … ½ 汤匙
辣椒油 … 1 茶匙
花椒油 … 1 茶匙
香油 … 1 茶匙
白芝麻 … 1 茶匙
辣椒面 … 1 茶匙
盐 … 1 茶匙

小贴士

1. 馄饨馅里加入蛋清搅拌较长时间可以让馅的口感更细滑；
2. 水煮沸后下馄饨，放入少许盐，用筷子拨开，不要粘锅了，再次煮沸后倒点冷水，等第三次煮沸即可捞出。

◆做法

1. 葱、姜切末

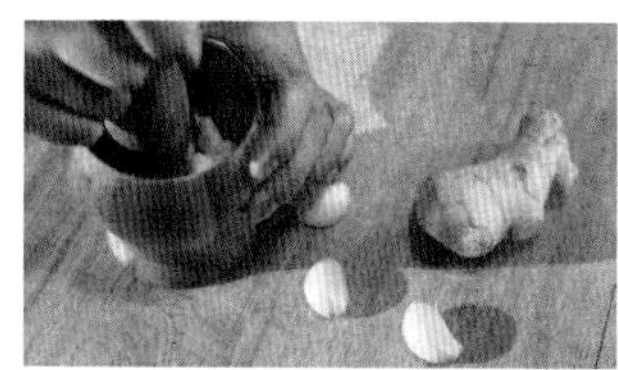
2. 蒜捣成泥

3. 取蛋清、葱末、姜末、蒜泥、肉末备料

4. 姜末、蒜泥、葱末、料酒、生抽、盐、香油及蛋清与肉末搅拌均匀

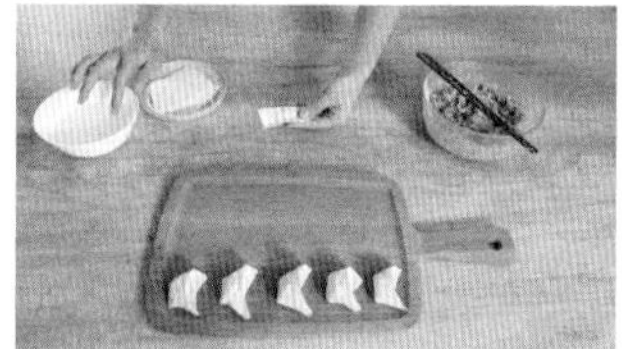
5. 包馄饨（具体见视频）

6. 辣椒油、辣椒面、花椒油、蒜泥、醋、生抽、白芝麻倒入碗中拌匀

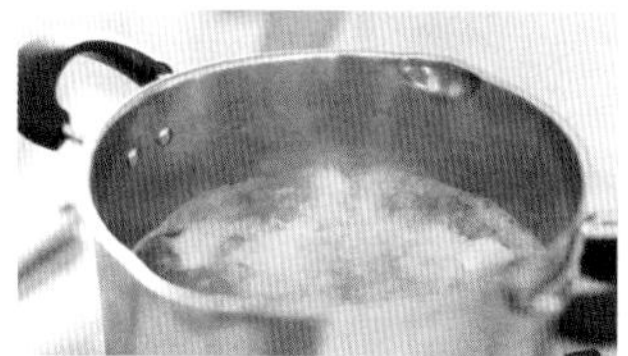
7. 水煮沸后倒入馄饨，再次煮沸后再倒点凉水，等第三次煮沸即可捞出

8. 馄饨倒入放了红油的碗里，撒上葱花，红油抄手大功告成

而且云吞要放在竹升面的下面，这样才能保证面皮的筋道和弹性，如果你不要面就买鲜虾净云吞。一般来说，广东的鲜虾馄饨，一碗有 6 到 8 颗，一口能吃一个，馄饨皮也非常有韧性。餐厅里煮总是会加一点胡椒粉，给清淡的馄饨增添风味。

到了四川，最著名的小吃之一就是红油抄手。其实馅料和馄饨是没有太大区别的，任你发挥。但是抄手的调汤就讲究了，要用花椒粉、辣椒粉、生抽、辣椒油调汤的底色，再放入芝麻油、花生碎、葱姜蒜增味，拌着抄手一起吃，那叫一个麻辣鲜香！

054

生煎包

难度

中级

时间

40 分钟

上幼儿园时，父亲带我到上海玩，住在他的阿姨家。早上刚起床，就听见姨奶奶在和父亲说话："让小人快一点，刚买来的生煎包，趁热吃，老好的。"在那个年纪，我耳朵里最听得进的话，除了"玩"就是"吃"了。三下五除二，我就完成了一系列准备动作，来到餐桌边，还没来得及向长辈们请早安，鼻子就闻到了生煎包那诱人的香味。轻轻咬上一口，满嘴汤汁，各种香气混合在口中，那时的我，根本无法用语言来形容它美妙的程度。这个瞬间就这样定格在了我的记忆里。

以后只要到上海，我是一定要买生煎包的。只可惜现在都是连锁快餐店了，正宗的上海生煎包隐藏在胡同弄堂里，没那么好找。生煎包里最讲究的是那一口汤汁，其实那汤汁和扬州汤包有异曲同工之妙，都是皮冻。正宗生煎包的特点是皮酥、汁浓、肉香、精巧。外皮底部焦脆，馅心多为猪肉与其他各种配菜的搭配，包子上半部撒上一些芝麻和葱花，闻起来特别香。咬上一口，肉香、油香、芝麻香、葱香，混合在一起，仿佛烟花在嘴里绽放。

一般家庭做皮冻很麻烦，这一步在我们家庭版生煎包里被我简化掉了，不加皮冻的生煎包也非常好吃，你要喜欢汁水多些，肥肉的比例就加大一点。我还做过一种羊肉洋葱馅儿的生煎包，和馅的时候多加了一些羊油在里面，最后的成品咬一口都要小心汤汁喷出来，真是太好吃了！

扫码观看视频版

◆食材

中筋面粉…500 克
泡打粉…8 克
酵母…5 克
肉末…250 克
葱…1 小把
料酒…1 汤匙
生抽…1 汤匙
香油…1 汤匙
鸡蛋…1 个
胡椒粉…3 茶匙
黑芝麻…3 茶匙
糖…½ 汤匙
盐…3 茶匙

小贴士

1. 葱花最后再放，稍焖 2 分钟出香味即可；
2. 大火先煎 1 分钟，将底部煎焦煎脆，然后再盖锅盖小火焖 10 分钟；
3. 掌握火候，锅中水散得差不多时，包子就煎好了。

◆做法

1. 把肉末、葱花、料酒、生抽、香油、蛋清、胡椒粉、糖、盐搅拌均匀调馅料

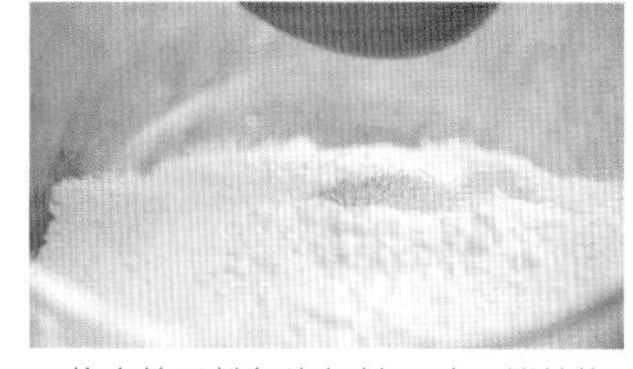

2. 将中筋面粉与泡打粉、酵母搅拌均匀

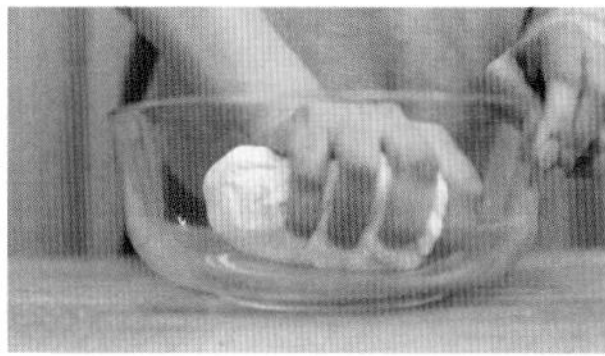

3. 分次倒入温水和面，揉成光洁的面团，饧 15 分钟

4. 面团切剂子，然后按压剂子

5. 接着用擀面杖擀成中间厚两边薄的面皮

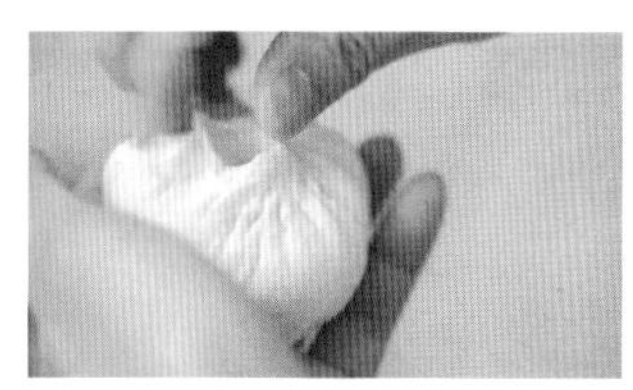

6. 将搅拌好的馅料包进面皮

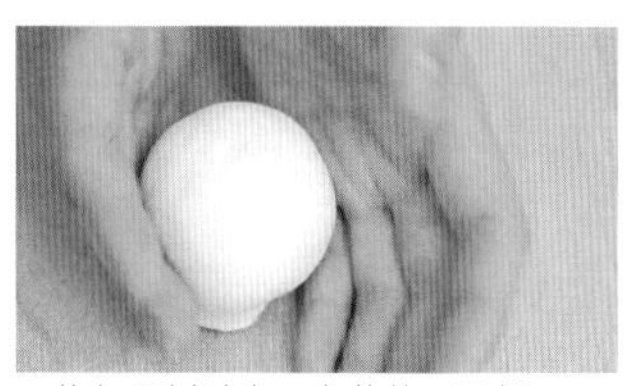

7. 将包子倒过来，有花的一面朝下

8. 锅中热油，将包子放入，大火煎 1 分钟至底部金黄

9. 倒入适量水，水的量以能铺满整个锅底为宜

10. 在包子上撒上黑芝麻

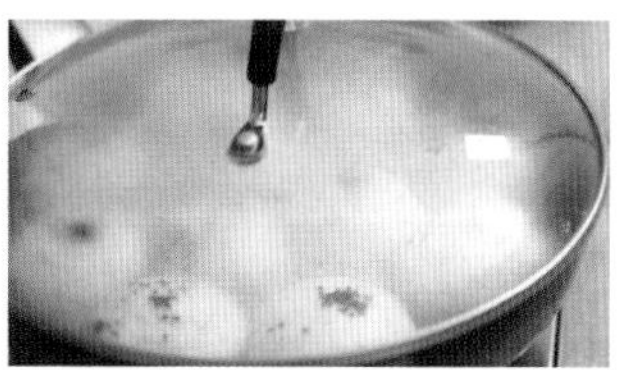

11. 盖上盖子，调小火焖 10 分钟

12. 最后撒上葱花略煎片刻，味道棒极了！

055

西班牙海鲜饭

难度

中级

时间

40 分钟

西班牙位于欧洲西南部，西临大西洋，南靠地中海，是一个海产丰富的国家。西班牙海鲜饭（paella）是西餐三大名菜之一，与法国蜗牛、意大利面齐名。西班牙海鲜饭卖相绝佳，黄澄澄的饭粒出自名贵的香料藏红花，饭中点缀着新鲜的大虾、螃蟹、黑蚬、蛤、牡蛎、鱿鱼，热气腾腾、香味扑鼻、色彩斑斓，令人垂涎。

我刚工作的次年夏天，第一次休年假，与两个小伙伴到了热情浪漫、奔放好客的西班牙，欣赏了地道的西班牙音乐，感受了火爆的足球场气氛，诧异已经一百多岁了的圣家族教堂仍未建成，徜徉在独一无二的艺术博物馆不忍离去，也首次在原产地吃到了心心念念的西班牙海鲜饭，从此成为它的铁粉。也许是多元的国家文化培养了国民热情开放的性格，又或许是人们火热的内心建造出了如此多彩的国度，于是在这片美丽的土地上，出现了一道能充分展示西班牙风情的菜肴：西班牙海鲜饭。

各地的西班牙海鲜饭都有不同的版本，我的版本可能算“平装版”，材料比较好买，即使不住在海边的内陆朋友也一样可以做起来。你只要按照菜谱的步骤一步不落地做下来，保证口感、色彩和味道都远超市面上绝大多数餐厅。一口海鲜饭入口，青口的鲜、大虾的滑、鱿鱼的韧，让你欲罢不能，仿佛脸庞有咸咸的海风吹过，再放一首热情洋溢的西班牙乐曲，即使在家也能感受到动人的西班牙风情！每当有好友来访，我最喜欢做的也是这道西班牙海鲜饭，它也是大家最喜欢我做的菜品之一，大约是它鲜艳的色彩、酸酸的特别味道和繁复的烹饪手法象征着我们之间真挚的感情吧。

扫码观看视频版

◆食材

大米 …200 克
鱿鱼 …1 只
青口 …10 只
虾 …10 只
腊肠 …2 根
番茄 …2 个
红甜椒 …1 个
黄甜椒 …1 个
柠檬 …1 个
洋葱 …1 个
藏红花 … 2 克
蒜蓉 … 5 克
白葡萄酒 … 1 杯
鸡汤 … 1 碗
欧芹碎 … 1 汤匙
香菜 … 1 棵
盐 … 1 茶匙
橄榄油 … 少许

小贴士

1. 海鲜要仔细处理，青口要扯掉系带，刷洗干净；
2. 柠檬汁能有效提鲜及去除海鲜的腥味，依个人口味酌情添加；
3. 准备海鲜的时候注意大小一致，必要时改刀；
4. 藏红花是最重要的配料，不可或缺，否则就不是西班牙海鲜饭啦！

◆做法

1. 红黄甜椒洗净去籽、切丁

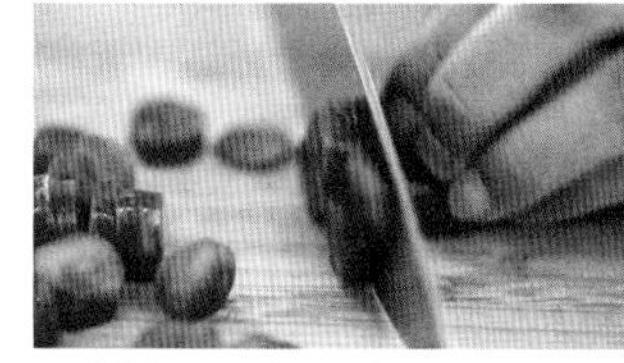

2. 洋葱切丁，腊肠切片

3. 鱿鱼除去内脏和嘴部软骨，撕去表面红色的膜后切圈备用

4. 番茄切十字刀

5. 番茄开水烫后去皮，切丁备用

6. 柠檬对半切开后，切成瓣状

7. 大虾开背去虾线，剪虾须，洗净沥干备用

8. 平底锅内倒入一点橄榄油，中火炒香洋葱

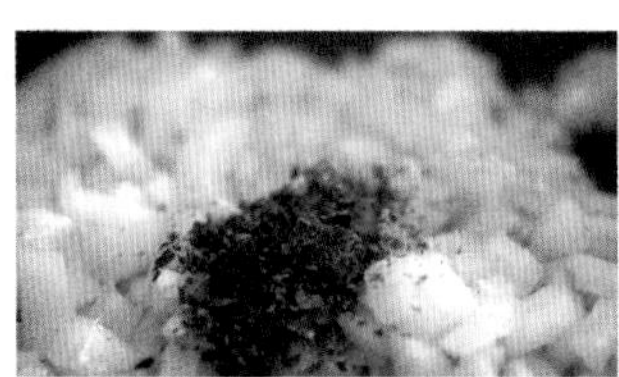

9. 3 分钟后炒至洋葱变透明，倒入蒜蓉和欧芹碎一起翻炒

10. 倒入彩椒丁略炒 3 分钟后至彩椒变软

11. 倒入番茄块炒至番茄出汁

12. 倒入生大米和藏红花继续翻炒 2 分钟

◆ 做法

13. 倒入白葡萄酒翻炒

14. 倒入腊肠翻炒至酒气挥发

15. 待酒气挥发后倒入鸡汤，汤要完全把米浸没

16. 水开后转小火焖 15~20 分钟，不要翻动，等汤汁大部分被米粒吸收掉

17. 将所有海鲜均匀地铺在饭上，用锅铲轻轻按压至海鲜半埋在饭中

18. 加盖小火焖 4 分钟

19. 开盖后小火 3 分钟，之后挤入柠檬汁，摆上柠檬和欧芹叶 / 香菜装饰

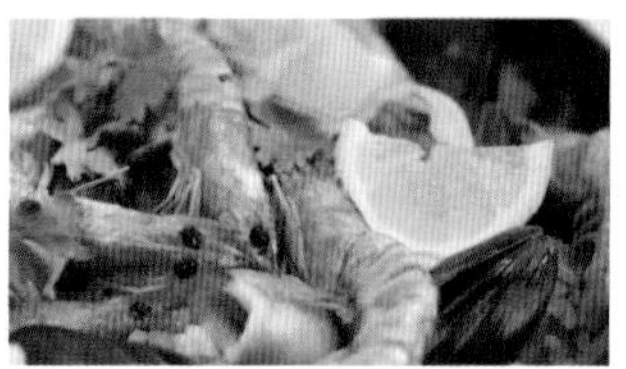
20. 盛盘

21. 热情饱满的西班牙海鲜炒饭出炉

056

日式酱油炒面

难度
初级

时间
30 分钟

面条起源于中国，已有四千多年的制作和食用历史。面条的制作简单，用谷物或豆类的面粉加水揉成面团，或压或擀或抻成片再切，或者使用搓、拉、捏等手段，制成不同形状。可煮、可炒、可烩、可炸，花样丰富，品种多样，地方特色鲜明，口味极其丰富。

大家都知道的就有内蒙古焖面，山西刀削面、揪片，北京炸酱面，兰州拉面，重庆小面，扬州阳春面，镇江锅盖面，东北冷面，陕西油泼面，河南烩面、捞面，广东云吞面，漳州卤面，厦门沙茶面，四川担担面，岐山臊子面等。无论南方人还是北方人，日常生活都离不开面条，过生日时我们必吃的是长寿面。

刚做“迷迭香”时，有一天夜里加班，工作了一天，晚餐也已经消化得差不多了，为了犒劳一下辛勤工作的小伙伴们，我打开冰箱，看了看剩下的食材，灵机一动，就有了这个日式酱油炒面，上演了一部现实版的《深夜食堂》。

出锅的时候，需要目不转睛地盯着冒着热气的酱油炒面，用筷子慢慢戳进溏心荷包蛋的蛋黄里，两根筷子一左一右轻轻一拨，那温柔的橙黄色蛋液便慢慢地流淌了出来。这时要眼明手快，用蛋液拌上滚烫的炒面，迅速挑起送进嘴里，满满的幸福味道会溢满口腔，你就会登时遗忘辛勤工作一天后的疲惫了。

扫码观看视频版

◆食材

面条…150克
五花肉…150克
洋葱…半个
胡萝卜…半根
包菜…1/4个
蒜薹…2根
蒜…2瓣
生抽…1汤匙
老抽…1/2汤匙
鸡蛋…1个
海苔…2片
白糖…1茶匙
盐…1茶匙

小贴士

1. 鸡蛋只煎单面，蛋黄不要太熟，稀稀的溏心蛋和面条一起吃味道才好；
2. 炒面时，可用筷子配合木铲，不要把面条弄断；
3. 老抽只能放一点点，否则影响色彩；
4. 如果有保质期内的无菌蛋，也可用生鸡蛋。

◆做法

1. 沸水下面，当水再次沸腾时加凉水

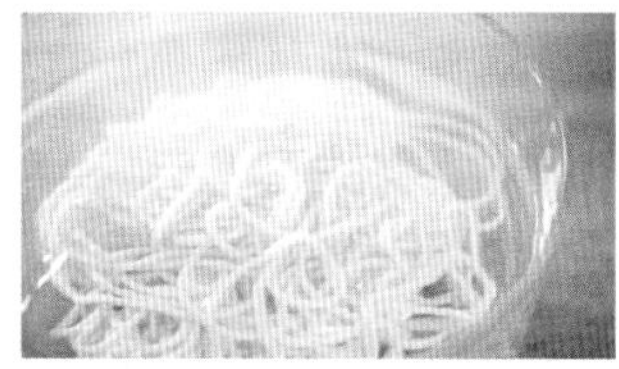

2. 水再沸腾后盛出面条，过凉水，沥干备用

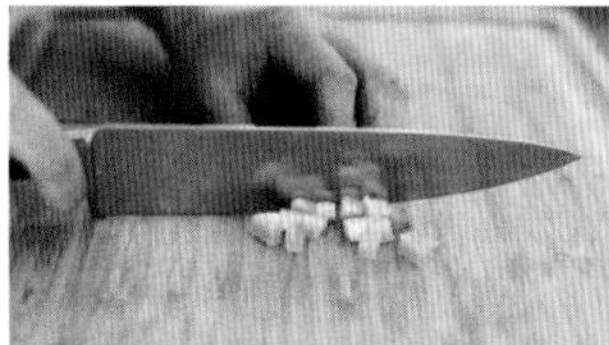

3. 五花肉冷水焯水，盛出过凉水后切丁

4. 洋葱去蒂、切条，胡萝卜削皮、切丝

5. 包菜去根、切碎，蒜薹切段，蒜切末

6. 热锅倒入五花肉丁，小火炒至变色后加入蒜末炒香

7. 依次倒入洋葱、胡萝卜、蒜薹、包菜翻炒均匀

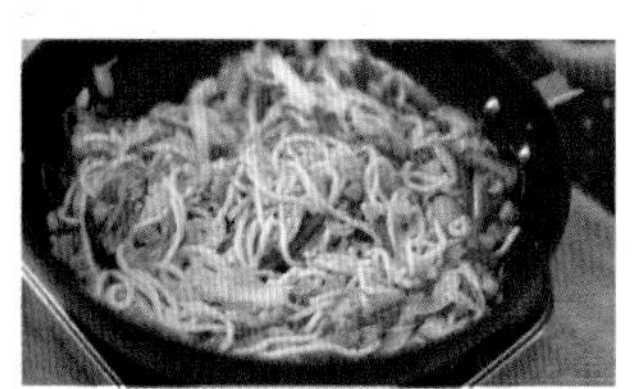

8. 倒入面条翻炒

9. 最后依次倒入1汤匙生抽、1/2汤匙老抽、1茶匙白糖、1茶匙盐翻炒均匀

10. 面条炒好后盛出

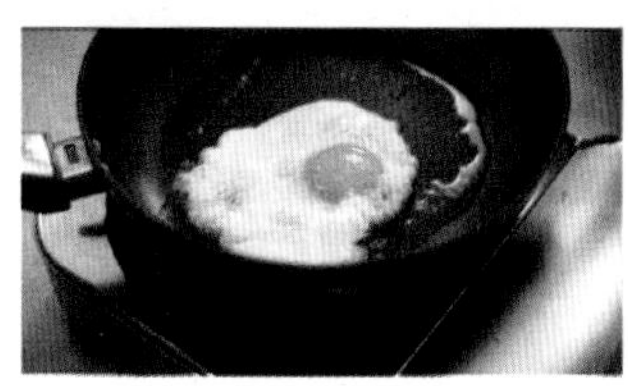

11. 锅中热油煎一个鸡蛋

12. 在面上撒上点海苔，加上煎蛋，美味的炒面开吃了

057

咖喱鸡饭

难度
初级

时间
30 分钟

我小时候一直认为咖喱鸡是母亲的拿手好菜，小学时还以此为题材很认真地写过一篇作文，并且得了奖。每逢母亲烧这道菜，不用到厨房，我只要用鼻子就可以清楚地知道今天又有我的最爱了。母亲总是用咖喱油烧这道菜，如果家里只有咖喱粉，也要先炒成咖喱油再烧。

我喜欢先将菜吃完，然后将金灿灿、香香浓浓的卤汁浇到饭上，慢慢拌匀，用小调羹一汤匙一汤匙地送进口中。后来到香港工作，吃到各种口味的咖喱鸡饭，也丝毫没有冲淡留在记忆深处的母亲的味道。

“咖喱”一词是音译外来语，起源于印度泰米尔（Timil），有“酱”的含义，即综合数种辛辣香料的调味料。印度民间传说咖喱是佛祖释迦牟尼所创，因为咖喱的辛香可以遮掩羊肉的膻味，用来帮助不吃猪肉与牛肉的印度人。后来咖喱从印度大陆流传至中亚及西亚地区，乃至全世界。

没有胃口的时候，或者一个人在家里不知道吃什么的时候，咖喱就是一个特别好的选择。它不仅开胃，而且因为本身味道浓郁，所以不挑食材，基本可以煮一切，比如胡萝卜、洋葱、土豆。对于一人食来说，真是太友好了。

扫码观看视频版

◆食材

鸡大腿 … 2 个
土豆 … 1 个
胡萝卜 … 1 个
洋葱 … 1 个
咖喱块 … 4 块
牛奶 … 150 毫升
芝麻酱 … 1 汤匙
料酒 … 1 汤匙
生抽 … 1 汤匙
芡粉 … 少许
盐 … 少许

小贴士

1. 土豆和胡萝卜不易熟，放少许油先炒一下盛出备用；
2. 小火煮让咖喱收汁，适当搅拌以免煳锅。煮的过程中放一点牛奶，可以让咖喱汁更浓郁美味；
3. 北方的朋友肯定会喜欢最后加的这个小佐料，一汤匙芝麻酱，会收获味觉上的一点惊喜哦！

◆做法

1. 鸡腿去皮剔骨，鸡肉切丁

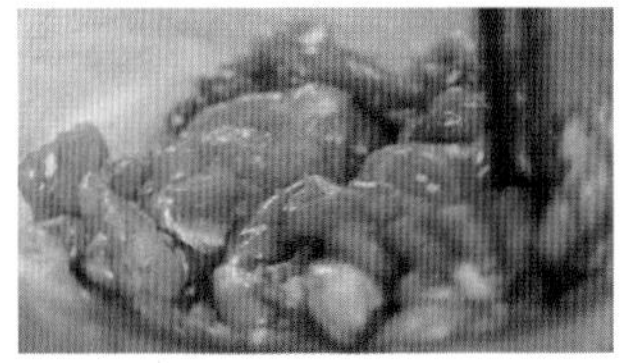

2. 鸡肉用料酒、生抽、盐、芡粉腌制 15 分钟

3. 洋葱切条，胡萝卜切丁，土豆切丁

4. 锅中热油，倒入胡萝卜、土豆煸炒

5. 炒至土豆有香味、表面金黄时盛出备用

6. 重新热少许油，小火将洋葱慢慢炒至变软

7. 倒入腌好的鸡肉继续煸炒，炒至鸡肉变色

8. 再倒入刚刚炒好的胡萝卜丁和土豆丁

9. 倒入清水，没过食材即可

10. 接着放入咖喱块，小火煮咖喱收汁，适当搅拌避免煳锅

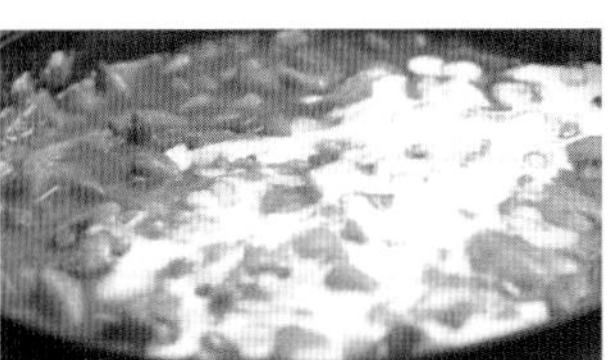

11. 中间倒入一点牛奶，可以让咖喱汁更加浓郁。最后放一小汤匙芝麻酱搅拌出锅

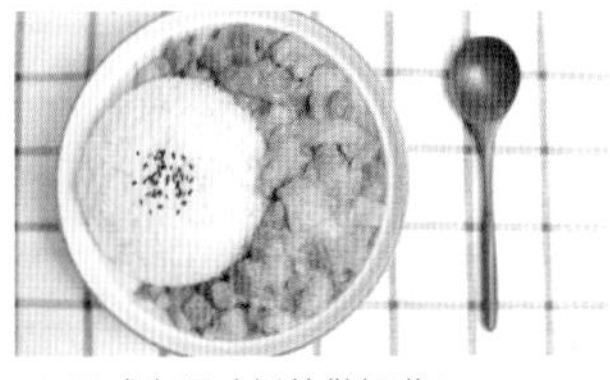

12. 日式咖喱鸡饭就做好啦！

058

玫瑰煎饺

难度

初级

时间

30 分钟

玫瑰煎饺在我看来就是生煎包的变种，却比生煎包更简单更讨巧。它玫瑰的外形非常惹人喜爱，但是做法却又非常简单，连捏包子这步都省了。即使是厨房小白，只要想做，也一定不会失败。

这道菜非常适合用来表达心意和情感，主妇可以用它表达对全家人的关爱，子女用它表达对父母的敬意与爱戴，恋人更是大有文章可做。挑选合适的餐具摆放，一切都尽在不言中了，更是有纪念意义日子的不二选择。

在以前的地域文化里，北方男士不下厨房被称为大男子主义，而大上海的模范丈夫，不舍得让妻子白白嫩嫩的小手变成主妇手，所以个个会演奏锅碗瓢盆交响曲。而现在物资丰富，半成品食材也很多，北方的男士也有了自己的厨房领地，会几样拿手菜，“迷迭香”的用户里经常留言问问题的有不少就是男士。所以单身的男生如果有下厨这一强项，一定会增分不少。所以嘛，如果你有心仪的女孩，就真情实意地为她做一盘飘着香气、可以吃的玫瑰花吧！

扫码观看视频版

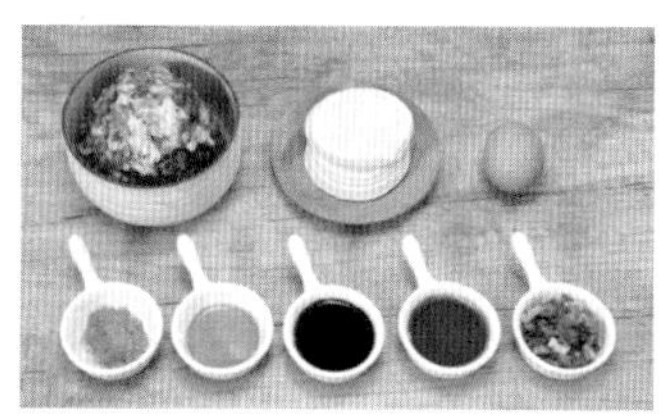

◆食材

肉末 ···400 克
饺子皮 ··· 数张
鸡蛋 ···1 个
料酒 ···1 汤匙
生抽 ···1 汤匙
香油 ···1 汤匙
葱花 ···1 汤匙
胡椒粉 ···1 汤匙
盐 ···1 茶匙

小贴士

1. 卷玫瑰花形状时，4 张饺子皮重叠的地方要稍微多些，否则玫瑰花会散开；
2. 锅内倒入油后，大火煎至饺子底部金黄，再盖锅盖小火煎；
3. 小火焖之前切记是倒开水，水浸没煎饺的一半即可。

◆做法

1. 肉末中分别倒入蛋清、料酒、生抽、香油、葱花、胡椒粉、盐搅拌均匀

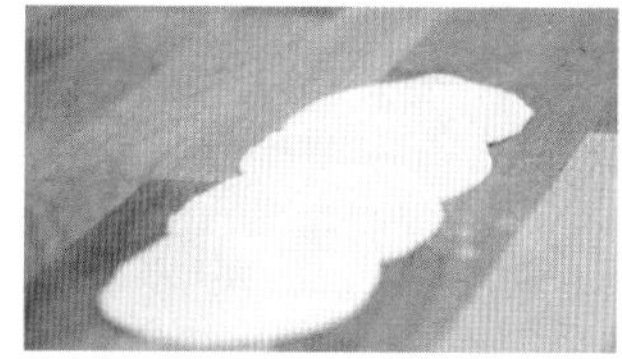

2. 将饺子皮 4 个为一组叠放

3. 再平铺上肉馅，肉馅不要过多

4. 从最后放的那片饺子皮开始，把饺子皮对折起来

5. 再从最开始叠起的饺子皮位置把饺子皮卷起来

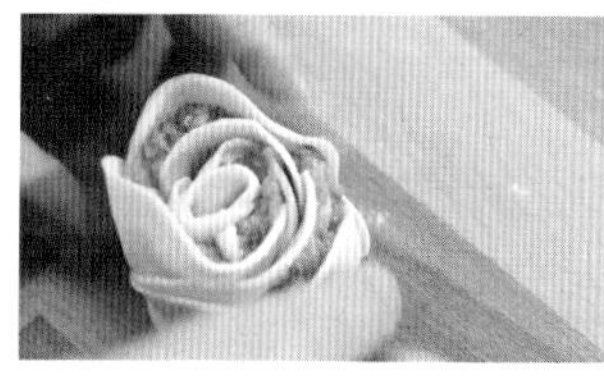

6. 立起来就是玫瑰花了

7. 平底锅倒少许油大火烧热，放入玫瑰饺子大火煎至底部金黄

8. 倒入开水至没过煎饺一半的位置，盖上锅盖，小火焖 10 分钟

9. 开盖，撒上葱花

10. 玫瑰煎饺出锅啦！

059

鲜虾烧卖

难度

初级

时间

30 分钟

我在香港工作时，父母常来玩，带他们去了一次茶楼后，他们马上就喜欢上了。每天我上班后，他们就会去不同的茶楼吃早茶，换着花样享受各式不同的早点。但那么多早点中，虾饺一直是他们的挚爱。理由有两个，一来内地不容易吃到这么新鲜的虾；二来制作工艺复杂，想想都难，自己是不会做的。不同的茶楼做的虾饺有不同的味道，但大同小异，他们认为都是一样鲜美可口的。

我这个鲜虾烧卖算是一个家庭版讨巧的做法，味道和虾饺相似，但用几张馄饨皮就可以做出来。有朋自远方来，招待朋友在家里小坐，做一份鲜虾烧卖不仅最能表达诚意，而且又快又简单。按照我的方法，就算你是厨房新手，也一样可以用馄饨皮做出鲜美可口的烧卖。

扫码观看视频版

◆食材

馄饨皮 … 100 克
肉末 … 150 克
虾仁 … 150 克
荸荠 … 100 克
姜 … 1 块
鸡蛋 … 1 个
料酒 … 1 汤匙
生抽 … 1 汤匙
香油 … 1 茶匙
淀粉 … 1 茶匙
盐 … 少许
青豆 … 多粒

小贴士

1. 烧卖用馄饨皮包住，在中间捏一下即可收口；
2. 美味的关键是用鲜虾做食材，不要用冷冻过的虾。

◆做法

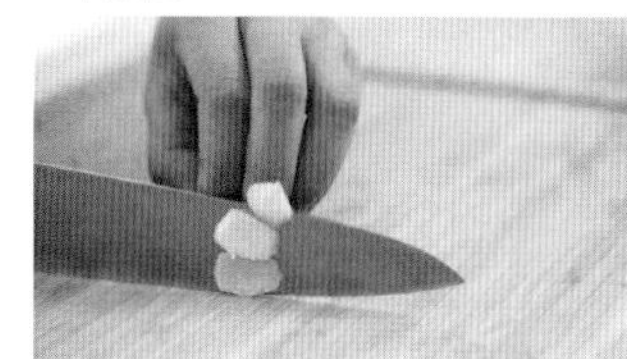

1. 荸荠削皮切末

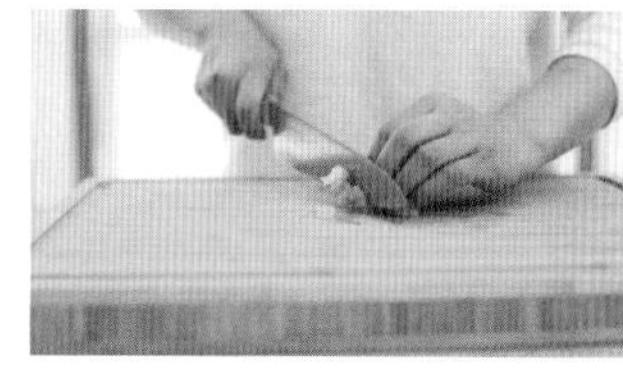

2. 虾仁切丁，姜切末

3. 肉末中分别倒入荸荠末、虾仁丁、姜末、鸡蛋、料酒、生抽、香油、淀粉、盐搅拌

4. 馄饨皮中间放入适量调好的肉馅

5. 用手将馄饨皮直接捏起，将肉馅包裹起来

6. 蒸笼中铺上蒸笼纸，放入烧卖

7. 每个烧卖中间点缀一粒青豆

8. 蒸笼大火蒸 15 分钟即可出锅

9. 美观又美味的鲜虾烧卖开吃

060

葱油饼

难度

初级

时间

50分钟

有一天与一位八十多岁的艺术大家陈老师一起吃饭，陈老师精神矍铄，声音洪亮，依然活跃在艺术一线上。她是安徽人，热爱艺术，也热爱各种美食。那天的徽菜餐桌上有很多好吃的，但她最爱的似乎是葱油饼，连着吃了好几块，说尝出了小时候的味道。

想起葱油饼，小时候的街头似乎是处处飘着葱香的，哪个街角都会有人架着一个小炉子在做萝卜丝端子或者葱油饼。有的是先做成一大张饼，然后切成小块，拿一个塑料袋装给你；有的则做出来就是一小块一小块的圆饼。记得做过葱油饼之后，它就成了我们全公司平时最受欢迎的工作餐了。这道看似简单的葱油饼，味道却一点都不单薄。有时候你只需要烧上一锅小米粥，金黄的小米配上刚出锅的葱油饼，真是太美味了！香脆的面皮裹挟着葱的清香，泛着诱人的油光，难怪陈老师那么喜欢吃。

小葱是我们常见的配菜，因为我不喜欢吃生葱，以前对它并没有特别的感觉，后来做了"迷迭香"，才从各个维度对它进行了了解。别看小小的一根葱，它可真不简单！葱含有蛋白质、碳水化合物及多种维生素和矿物质。葱能解热、祛痰、促进消化吸收、健脾开胃、增进食欲，还能降血脂、降血压、降血糖。除了很受欢迎的葱油拌面，葱油饼也是一道没了葱就会失去灵魂的美味料理。

扫码观看视频版

有时候别人问我：为什么你的品牌叫"迷迭香"？我总会说，因为它像中国的葱，是生活的调味品，有了它生活更有滋味。

◆食材

面粉 … 200 克
小葱 … 1 把
油 … 适量
盐 … 少许

小贴士

1 首选小香葱；
2 一定要用小火煎，否则易煳。

◆做法

1. 面粉里加入适量水和成面团，盖上保鲜膜饧 30 分钟

2. 小葱切葱花

3. 面团切成小块剂子

4. 取一小块擀成椭圆形

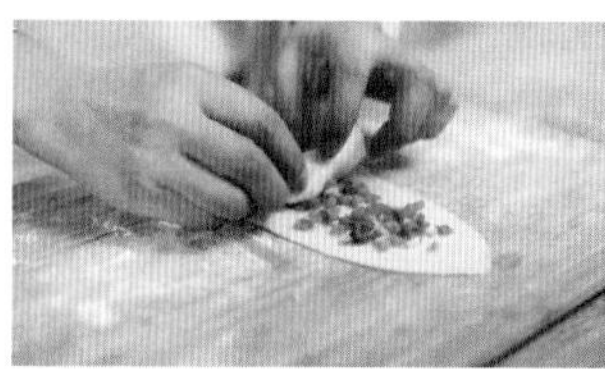
5. 面皮上抹上一层油，再抹上一层盐，接着均匀撒上葱花，然后卷起

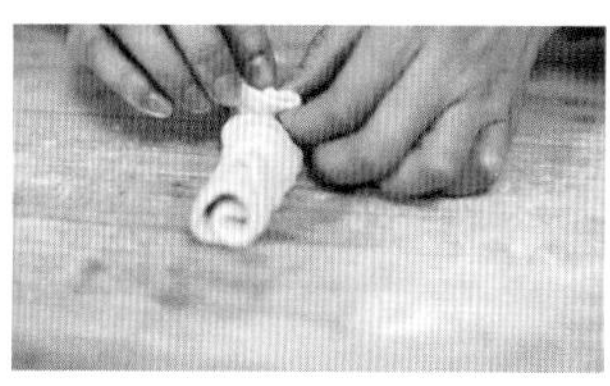
6. 将卷起的长面饼再次卷起

7. 面皮卷最终状态

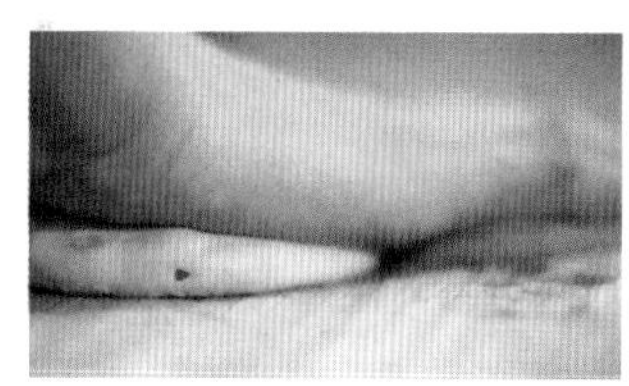
8. 按压一下擀成圆形

9. 继续用擀面杖擀成圆形

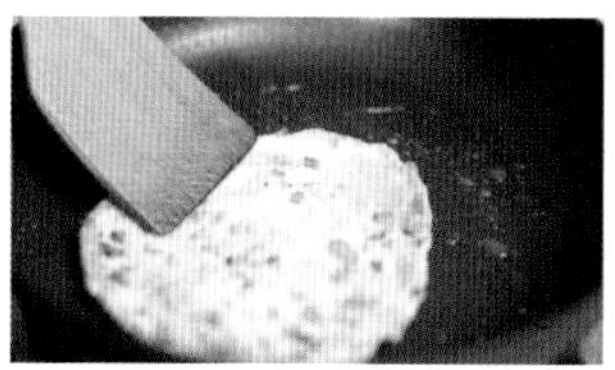
10. 锅中热油，放入葱油饼，小火将两面煎至金黄即可

11. 喷香的葱油饼出锅

061

蛋包饭

难度

初级

时间

20 分钟

“明明只是跟你吃了一个蛋包饭，却满足得好像吃了满汉全席！”电视剧中的女主角不会做任何一道菜，只会做一盘蛋包饭，只因做蛋包饭特别简单吗？其实不然。蛋包饭是日本很普通的一种主食，简单来说就是由蛋皮包裹炒饭而成。一般是将鸡蛋煎成厚薄均匀的蛋皮，再放上炒好的米饭，最后淋上辣椒酱、番茄酱等各式酱汁。

可是你千万别小看这一份蛋包饭，看似简单，其实非常难做。最正宗最好吃的蛋包饭对火候的要求特别高，鸡蛋一定要极为细滑，里层最好还有少许未凝固的蛋液，和炒饭混合以后，一口咬下去口感的层次是最丰富的——最先吃到鸡蛋的滑嫩，接着是浓郁的未凝固的蛋液裹住的炒饭，炒饭的香中带着些许细滑。做得好的蛋包饭非常好吃，孩子尤其喜欢吃，所以母亲们很有必要学会这道蛋包饭，这样你就能鸡蛋裹一切，自己变换炒饭的内容，将各种孩子平时可能挑食的食物做进包饭。

为了让大家能够最简便地做好这道蛋包饭，我起码实验了十次。用几个鸡蛋，以及火候如何掌控，我做了很多次才达到自认为的最佳状态。有一段时间，公司来一位客人，我就请人家吃一次蛋包饭。大家自己练习的时候也别着急，按照菜谱慢慢来，多做几次就能找到感觉了。

扫码观看视频版

◆食材

米饭 … 300 克
黄油 … 30 克
洋葱 … 1 个
火腿 … 100 克
鸡蛋 … 3 个
番茄酱 … 2 汤匙
生抽 … 1 汤匙
胡椒粉 … 1 茶匙
盐 … 少许

小贴士

1. 先融化黄油，炒香洋葱，做出来的味道才比较正宗；
2. 做蛋皮时小火融化黄油，接着倒入蛋液，让蛋液在锅底均匀流淌；
3. 划散蛋液时一定要迅速，待到快凝固时立即停下；
4. 在蛋皮上放饭，不熟练的同学可以关火片刻，防止蛋皮颜色变焦；
5. 往蛋皮中加炒饭时不宜加得过多，以免封口困难；
6. 最后要小心地用筷子掀起一边的蛋皮，慢慢滑到另一侧，倒扣入盘中；
7. 煎蛋皮全程小火；
8. 按个人喜好，可另外再焯烫蔬菜搭配食用。

◆做法

1. 将洋葱切碎、火腿切丁

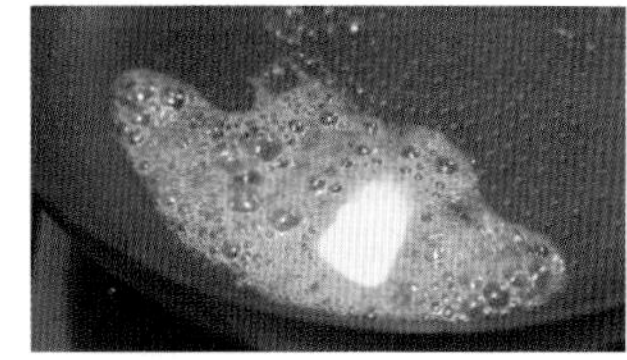

2. 开小火热锅，放入一小块黄油加热至融化

3. 倒入洋葱碎，中火翻炒，直至洋葱的甜味出来

4. 接着倒入火腿丁，翻炒均匀后再倒入番茄酱继续翻炒

5. 倒入米饭，翻炒至与洋葱碎、火腿丁混合均匀

6. 接着倒入生抽、胡椒粉和盐，翻炒均匀后将炒饭盛出备用

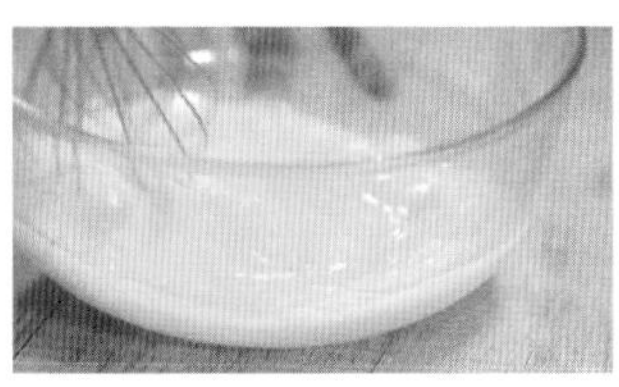

7. 将鸡蛋打散，加少许盐搅拌均匀

8. 小火热锅，用黄油均匀涂抹锅面

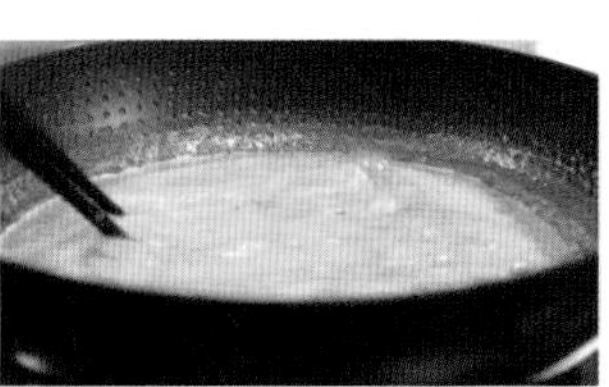

9. 锅中倒入蛋液，当稍微有些粘底的时候就用筷子快速搅拌

10. 当鸡蛋底部稍熟，表面还有部分未凝固的蛋液时，在中间倒入炒饭

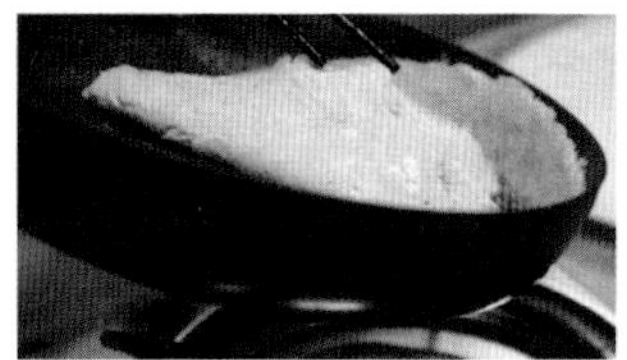

11. 将一侧蛋皮翻起，盖住炒饭

12. 将蛋包饭小心地倒扣入盘中，挤上番茄酱，超级正宗好吃的蛋包饭就完成咯！

062

腊八粥

难度
初级

时间
160 分钟

古时每逢农历十二月初八，中国民间盛行吃“腊八粥”，这是一种在腊八节用多种食材熬制的粥，也叫作七宝五味粥，它的由来与中国的农耕文化有关。我国古代的天子在腊八节要进行腊祭，祭祀八谷星神，庆贺丰收，祈祷来年风调雨顺。民间则要祭祀天地、祖先、神灵，感恩这一年来的恩泽庇佑，并祈求来年继续施恩。古时干物称腊，到年终十二月祭神时，蔬菜水果谷物等全都变成干物了，祭祀用的供品也全都是干物。后来供品由原来的各种干物，逐渐演变成用多种食材熬制的粥，俗称腊八粥。

中学时，听好友讲，她的奶奶每年腊月初八一大早会专程去鸡鸣寺吃僧人做的腊八粥，于是我们商量要与她的奶奶一起去。虽然家里也有做腊八粥的传统，但是吃寺庙发放的腊八粥总带有那么一点神秘的意味。那年，初八前一天下起了纷纷扬扬的大雪，清晨，有的街道还被白雪覆盖着，我们就带着搪瓷碗出发了。到了庙前，早来的人已经排起了一条长龙，以老年人居多，间或有几个跟着来玩儿的年轻人。到了施粥的大缸前，不论是大碗还是小碗，不偏不倚，都是满满的一汤匙。我端着那一碗热气腾腾的粥，就在大庭广众之下吃起来了。粥里的食材虽然没有家里的丰富，但对于又冷又饿的我来说是超级暖心的美味。

扫码观看视频版

煮一锅浓浓的腊八粥，不停地有热腾腾的白汽从锅中冒出，仿佛化成了形形色色的小人儿演绎着神秘又丰富的民间故事。吃下去的每一口腊八粥，不只是满满的浓香软糯，更散发着百年传承下来的深厚的中华传统文化的魅力！

◆食材

大米 … 40克
糯米 … 40克
小米 … 40克
黑米 … 40克
薏仁米 … 20克
红腰豆 … 40克
花生 … 40克
黄豆 … 20克
绿豆 … 40克
黑豆 … 20克
红豆 … 40克
莲子 … 40克
红枣 … 40克
葡萄干 … 10克
干桂圆 … 20克
栗子 … 8个
核桃仁 … 40克
豌豆 … 40克
冰糖 … 5克

小贴士

1. 大火煮沸后要盖锅盖转小火，并时不时开盖搅拌，防止粘锅；
2. 要先将难熟的豆类提前用水浸泡一夜，米类和莲子则提前用水浸泡3小时；
3. 根据个人喜好在喝粥的时候加冰糖。

◆做法

1. 先将红腰豆、花生、黄豆、绿豆、黑豆、红豆、豌豆这些比较坚硬不太容易煮熟的豆类提前用水浸泡一夜

2. 再将大米、糯米、小米、黑米、薏仁米、莲子洗净加入清水提前浸泡3小时，栗子、核桃、干桂圆去壳，红枣洗净去核切成条

3. 泡好的红腰豆、花生、黄豆、绿豆、黑豆、红豆、豌豆入锅，加水大火煮开后，盖上盖子转小火煮30分钟

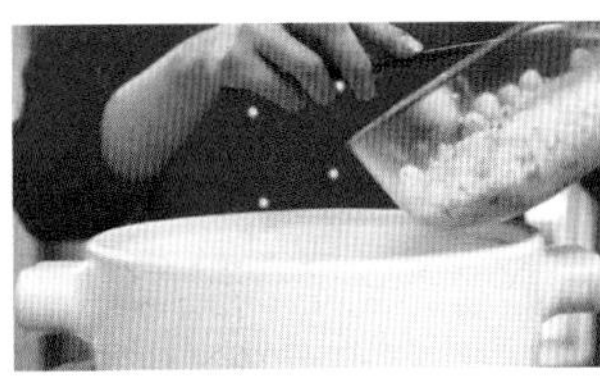

4. 开盖将泡好的大米、糯米、小米、黑米、薏仁米、莲子这些食材倒入锅中，大火煮开后盖上盖子，转小火煮1小时

5. 煮到米粒软糯、豆粒酥烂、粥变浓稠的时候再倒入切片去核的红枣、干桂圆、栗子、核桃仁、葡萄干、冰糖，搅拌均匀后，盖上盖子小火煮1小时

6. 煮粥的时候可以不断搅拌，防止黏锅

7. 香喷喷的腊八粥出锅啦！

063

快手家常炒面

难度
初级

时间
15 分钟

一万个人眼中，应该有一万种炒面。

相比风靡全国的网红街边小食、黄焖鸡米饭和沙县小吃等，家常炒面显得异常低调。然而，炒面是一道能深入人灵魂的主食：在深夜里吃上一碗用心做的炒面，不仅能抚慰饥饿的胃，也能让时光倒流，让人想起幸福的过往点滴。我吃过最难忘的炒面就是家常炒面。

那年的工作异常繁忙，直到十一月才轮到我休年假。我早就计划好要走青藏线的，朋友们都已经去过了，无奈之下，我只能万里走单骑。我从广州坐上了去西宁的火车，卧铺空空荡荡的，正好适合看书。列车长是个面善的中年妇女，看到我一个人，有空就会过来与我聊天。发现我没带干粮，又热情地为我介绍了餐车上的师傅，一位身材胖胖的大叔。没有风景可欣赏的时候，我会到餐车去，打开电脑写东西，一来二去，与大叔熟悉起来。大叔很自豪地告诉我，他的儿子已经工作了，也在高铁上开车；女儿读书很棒，已经大三了，准备考研；妻子刚退休，再过几年他也要退休了。三十多小时的车程，要吃好几顿餐车上的饭，吃来吃去也就那么几样。到最后，吃饭就变成任务了，我盘算着还有一顿饭就要到西宁了。不料，大叔却很神秘地对我说，等其他客人用过餐后再给我上餐。我反正没食欲，就埋头看电脑，突然闻到扑鼻的香味，一抬头，看见大叔笑眯眯地端着一盘红红黄黄绿绿的炒面站在我面前，说只有这些食材，凑合着给你做了一份炒面。我有点不知所措，只能连声道谢，不争气的泪水流了下来。

扫码观看视频版

◆食材

面条 … 100 克
青菜 … 2 棵
鸡蛋 … 2 个
腊肠 … 2 根
生抽 … 1 汤匙
老抽 … ½ 汤匙
盐 … 1 茶匙

小贴士

1. 要用热水下面，水沸后倒入冷水，再次水沸后捞出面条；
2. 如果没有青菜，也可用其他绿色的叶菜代替。

◆做法

1. 大锅烧水，水开后放面，稍微沸一下就好，中间加一次冷水

2. 捞出面条后过下凉水，然后沥干备用

3. 青菜掰叶，腊肠切片

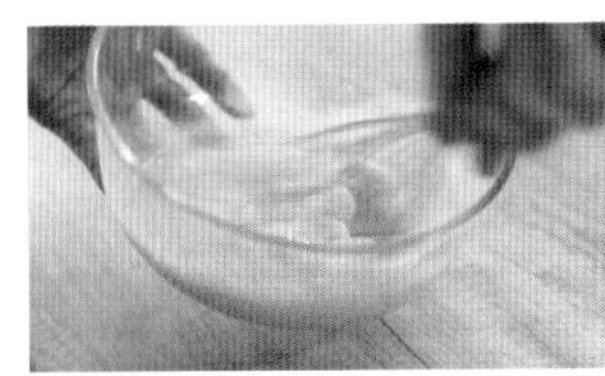

4. 打散鸡蛋，加盐拌匀

5. 锅中热油，倒入鸡蛋炒好后盛出备用

6. 锅中加入腊肠翻炒到香肠发白后，加入洗干净沥干水的青菜翻炒

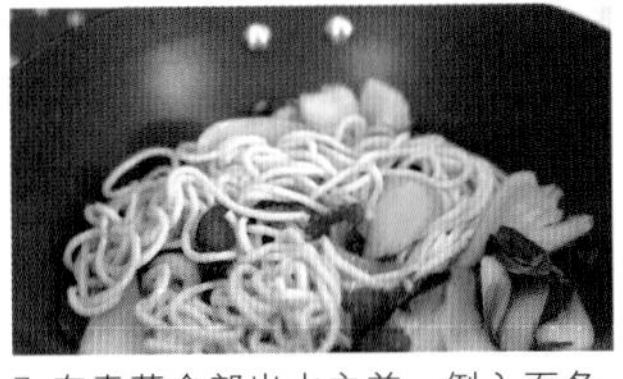

7. 在青菜全部出水之前，倒入面条翻炒

8. 接着淋入生抽、老抽

9. 小心翻动，直到所有面条都均匀裹色

10. 倒入炒好的鸡蛋，小炒一会儿加盐，出锅

11. 美味的家常炒面开吃

064

翡翠白玉饺

难度
初级

时间
60 分钟

直到开始做美食这行，我才深切地感受到南北方饮食差异之大。在北方，家家都备着面粉、擀面杖、面板，南方则不然。有一次回家，我提出做饺子，父亲下意识的第一个问题是“现在买不到饺子皮”，在北方根本不会出现这个问题，因为家家都是自己擀皮。

冬至是中国农历二十四节气中一个非常重要的节气，源于汉代，盛于唐宋，延续至今。古人对冬至很重视，曾有“冬至大如年”的说法。因为人们认为过了冬至，白昼渐长，阳气回升，是一个节气循环的开始，也是一个吉日。每年农历冬至这一天，不论贫富，饺子是必不可少的节日饭。古语云，“十月一，冬至到，家家户户吃水饺”，而北方则有“冬至饺子夏至面”的说法。

饺子原名“娇耳”，是我国医圣张仲景发明的。有一年瘟疫盛行，穷苦百姓忍饥受寒，耳朵都冻烂了。于是他制作了一款“祛寒娇耳汤”分给乞药的病人。其做法是把羊肉、辣椒和一些祛寒药材在锅里熬煮，煮好后再捞出来切碎，用面皮包成耳朵状的“娇耳”。每人两只娇耳，一碗汤，吃下后浑身发热，血流通畅，两耳变暖。吃了一段时间，病人的烂耳朵就好了。

扫码观看视频版

张仲景的时代距今已近 1800 年，但他“祛寒娇耳汤”的故事却一直在民间流传。每逢冬至和大年初一，人们吃着饺子，心里仍记着张仲景的恩情。到了今天，饺子已成了人们最常见、最爱吃的食物之一，北方人更是出门吃饺子、回家吃饺子，逢

◆食材

白菜 … 300 克
菠菜 … 200 克
肉末 … 300 克
面粉 … 500 克
料酒 … 1 汤匙
生抽 … 1 汤匙
胡椒粉 … 1 茶匙
香油 … 1 茶匙
盐 … 少许

小贴士

1. 白菜馅加盐腌制，挤出水分，口感更加爽脆；
2. 肉馅顺时针搅拌均匀、上劲，馅心更加嫩滑；
3. 面粉揉匀，饺皮才会柔韧筋道有弹性；
4. 将小面团按扁，注意形状要圆，包好后正好是绿边。

◆做法

1. 菠菜洗净切段，沸水焯水

2. 将焯水的菠菜榨汁

3. 一份面粉加菠菜汁和成绿色面团

4. 一份面粉加清水和成白色面团

5. 两份面团分别盖上保鲜膜饧半小时

6. 白菜洗净切碎，加少许盐，搅拌均匀后腌制 30 分钟

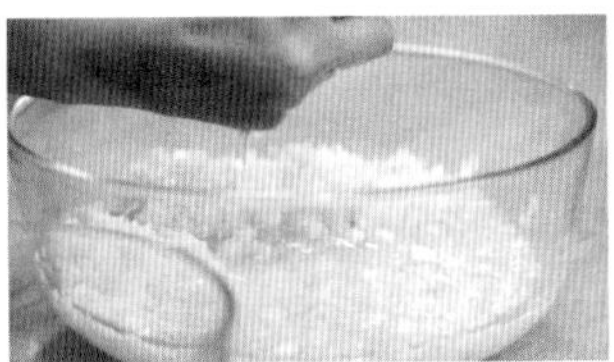

7. 白菜腌制出水后，挤出水分

8. 肉末、料酒、生抽、胡椒粉、盐、香油搅拌均匀做肉馅

9. 加入大白菜碎搅拌均匀做饺子馅

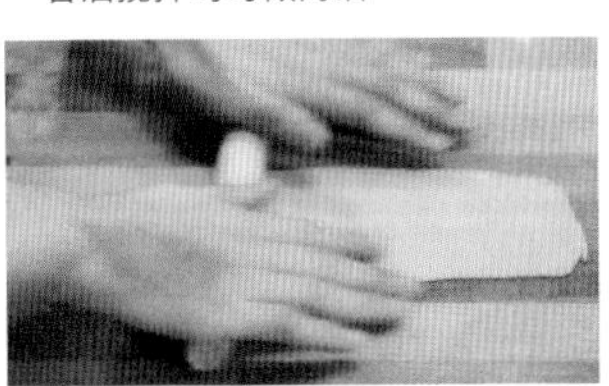

10. 将两团面分别揉成两个长条，并将绿色长条擀平

11. 用绿色面皮包住白色长条，封口对齐

12. 切成剂子

◆ **做 法**

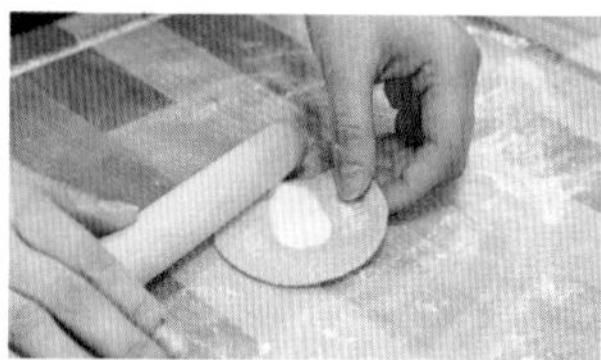

13. 将剂子擀成饺子皮

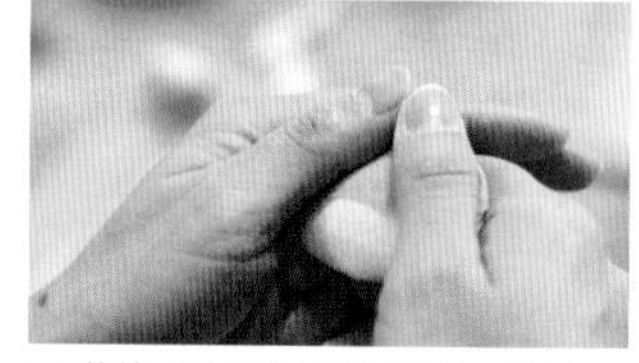

14. 将饺子馅放在饺子皮中间，对折，两手的拇指食指往中间挤做饺子

15. 锅内煮开水，下白菜饺子

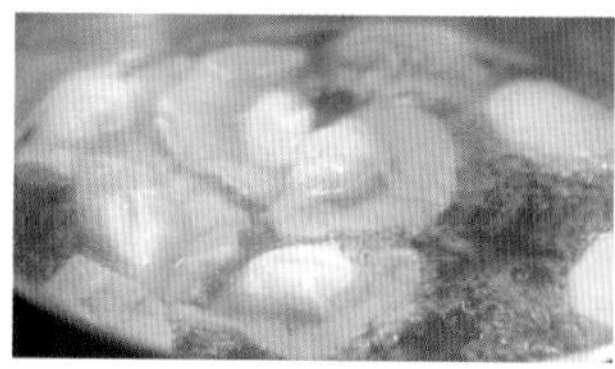

16. 煮至水沸，加点冷水，当水再次沸腾饺子就煮好了

17. 靓丽的翡翠白玉饺出锅啦，像不像一棵棵小白菜啊？

年过节就更不必说了，大事小事都要吃饺子。平时吃的饺子有时候在一些特别的节日里会稍微显得有些普通，我们可以给平凡的饺子加点创意。大白菜是冬日餐桌必不可少的平价养生菜，不妨给全家露一手这款碧绿的翡翠白玉饺，把浓浓情意包进来。

065

姜汁牛肉饭

难度

初级

时间

20 分钟

日本母亲每天清晨最重要的一项工作就是为上学的孩子准备便当，营养、健康、美味，还要养眼。有时看孩子的便当就可以推测母亲是什么类型的人：有的是五天一贯制，老几样，基本可以猜测到母亲很忙，让孩子吃饱吃健康即可；有的是小巧玲珑、色彩缤纷，对应的母亲一定热爱生活，将做便当作为一项艺术品来完成；有的是天天换花样，米饭、面条与点心，荤素搭配好，可以想见母亲一定对自己和孩子都要求严格。但毋庸置疑的是，不论孩子带的是哪一种便当，日复一日，年复一年，带去的都是慈母对孩子满满的爱。

记得我上中学的时候也是经常带饭的，那时候最喜欢吃的还是青椒肉丝、排骨这些又香又有味道的菜。每天快到中午的时候，就盼着温得暖暖的饭盒打开的一刹那。姜汁牛肉就是非常适合做便当，也非常适合一人食的一道菜，尤其是秋冬季节。

肥瘦相间的牛肉与洋葱是最好的搭档。姜是公认的驱寒补气的食物，而牛肉性味甘平，因为含有丰富的蛋白质，也有很好的生热抗寒的作用。所以姜汁牛肉饭滋补温中、补脾益气、散寒醒胃，不仅老少皆宜，对于脾胃虚寒、中气不足的人更是非常滋补的食物。如果做便当，可以加上热水焯过的橙色的胡萝卜片和翠绿的西蓝花，配上一份白米饭，营养全面、色泽鲜艳，想没有食欲都难！

扫码观看视频版

◆食材

牛肉卷 … 500 克
西蓝花 … ¼ 棵
胡萝卜 … ½ 根
姜 … 3 片
蒜 … 2 瓣
洋葱 … 1 个
料酒 … 1 汤匙
生抽 … 2 汤匙
老抽 … ½ 汤匙
白糖 … 1 茶匙
盐 … 1 茶匙

小贴士

1 肥牛可以根据自己的喜好买偏肥或者偏瘦的，煮的时间不要太长，否则口感会较柴；
2 可以根据季节变换搭配不同的时令蔬菜，夏日的小番茄、黄瓜皆可。

◆做法

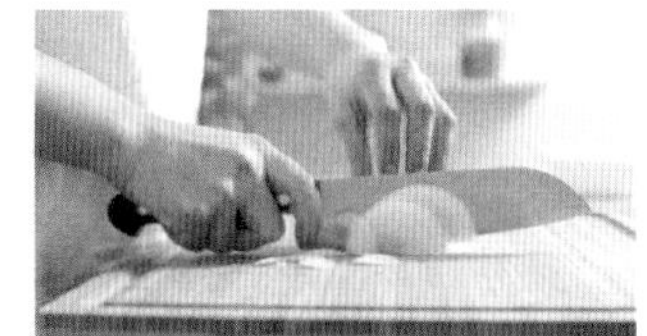

1. 洋葱去皮切条，姜蒜切末

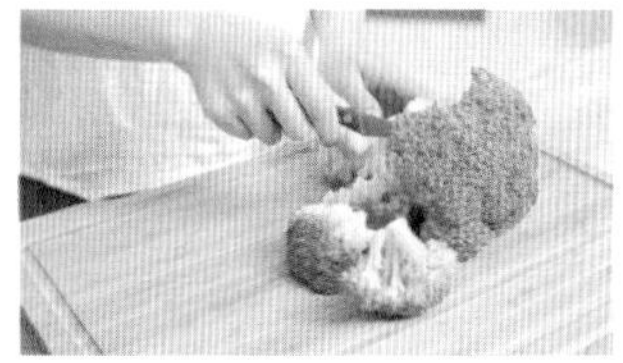

2. 西蓝花切小花、胡萝卜切片

3. 西蓝花、胡萝卜沸水焯水，捞出过凉水沥干备用

4. 料酒、生抽、老抽、白糖混合，搅拌均匀成调味汁

5. 锅里热油，六成热后加入洋葱爆炒，然后加入蒜末、姜末煸炒

6. 洋葱炒软后加入调味汁

7. 加入牛肉卷继续翻炒，直至收汁完成，根据个人口味加盐

8. 将做好的酱汁牛肉放在米饭旁边

9. 美味可口的姜汁牛肉饭上桌喽！

066

蛋炒饭

难度
中级

时间
15 分钟

如果你去湖南长沙，一定要去参观湖南省博物馆，馆中展示了不少从马王堆汉墓出土的珍贵文物，最有价值的是保存完好无损的古尸，以及成组成套的物品，还有珍贵神秘的帛书、竹木简。这三者能有其一，已是考古的重要发现，马王堆汉墓三者兼有，在中国考古史上可说是独一无二，被世人誉为“20 世纪中国与世界最重大的考古发现之一”。我相信大多数非专业人士来此参观，最感兴趣的是女尸与看得明白的各类器物，对出土的帛书和竹木简则是一带而过。其实帛书和竹木简上不仅有世界上最早的天文著作《五星占》《天文气象杂占》，还有中国最古老的医药专著《脉法》和《五十二病方》等，更有一样你想不到的，那就是关于蛋炒饭的记载。这些资料上有关于“卵熇”的记载，经专家考证，“卵熇”是一种用黏米饭加鸡蛋制成的食品。有人推断，这可能就是蛋炒饭的前身。原来普普通通的蛋炒饭，至少在西汉就出现了。

说起来，这可真是一道算得上雅俗共赏的美食啊！家家户户谁不会做个蛋炒饭?记得我小时候学做的第一道料理似乎就是蛋炒饭。

我们平时在家做蛋炒饭那就丰俭由人了。奢侈一点的，可以加火腿丁、咸肉丁、虾仁、鲜贝、肉丁或松子仁，若要营养丰富一些，就可以加豌豆粒、胡萝卜丁、香菇、洋葱、莴苣丁、笋丁等。但不管你加的是什么配料，一定要适量，不能喧宾夺主。记住蛋炒饭的最高境界是松软、粒粒分明，并且飘逸着淡淡的葱香。

扫码观看视频版

◆食材

米饭 … 1 碗
鸡蛋 … 3 个
葱 … 3 根
料酒 … ½ 汤匙
生抽 … 1 汤匙
胡椒粉 … 1 茶匙
盐 … 1 茶匙

小贴士

1. 饭要用隔夜饭，因为水分少，如果没有隔夜饭，可以把饭放到冰箱里面冻一下；
2. 鸡蛋要少，蛋比饭多是不会好吃的，在蛋液中加入少量盐会让咸味比较均匀；
3. 用猪油炒比用植物油炒好吃、香；
4. 葱花是必需的；
5. 翻炒米饭的过程中注意火候，火太大容易煳。

◆做法

1. 切葱花

2. 鸡蛋打散放入盐、料酒和葱花搅拌均匀

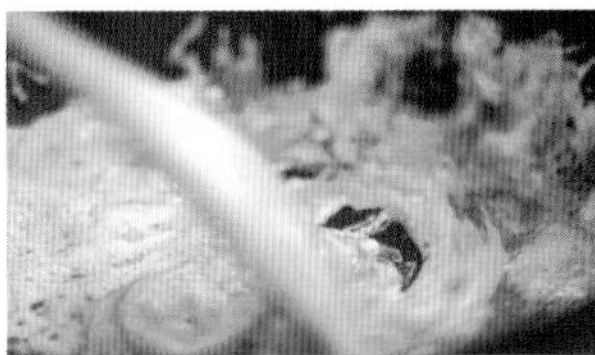

3. 锅中热油倒入鸡蛋翻炒均匀后盛出

4. 将米饭倒入锅中翻炒，加少许水炒散

5. 米饭炒散后倒入炒好的鸡蛋继续翻炒，并加入少许葱花

6. 翻炒均匀后加入生抽、胡椒粉、盐

7. 出锅前再放入葱花

8. 松软喷香的炒饭出锅

067

上海菜饭

难度

初级

时间

30 分钟

年过半百的上海人，对上海菜饭都会有一种深藏在心底里的依恋，不管在地球村的哪个角落，只要看到上海菜饭，一定会精神焕发，食欲倍增。平时为保持健康与体形精打细算的理性一族，也常常抵挡不住它的魅力。

上海人最懂得精打细算、物尽其用。听说在计划经济时代，每家都有几个小孩，少则两个，多则四到五个，都是长身体的年龄。如何充分利用有限的资源，让一家人吃得饱还要吃得好，绝对是考验当家人智慧的重要课题。但是，只要你会做上海菜饭，难题就迎刃而解了。如果你家有个能干的、走得很近的乡下亲戚年底来置办年货，带来了新米、新鲜的咸肉或自家灌的腊肠，除了还礼外，主人是一定要烧一锅喷香的上海菜饭待客的。

这真是一道看上去没什么特别，但吃起来却让人念念不忘的菜，营养也很全面。有一次我在杭州，在师父蔡志忠老师那里做了几个小菜给朋友们吃，其中之一就是这道上海菜饭，受欢迎程度竟然盖过了大闸蟹。

扫码观看视频版

◆食材

大米 … 1碗
腊肠 … 2根
上海青 … 3棵
蒜 … 5瓣
姜 … 1块
高汤 … 250毫升
盐 … 少许

小贴士

1. 腊肠含油较多，一定要小火煸炒，出油；
2. 青菜炒好后预留一部分，最后拌入烧好的米饭中，颜色会更鲜艳。

◆做法

1. 青菜切丁

2. 腊肠切丁

3. 蒜瓣拍碎，姜切末

4. 大米淘好泡一会儿备用

5. 小火煸炒腊肠约2分钟

6. 腊肠盛出备用

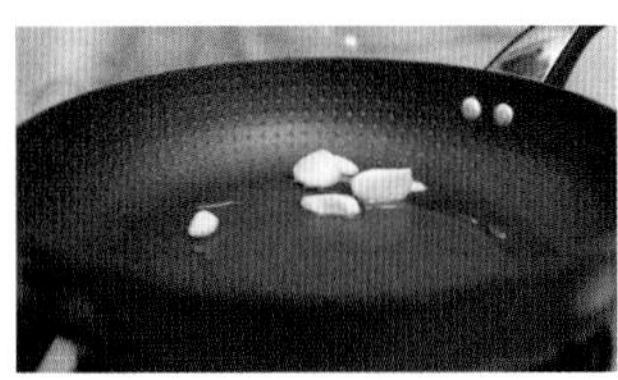

7. 锅中热油，倒入蒜瓣，略微煎黄

8. 接着倒入青菜

9. 然后倒入姜末

10. 撒入一点盐，炒至青菜微微出水

11. 预留一部分炒好的青菜备用

12. 加入洗净沥干的白米拌炒，直到油脂均匀覆盖米粒

◆做法

13. 再倒入腊肠与菜饭炒匀

14. 加入高汤

15. 汤滚后转至小火，小火焖煮 15 分钟

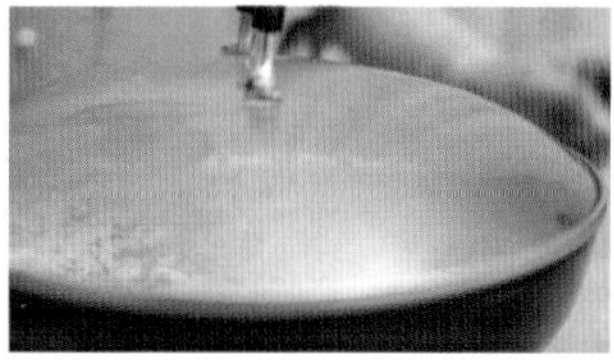
16. 关火，将预留的青菜拌入煮好的菜饭中，再稍微焖一下即可

17. 这碗上海菜饭美吗？

068

韭黄肉春卷

难度

初级

时间

30 分钟

小时候觉得大人不讲理，大人总觉得自己是对的，欺负小孩子什么都不懂，每件事都要大人说了算。小孩子虽然认的字不如大人多，走的路不如大人过的桥多，吃的饭还没有大人吃的盐多，但是，小孩子也有自己的优点啊！比如，大人和小孩一起走路，总是小孩子能看到地上的东西；老远的地方传来声音，也是小孩子先听到后，大人再仔细听才能听到；更不用说到了夫子庙，哪里有油炸臭干，总是小孩子用鼻子最先嗅到的。过年过节也不用看日历，只要动用五官，小孩子就能明确地感知到——跟着大人到菜市场，看到路边已经摆开了小煤炉，上面是一块厚厚的圆形平底铁锅，做春卷皮的小贩左手抓着一个富有弹性的面团，往很烫的铁板上一擦，一层薄薄的春卷皮就形成了。稍过一会儿，皮发白了，赶紧用右手拿长条的竹片一挑，做好的春卷皮就不偏不倚地盖在它的“哥哥姐姐”身上了。再看，菜场里卖韭黄的小贩也多起来了，肉摊儿前面排队了，大大的草鱼被一条条地拎走了——所有的这些，都预示离过年不远了。

春卷皮一般不用自己做，无论菜市场还是超市都可以买到。春卷、熏鱼虽然平时在外也能吃到，但是自己在家做，用油一定是放心的。在我们 80 后的世界里，春卷直接与过年、美味的记忆相关，偶尔来个朋友或者过个节日，在家里做炸春卷一下就有了仪式感。

扫码观看视频版

韭黄是通过培土、遮光覆盖等措施，在不见光的环境下经过软化栽培后生产的黄化韭菜。《本草纲目》记载韭黄有固肾缩尿的功效。韭黄味辛、性温，有温中开胃、行气活血、补肾助阳、散瘀的功效。韭黄营养丰富，含有大量的粗纤维，有助于肠道健康，帮助肠道蠕动，预防便秘。而且韭黄中含有大量的钙，有益于强健骨骼与牙齿，

◆食材

春卷皮 … 若干
肉末 … 250 克
韭黄 … 100 克
鸡蛋 … 1 个
料酒 … 1 汤匙
生抽 … 1 汤匙
香油 … 1 茶匙
胡椒粉 … 1 茶匙
盐 … 1 茶匙

小贴士

1. 油炸春卷时一定要用小火，否则容易馅儿未熟，皮已焦；
2. 可以将木筷子浸入热油中来判断油温，浸入后筷子表面产生缓慢均匀的小气泡时，油温正好六成；
3. 卷春卷时馅儿要适当，否则口感不好；
4. 春卷多食会上火且不易消化，阴虚火旺、有眼病和胃肠虚弱的人不宜多食。

预防缺钙。韭黄虽好吃，但隔夜的韭黄含有大量的硝酸盐，就不要再吃了。

韭黄与肉丝是最佳搭档，搭配后做成春卷馅儿，味道格外诱人。当一根根刚刚炸好的、金黄色带着韭黄特有的浓香的春卷出现在你面前，考验你自制力的时候就到了。

◆做法

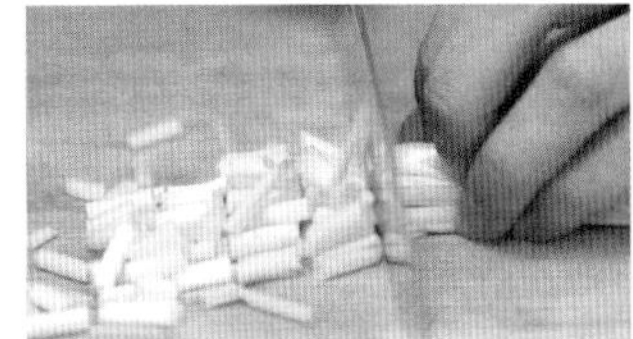

1. 韭黄切小段

2. 肉末中分别倒入鸡蛋、料酒、生抽、香油、胡椒粉、盐，搅拌均匀

3. 调好的肉馅中倒入韭黄，搅拌均匀

4. 将搅拌好的肉馅夹到春卷皮上铺成条状

5. 将春卷皮向前卷起

6. 卷至大约一半时，将左右两边的春卷皮向中间折起

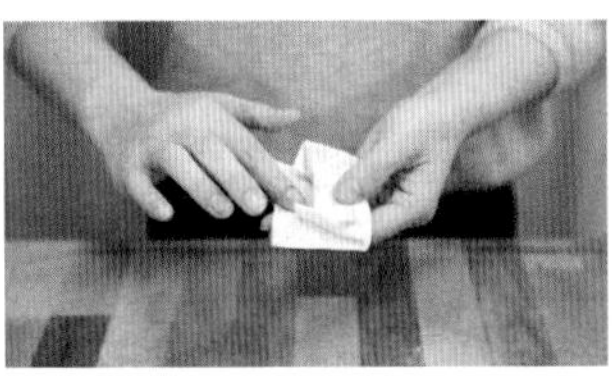

7. 将春卷皮最前端抹上清水，并继续向前卷起至包好

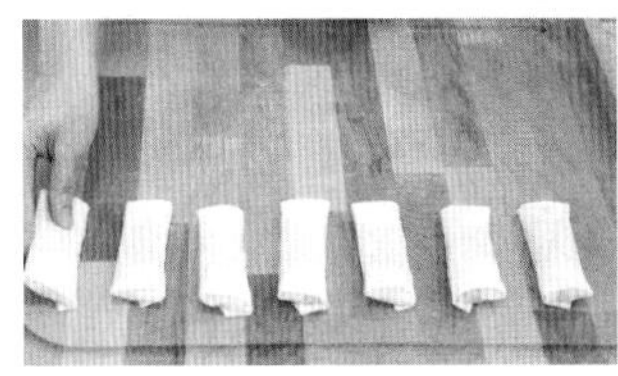

8. 将春卷全部包好

9. 将油大火烧至六成热，放入春卷转小火油炸

10. 当春卷底部炸至金黄后翻面继续炸

11. 将春卷炸至两面焦黄，盛出后放在吸油纸上吸出多余油分

12. 香脆可口的韭黄肉春卷完成啦！

069

番茄意面

难度

初级

时间

25分钟

关于意大利面的起源，有的说是来自古罗马，也有的说是马可·波罗从中国带回并传遍整个欧洲。作为意面的正宗原料，杜兰小麦是最硬质的小麦品种，其制成的意面色泽金黄，耐煮，口感好。意面主要营养成分有蛋白质、碳水化合物等。意面的世界就像是变化无穷的万花筒，据说种类至少有500种，再配上番茄、鲜奶油和橄榄油三大酱料体系，不同的组合可做出上千种意面。

番茄意面色香味俱全，主要以番茄酱作为佐料，做时稍有麻烦，但成品绝对棒。听说意面最早是用脚揉的，与脚踩葡萄酿酒的做法异曲同工，因为面团既大又硬，用手实在揉不动。因为面比较硬，所以煮意面的时候就要用比煮中式面条更长的时间，大火沸水煮8分钟，是最恰当的时间。

扫码观看视频版

◆食材

意大利面 … 200 克
番茄 … 1 个
洋葱 … 1 个
蒜 … 1 头
番茄酱 … 2 汤匙
肉末 … 200 克
芝士粉 … 1 茶匙
黄油 … 2 小块
胡椒粉 … 1 茶匙
盐 … 适量
橄榄油 … 适量

小贴士

1. 大火沸水煮 8 分钟，是煮意面最恰当的时间；
2. 煮面条的时候要先在水里放些盐；
3. 意面盛出后倒入少许橄榄油拌匀，面条不易粘连；
4. 炒面的时候用大夹子炒，比较方便。

◆做法

1. 番茄划十字刀

2. 把番茄放在碗中并用滚烫的开水浇在番茄上，浸泡片刻

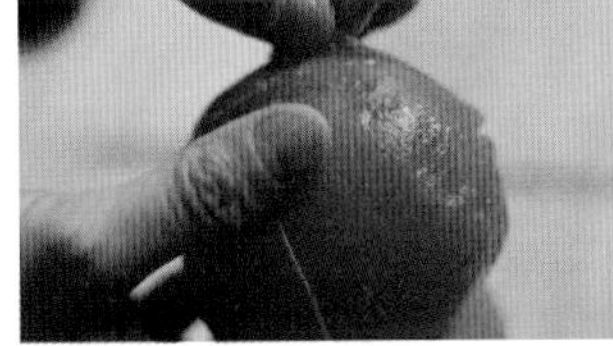

3. 撕掉被开水烫开的番茄表皮

4. 将番茄切成丁，备用

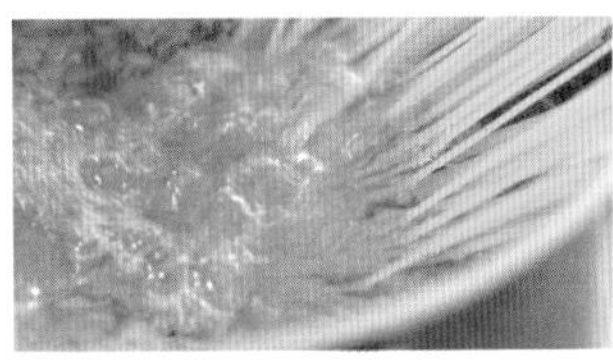

5. 将水煮沸，撒盐入水中，搅拌均匀后将意面放入，煮大约 8 分钟后捞出沥干

6. 在沥干的意面上倒少许橄榄油拌匀，面条不易粘连

7. 将洋葱切碎、蒜切末

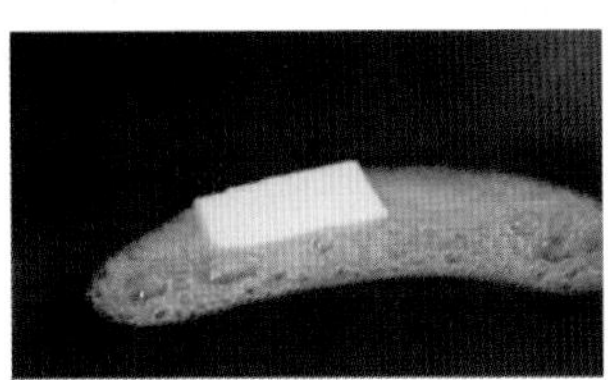

8. 锅烧热，放一小块黄油融化

9. 倒入肉末，翻炒至变色后盛出备用

10. 锅中重新融化黄油，倒入洋葱碎，翻炒至变色

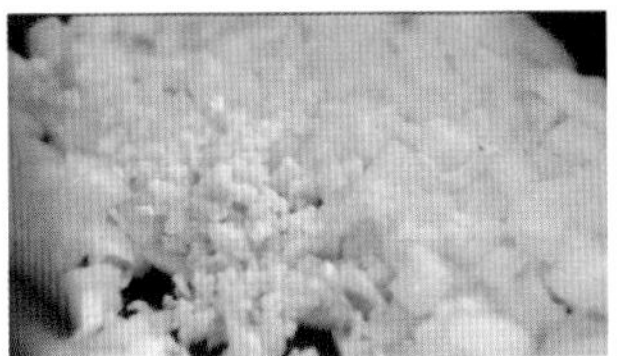

11. 锅中倒入蒜末并炒香

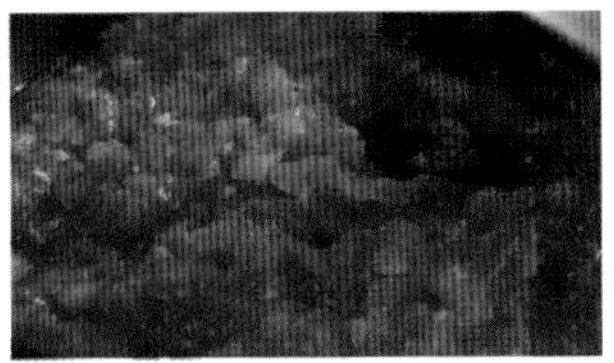

12. 倒入番茄丁并翻炒至番茄软烂

◆做法

13. 倒入炒好的肉末翻炒均匀

14. 倒入番茄酱，翻炒均匀做成意面的酱料

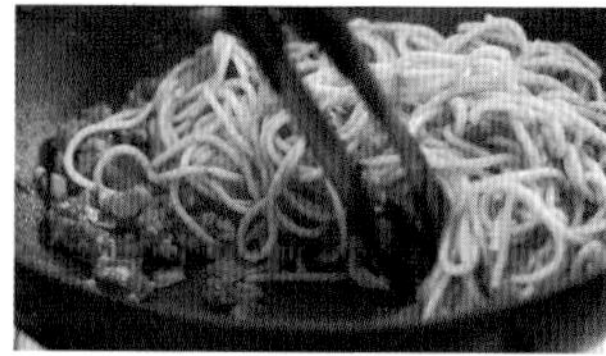

15. 倒入煮好的意面，拌匀

16. 撒上胡椒粉并拌匀，装盘

17. 再撒上芝士粉就完成啦！

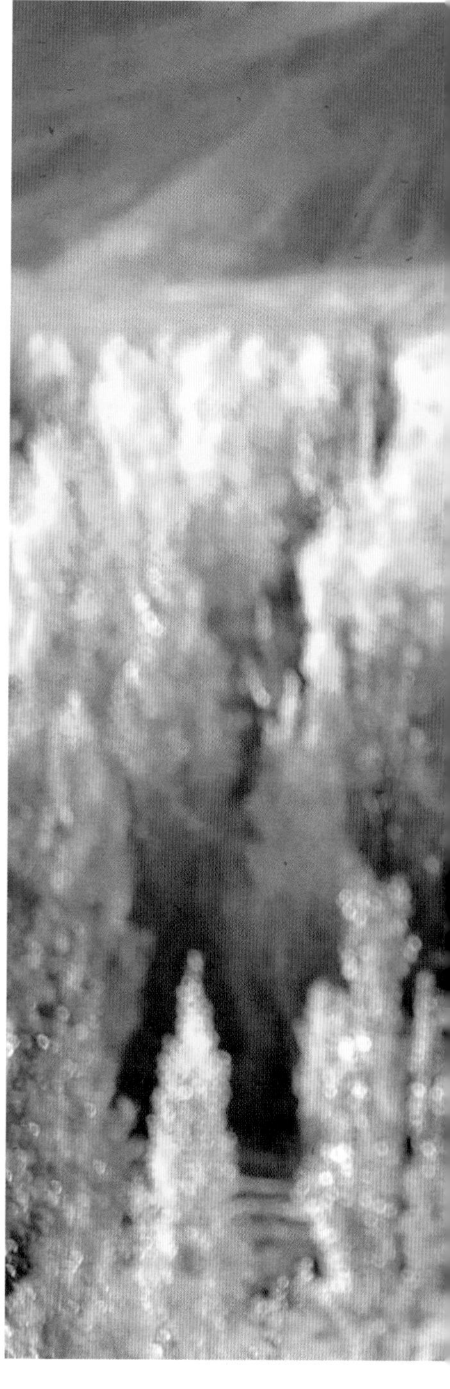

070

中式法棍

难度

初级

时间

30分钟

有些朋友告诉我，烤箱买后基本成了摆设，一年难得用几次，因为正宗西餐做起来还是蛮麻烦的，问我能否教些简单易学、就地取材的快手烤箱菜。就喜欢这样的朋友，让我不断地想方设法满足大家的需求，这对我来说既是一种挑战，也有一种成就感。

中式法棍就是一道我自创的懒人烤箱菜，食材简单朴素，就是馒头、香菇和孜然。如果把馒头比作张生，香菇比作崔莺莺，那么孜然就是红娘了。这道菜里没有了孜然，馒头就是淡而无味的馒头，香菇也是平常的香菇，加了孜然之后，奇妙的化学反应就产生了。这道菜的点睛之物就是孜然。

孜然主要分布于中国、印度及中亚地区，被称为调味品之王，烹调羊肉等肉类时常常被用到。孜然粉的特殊香味令人开胃，尤其是爆炒、煎炸、烧烤时。不过孜然作为调味品属于热性食材，辛辣，会强烈刺激胃肠道蠕动及消化液的分泌，有可能损伤消化道黏膜，甚至还会影响体质的平衡，所以建议不要一次吃太多。

扫码观看视频版

◆食材

馒头 … 4 个
香菇 … 10 个
孜然粉 … 1 汤匙
欧芹 … 2 根
橄榄油 … 1 汤匙
干酪 … 1 块
盐 … 1 茶匙

小贴士

1. 喜欢孜然的可加一些捣碎的孜然粒，味道更浓；
2. 香菇清洗要到位，否则影响口感。

◆做法

1. 馒头切片

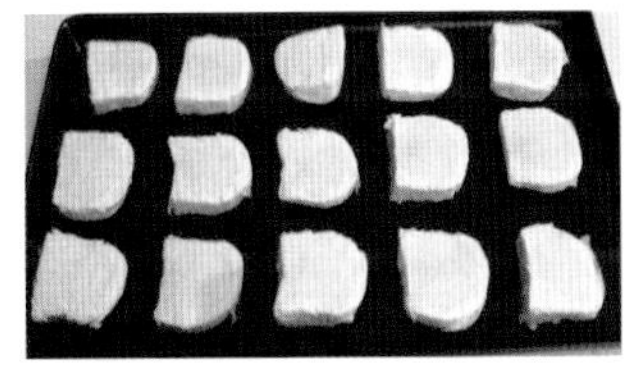

2. 馒头片均匀地涂上橄榄油，烤箱上下火 150℃烤 15 分钟后取出备用

3. 香菇切丁，欧芹切末

4. 锅中热油，倒入香菇丁

5. 翻炒至香菇稍微出水，倒入孜然粉、盐

6. 继续炒约 2 分钟后，盛出备用

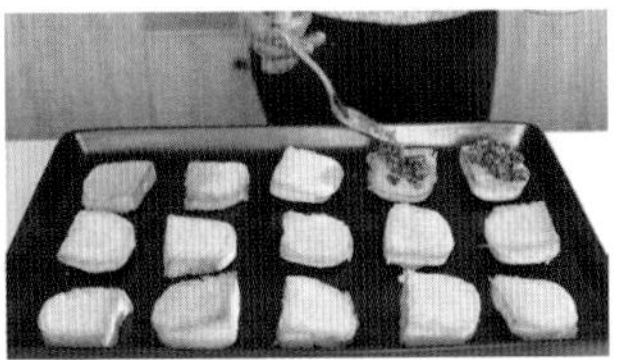

7. 将炒好的香菇放在烤好的馒头片上，再撒上干酪

8. 继续放入烤箱，上下火 150℃烤 10 分钟

9. 烤好后，撒上少许欧芹碎即可

071

卤肉饭

难度

中级

时间

120 分钟

台湾的小吃花样繁多，如果说其中最为著名的是卤肉饭，恐怕也不会有人反对。一碗正宗的卤肉饭要具备什么样的条件呢？饭要又香又韧，卤肉要多汁、肥美不油腻，卤蛋要与卤肉一起炖煮浸润肉香。要做出这么好吃的卤肉饭，需要经历很多道环节，哪道环节做得不到位，都会使卤肉饭的口味大打折扣。这样想来，卤肉饭也算是一道“功夫菜”呢！

其实仔细想想，世界上哪道特别好吃的菜不是功夫菜？一道菜肴如果能引发我们多层次的味觉享受，通常是由于在各个制作工序中，火候和烹煮时间恰到好处，食材和调味品的搭配也刚刚好。其中最为重要的一点，就是时间。在对时间的把控下，在小火的慢炖中，这些滋味都一点点地迸发了出来。

说到这里，又想起我采访的那位大师所说的：“我们在工作中要讲求效率、要快，但是在生活中一定要等待啊！”很多美食只有用小火慢炖，一层层的滋味才能缓缓地升腾、碰撞、融合，最后幻化为美妙的味道。

扫码观看视频版

◆食材

五花肉 … 1 斤
洋葱 … 1 个
鸡蛋 … 3 个
青菜 … 1 棵
姜 … 1 块
蒜 … 1 头
生抽 … 2 汤匙
老抽 … 1 汤匙
料酒 … 1 汤匙
胡椒粉 … 1 茶匙
冰糖 … 5 粒
八角 … 3 个
桂皮 … 1 块
香叶 … 3 片
盐 … 适量

小贴士

1. 五花肉冷水焯水；
2. 米也很重要，选口感 Q 弹的新米最好；
3. 有点费时间，建议周末做。

◆做法

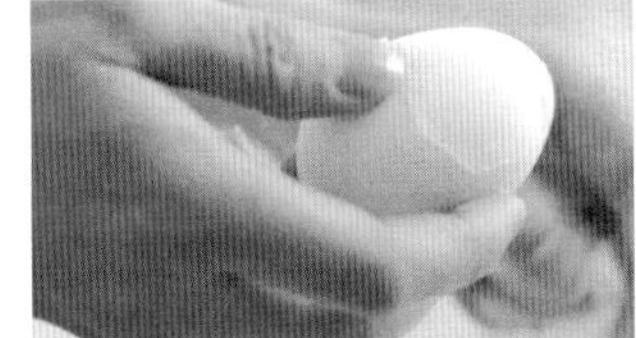

1. 鸡蛋煮熟后剥开备用

2. 五花肉洗净冷水焯水后过凉水

3. 焯好的五花肉切小丁备用

4. 洋葱去皮切丁，姜蒜切末

5. 锅中倒入适量油爆香姜蒜末，接着倒入洋葱丁炒香

6. 倒入五花肉丁炒至肉色变白后，加入料酒、生抽、老抽、八角、桂皮、香叶、胡椒粉、冰糖翻炒均匀

7. 加适量温水没过五花肉

8. 大火煮开后倒入砂锅中

9. 加入水煮蛋小火炖 1 小时

10. 根据自己的口味加盐后再炖 20 分钟

11. 最后盛米饭浇上卤肉汁，再放上烫熟的青菜和切开的卤肉蛋，完美

072

黄金糯米蛋

难度
中级

时间
60 分钟

这个黄金糯米蛋是复活节带给我的灵感。在美国的时候，复活节是一年中的一个重要节日，是纪念耶稣基督复活的节日。在西方教会传统里，每年春分月圆之后的第一个星期日即为复活节，它象征着重生与希望。

复活节是孩子最喜欢的节日之一，因为复活节最具代表性的吉祥物是彩蛋和兔子。人们把蛋绘成彩色，画上笑脸，称它为“复活节彩蛋”。蛋的原始象征意义为“春天新生命的开始”，基督徒则用来象征“耶稣复活，走出石墓”。复活节彩蛋是复活节里最重要的象征，意味着生命的开始与延续。国外的家长们每到这个节日就会和孩子们一起制作各种彩蛋。

于是我就想，能不能以蛋为主题做一道菜呢？粽子是大家都很喜欢吃的一种食物，甜甜糯糯的。如果在鸡蛋上开一个小口，将蛋液倒出，将粽子馅放在蛋里面会是一种什么滋味呢？想想就觉得很有趣，何不尝试一下。这道神奇的糯米蛋，不仅孩子特别喜欢，我在几个活动里也做过，大人也连吃好几个，风头盖过很多其他精致复杂的美味。

扫码观看视频版

◆食材

糯米 … 200 克
鸭蛋 … 10 个
香肠 … 2 根
香菇 … 4 个
虾仁 … 150 克
老抽 … ½ 汤匙
生抽 … 1 汤匙

小贴士

1. 在蛋壳上戳洞的时候一定要细心；
2. 里面的配料可以换成任何自己喜欢的；
3. 酱油和香肠本身就有咸度，不需要再加盐。

◆做法

1. 糯米泡 5 小时

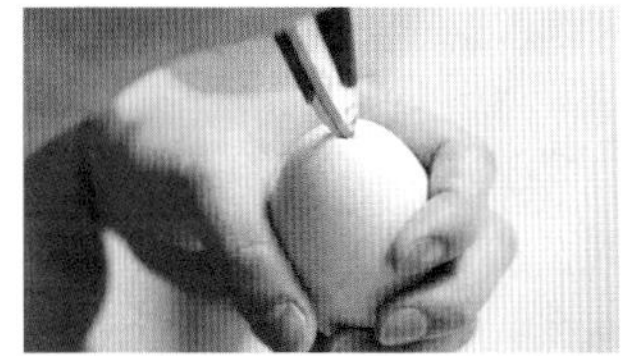

2. 鲜鸭蛋洗干净，在头顶戳个洞

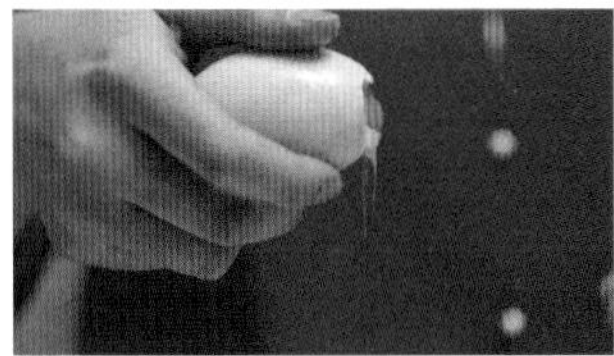

3. 蛋白倒掉，蛋壳里的蛋黄留下

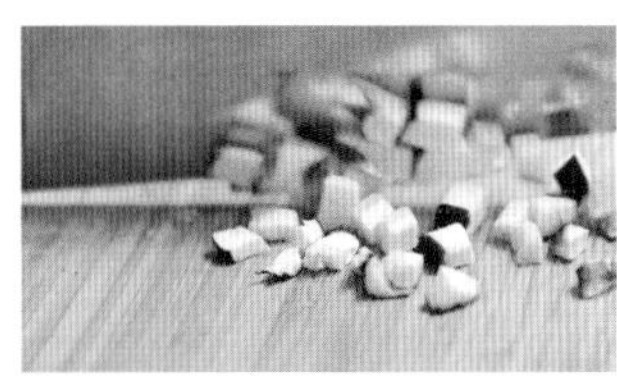

4. 香肠、香菇、虾仁切丁

5. 倒入泡好的糯米中，加 1 汤匙生抽、½ 汤匙老抽，搅拌均匀

6. 将调好的配料塞入鸭蛋中

7. 每个鸭蛋包上锡纸

8. 蒸 45 分钟

9. 出锅

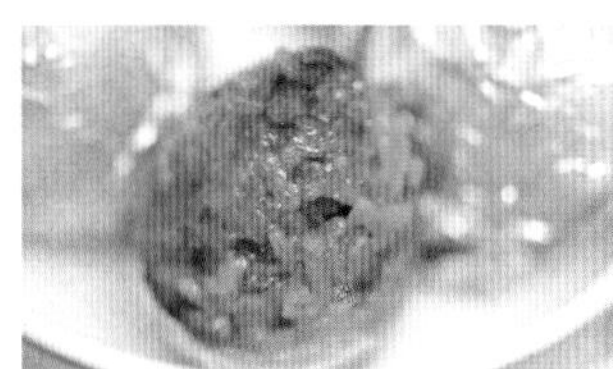

10. 好吃的，玩儿起来

073

西红柿打卤面

难度

初级

时间

25分钟

中国人最喜欢吃的西红柿其实是舶来品，它原产自南美洲，后来移民到中国，在东南西北都安营扎寨，成了中国人最喜爱的蔬果之一。西红柿既可以当水果，也可以作为蔬菜，和几乎任何菜搭配都不会出错。炎热的夏天切上一盘西红柿片，撒上一些白糖，也是一道完全不丢面儿的极简餐前小菜。

西红柿品种很多，有圆形、扁圆形、长圆形、尖圆形，颜色有大红、粉红、橙红和黄色，大小不一。将一盘大小和颜色各异的西红柿切了片，配上些绿叶和橄榄油醋汁，就是一盘舞动的西红柿沙拉了。

西红柿不仅好吃，还含有丰富的营养，特别是有很强的抗氧化成分，也被认为有美白的作用。但我们平时在菜场或者普通超市买到的西红柿通常是大棚产的，且不说土壤条件欠佳，甚至有很多是快速催熟的。所以我们有时候去国外尝到某些特别产地的有机番茄，会不由得感叹“吃起来好有西红柿味儿啊”。

挑选西红柿的时候，注意不要选有棱角的那种，也不要拿着感觉分量很轻的，特别是不要选带尖的，要选那种整体看起来都比较光滑的。哪个看着圆润舒服，就挑哪个。带尖的大多是被快速催熟的，分量轻的是未成熟的、涂了催红素的。

扫码观看视频版

卤面是北方流传很广的一种面食，据说是从清道光年间从山东开始流传的。然而现代人对打卤面的理解已经有了变化，似乎凡是在煮好的面上淋上浇头的面食，都叫卤面了。比如，特别容易上手的西红柿打卤面，称它为国民小面我觉得也一

◆食材

面条 … 150 克
西红柿 … 2 个
鸡蛋 … 2 个
葱 … 1 根
糖 … 1 茶匙
盐 … 1 茶匙

小贴士

1. 西红柿去皮其实很简单，在顶部划十字刀，然后开水一烫，皮一撕就下来了；
2. 做卤的时候油和盐可以稍微比做菜时多放一点，但是不要太多了。

◆做法

1. 面条下锅，水烧开后加冷水再次煮开后，出锅过冷水备用

2. 西红柿切滚刀块儿，葱切末

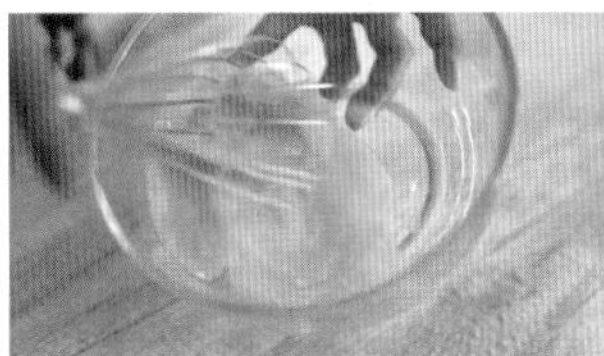

3. 蛋打散，加入葱末、盐搅拌均匀

4. 热锅冷油，下蛋液，大火快速翻炒几下出锅待用

5. 锅中重新热少许油倒入西红柿，加糖、盐翻炒，炒出西红柿汁水

6. 倒入刚才炒好的鸡蛋，翻炒均匀，咸淡依个人口味调整

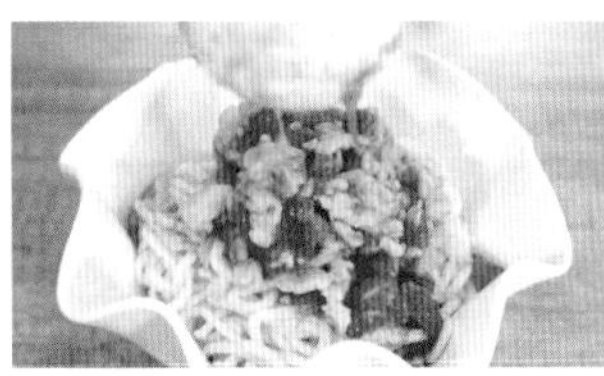

7. 沥干的面条上淋上西红柿炒蛋的浇头

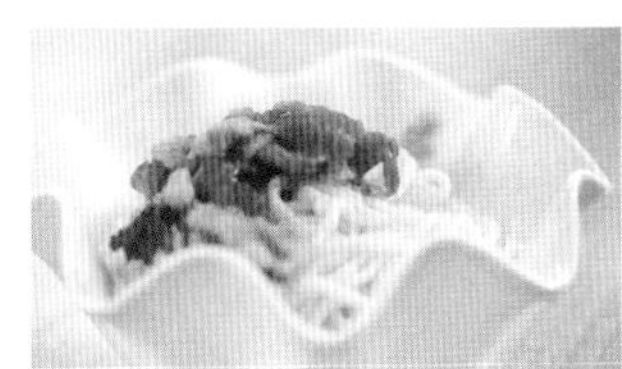

8. 美味又简单的西红柿打卤面出锅啦！

点儿不为过。做西红柿卤汁，你可以比烧菜时稍微多放点盐，这样就着面吃的时候味道就中和得刚刚好。不过也别放太多了，凡事过犹不及哦！

074

炸酱面

难度

初级

时间

30 分钟

小时候常听大人说，北京好吃的除了烤鸭、涮羊肉、蜜饯、茯苓饼，就是炸酱面了。我母亲的四奶奶是地道的北京人，一口京片子，音色甜美，人长得高挑漂亮，但是母亲对她最深的印象却是做得一手好炸酱面，无人可敌。

炸酱面是中国传统特色面食，起源于北京，不过在传遍大江南北之后便成了“中国十大面条”之一。以前如果哪位北京的家庭主妇不会做炸酱面，那可是要被人取笑的。炸酱面对很多人来说是四季皆爱的美味。夏天，过了水的手擀面筋道爽滑，配上时令菜，那叫一个爽啊！一挑一大口，加上清脆的黄瓜丝，什么食欲不振，什么夏日炎炎，有了这碗面也都烟消云散了。北风呼啸的严冬，手擀面，必须是锅里刚挑出来的热面，配菜可以简单，心里美萝卜，或是香芹、豆芽都可以，热乎乎的一碗也让人倍感温暖幸福。当然，好吃的炸酱面必然要有美味的炸酱。制作炸酱时，要选用肥瘦相间的五花肉，小火慢炖；黄豆酱和甜面酱的比例也要恰到好处。每一口都能吃到肉的感觉真是好极了。

扫码观看视频版

◆食材

面条 … 100 克
五花肉 … 250 克
黄瓜 … 1 根
香菇 … 4 个
葱 … 2 根
姜 … 2 片
蒜 … 3 瓣
黄豆酱 … 4 汤匙
甜面酱 … 1 汤匙
料酒 … 1 汤匙
生抽 … 1 汤匙
糖 … 1 茶匙

小贴士

1. 可以在面条碗里放少许面汤。因为手擀面下好后挑出来会粘在一起，有一点汤就会比较滑，也会好拌一些；
2. 炒肉馅的时候多炒一会儿，一定要将多余水分炒出来，这是炸酱是否好吃的关键。

◆做法

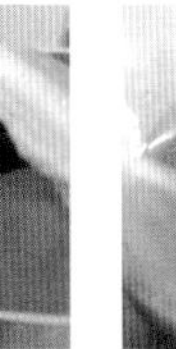

1. 五花肉冷水焯水，过凉水后切丁；香菇切丁、黄瓜切丝、姜葱蒜切末

2. 黄豆酱加水稀释，之后加入甜面酱拌匀（4 ∶ 1）

3. 锅里倒一点油烧热，小火煸炒五花肉丁至焦黄

4. 接着放入香菇丁和葱姜蒜末炒香，接着放料酒、生抽调味

5. 放入调好的酱，加糖再炒几下，接着加入适量的水小火咕嘟 20 分钟左右

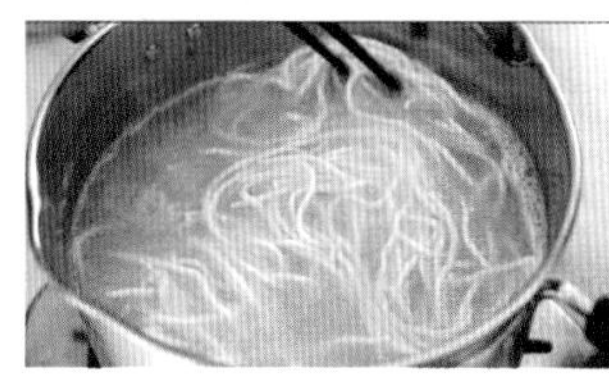

6. 大锅烧开水，水开，放面，稍微沸一下，中间加一次冷水

7. 捞出面条过凉水，沥干备用

8. 然后放上做好的炸酱、黄瓜丝拌匀即可

9. 一碗让人口水直流的炸酱面就可以吃了

075

黄金森林炒饭

每次到了寒暑假，“迷迭香”会收到很多父母的留言，希望我教一些简单好上手的菜肴。暑假里，很多孩子完成了一系列的考试，有的将要到外地升学，有的准备到异国他乡求学，有的将进入职场，开始新的征程。有些家长便开始放手让孩子在家学着做点简单的饭菜，以备不时之需。我想，炒饭与炒面应是不二之选了。

难度
中级

时间
20 分钟

只要你有剩饭，哪怕是在食堂买的饭，只要照着“迷迭香”的菜谱做，一样可以自己炒出香喷喷、油光光，要颜值有颜值、要美味有美味、每天不重样的炒饭来。对父母来说，如果你的宝宝很小并且挑食，炒饭也是一个解救良药，可以将各种食材切碎了混在炒饭里，这样宝宝就不会拒绝。

这道黄金森林炒饭就是我自创的一道营养丰富的炒饭。是不是听到名字就能想象它的颜色应是绿中有黄、黄中带绿，是秋天森林的色彩？这道炒饭食材简单、操作方便，特别适合初学者。只要会打鸡蛋、切青椒、用锅铲，那么就成功了一半。饱满的米粒、嫩滑的鸡蛋、微辣的青椒、粉嫩的豌豆，再撒上微量的胡椒粉会变得香气扑鼻。做完后看着这盘炒饭美妙的颜色，甚是可爱，我便给它取了这个名字——黄金森林炒饭。

扫码观看视频版

◆食材

米饭 … 1碗
青椒 … 2个
鸡蛋 … 2个
葱 … 2根
青豆 … 2汤匙
生抽 … 1汤匙
胡椒粉 … 1茶匙
盐 … 1茶匙

小贴士

1. 米饭放入蛋液里搅拌均匀，这样炒出来的米饭每一粒上面都会裹着鸡蛋；
2. 米饭最好是隔夜剩饭。

◆做法

1. 青椒去籽去筋切丁，葱切末

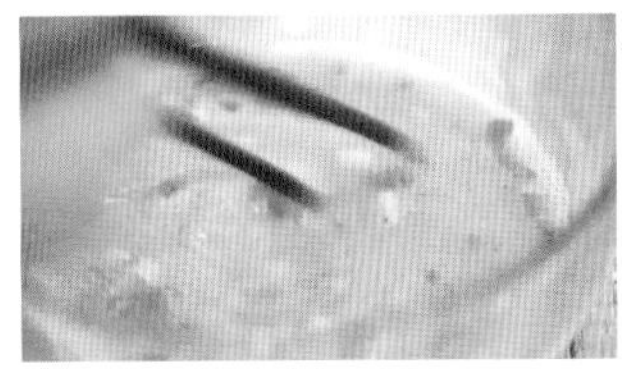

2. 鸡蛋打散加盐、胡椒粉和葱末搅拌均匀

3. 再倒入米饭搅拌均匀

4. 锅中热油，倒入青椒翻炒

5. 青椒炒至微微出水后，倒入米饭蛋液

6. 翻炒均匀后加盐和生抽调味

7. 加青豆再翻炒一会儿

8. 香喷喷的黄金森林炒饭就做好了

076

西葫芦芝士炖饭

难度
中级

时间
45 分钟

世界上喜欢吃米饭的人不少，不过在制作和食用方法上有不少差异。有的地方会直接把米和其他食材混合做成一道菜，有的地方会把米煮熟之后再配着菜吃，甚至把米饭做成甜点来吃。我们亚洲人一般以稻米作为主食，但其实米饭在西非和南美洲也一样是重要的主食。我们一般也以为欧洲人的主食是小麦，而实际上无论是意大利炖饭（risotto）还是西班牙炖饭（paella）都在世界上负有盛名。这两种米饭的味道跟中餐米饭相比，味道和做法都颇显有趣。

意大利炖饭（risotto）是意大利北部最出名的一道美食，西餐厅里一般都会有。它的做法多种多样，要点在于大米品种的选择、配哪些菜和对烹饪时间的把握上。最基本的做法是：先用油把米轻轻炒一遍，然后加入高汤煮饭，再撒上现磨的帕玛森干酪。这样做成之后，米饭油润浓稠，尝起来米心较硬，大部分年轻人都很喜欢，老年人就会觉得饭比较夹生，不容易习惯。

意大利炖饭的米饭口感弹牙，既可以搭配主菜，也可以加入各种配料做成主菜。写到这里，我不禁扑哧一笑，这不就和中国的炒饭炒面差不多吗？不过是烹饪的手法稍有差别。

扫码观看视频版

意大利人这么喜欢炖饭，恐怕要从意大利人对食物的搭配和待客观念谈起了。意大利人是一个对美食非常讲究，而且十分重视吃饭氛围的民族；他们待人接物也跟中国人一样热情，而且一定要拿出经过精心准备的好饭好菜才能表达他们的心意。

◆食材

大米 … 1碗
西葫芦 … 1个
口蘑 … 6个
红椒 … 1个
芝士 … 1片
白胡椒粉 … 1茶匙
盐 … 1茶匙

小贴士

1. 大米提前泡15分钟后沥干备用;
2. 芝士的量可以根据自己的口味添加;
3. 少数西葫芦会有苦味，请勿食用。

◆做法

1. 口蘑洗干净切丁

2. 西葫芦切丁

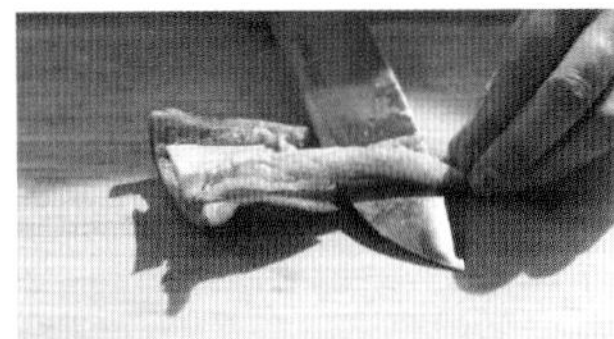

3. 红椒去筋切丁

4. 锅中热油倒入口蘑丁翻炒

5. 口蘑炒香后倒入泡好的大米翻炒均匀

6. 加入没过食材的热水

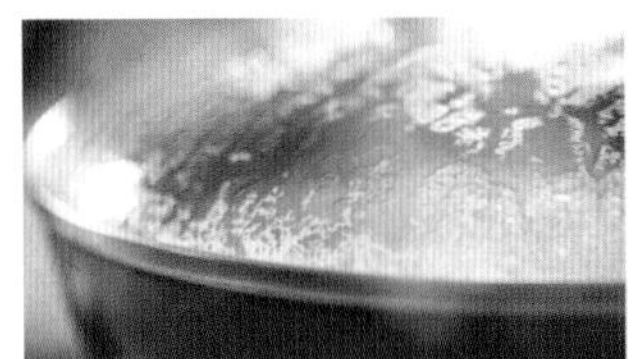

7. 转小火焖15分钟

8. 翻炒一下再倒入西葫芦丁翻炒均匀

9. 继续倒入红椒丁翻炒均匀

10. 接着倒入热水

11. 小火再焖10分钟

12. 撒盐、白胡椒粉调味，翻炒均匀

◆ 做法

13. 放上芝士片

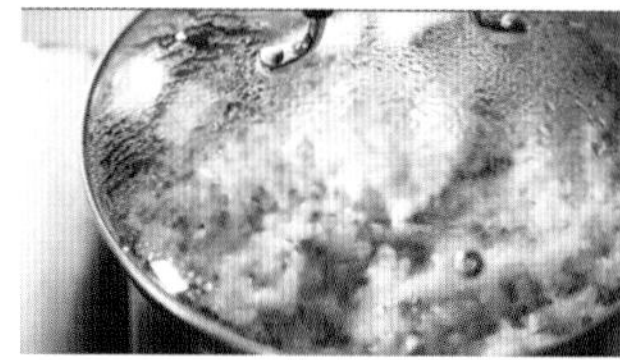
14. 小火加热 3 分钟

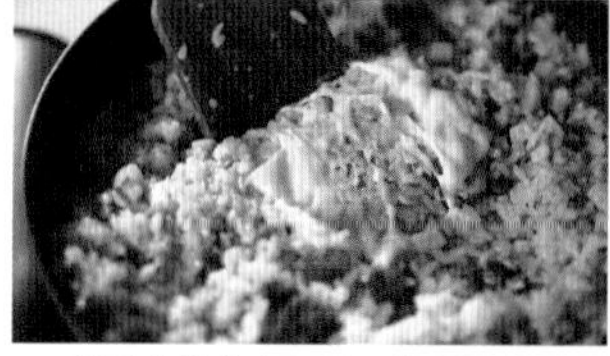
15. 将融化的芝士和饭一起搅拌均匀

16. 香浓的西葫芦芝士炖饭就做好喽！

如果拿出一盘没有味道的白米饭来待客，对他们来说是不可思议的事，是对待客人不用心。

正宗炖饭使用的米，品种和一般的五常米不同，一般都是用短粳米或中粳米。这种米容易软化和吸附酱汁，外部柔软、内有嚼劲，再配上融化在饭里的帕玛森奶酪，就可以让你尝到奶油般的质地。炖饭里一般也会用到汤，无论是鱼汤、奶油汤，还是菌菇肉汤，放进炖饭里都是 100% 匹配。

这款西葫芦芝士炖饭是我做的一个中西结合的尝试。西葫芦是一种营养丰富的蔬菜，含有丰富的维生素 C 和钙，润肺止咳，清热利尿。但因为它味道寡淡，很多人除了知道西葫芦可以做成炸西葫芦端子，不知道平时怎么吃，所以我就把它做进了炖饭里。意大利炖饭最后追求的都是浓郁黏稠的口感，西葫芦很容易出水，和炖饭是绝佳的组合。

077

培根番茄烤蛋

难度
初级

时间
40 分钟

大冬天早起对很多人来说都是一件很难的事，为了能够多睡几分钟有时候就懒得起来做早餐了。匆匆忙忙穿上衣服，可能就在街边买上几个包子填饱肚子了。这里我又要再次强烈建议大家买烤箱了，它真的可以很好地帮助你。

在你刷牙洗脸的时候预热烤箱，10 分钟后，将面包、松饼放进去，简单加热，配上一杯牛奶、一个鸡蛋，一份最简单的早餐轻松出炉，几乎不花任何额外的时间。如果你还有多余的时间，那么做一个早餐布丁，既快手，又营养全面。你可以在里面放几乎任何配料，放咸的就可以做早餐；如果放甜的，比如桃子、可可之类的，那么作为饭后甜点再加上一些冰激凌一起上桌，是非常撑面子的。

这个布丁我用到的配料就是培根和西红柿，作为早餐来说，无论是维生素，还是油脂、蛋白质、淀粉，营养也足够了。香脆的面包搭配着西红柿的酸甜以及奶酪的浓香，无比美味。我还给这种快手布丁取了一个名字，叫作“剩菜布丁”。不管冰箱里还剩下什么，西蓝花、土豆或是一些做好的食物，都可以做进布丁里，简单地调味，就能成为一道有新意的快手早餐。物尽其用，总是好的。

扫码观看视频版

我的一个朋友说，他们一家三口都很忙，但是再忙也坚持在一起吃早餐。她说，这是唯一一家三口可以在一起的时光。在一起，很珍贵。

◆食材

切片面包 … 2片
鸡蛋 … 2个
洋葱 … 1个
西红柿 … 1个
培根 … 2片
芝士 … 2片
马苏里拉奶酪 … 少许
橄榄油 … 1汤匙
牛奶 … 150毫升
黑胡椒粉 … 少许
盐 … 少许

小贴士

1. 面包切块淋上少许橄榄油，先烤10分钟，会更加香脆；
2. 建议用马苏里拉奶酪；
3. 炒洋葱时用小火。

◆做法

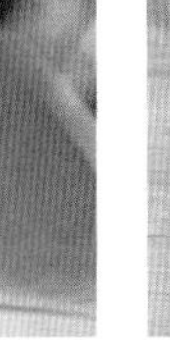

1. 洋葱切条

2. 面包切块

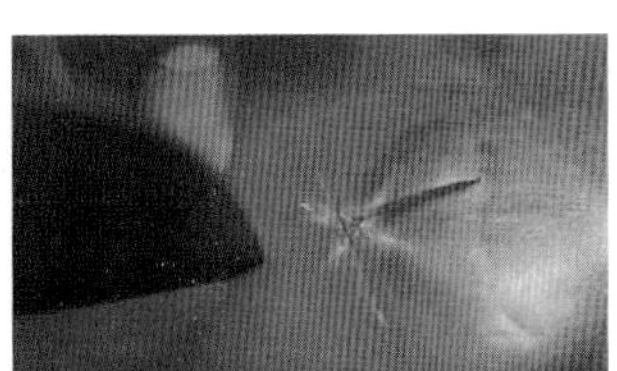

3. 芝士切小块、培根切块

4. 西红柿皮切十字刀，放入开水，去皮切丁

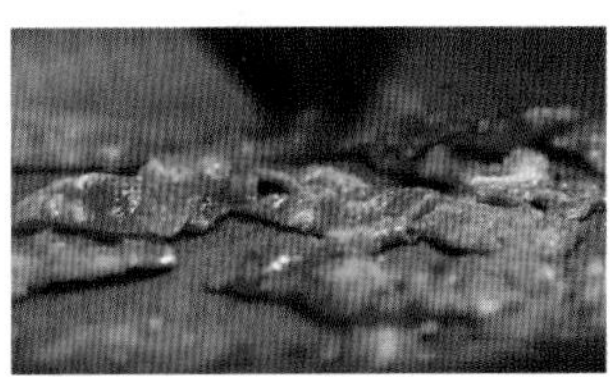

5. 面包放入烤盘中，倒入橄榄油，上下火170℃烤10分钟至金黄后备用

6. 培根放入干锅中煎出油后盛出备用

7. 煎培根剩下的油烧热，倒入洋葱翻炒

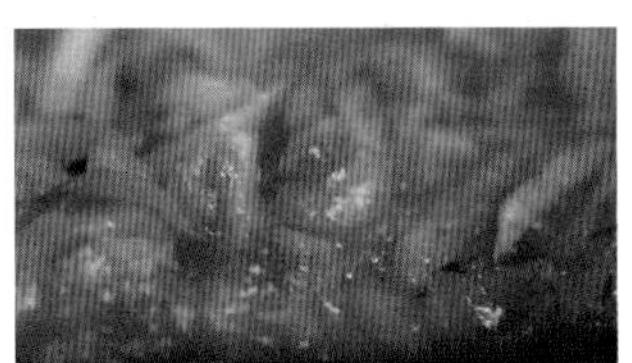

8. 待洋葱炒软后，再倒入西红柿丁

9. 翻炒至西红柿变软收汁后，盛出备用

10. 将芝士、培根、烤好的面包倒入洋葱西红柿里，再加入少许牛奶、盐和黑胡椒粉，搅拌均匀后，上下火180℃烤10分钟后取出

11. 打入两个鸡蛋，再均匀地撒上马苏里拉奶酪

12. 放入烤箱，上下火180℃烤10分钟

13. 有着浓郁奶酪和丰富馅料的面包培根番茄烤蛋就做好了

078

苋菜炒饭

难度

初级

时间

20 分钟

我们常常开玩笑说，请外国人吃饭最容易，任何中国菜在他们眼里都是美食，但那是指大人，孩子可不一样。去年我的小姨侄回国来玩，吃惯了西餐，不会用筷子，天天吵着要吃麦当劳。阿姨很着急，又给我布置任务了。我就提醒他母亲，孩子最爱彩色的饭。还记得上次的翡翠莲花盏吗？做彩色的饭，让孩子用勺子吃。

他母亲非常聪明，很快就想到了。当时正值苋菜上市，美国也很难吃到，于是她便买来苋菜切成小丁做成炒饭。果不其然，隔天听说，小姨侄大爱此饭，还特地画了一张画，上面是三碗不同大小红绿相间的炒饭。他很开心地告诉阿姨："我要带到幼儿园给老师和同学看。"

苋菜性味甘，在夏秋之际多吃可以清热解毒。苋菜所含的钙质比牛奶还容易被人体吸收，可以促进小孩子的牙齿和骨骼生长，孩子不妨多吃一些。

扫码观看视频版

◆食材

米饭 … 1 碗
苋菜 … 1 小把
蒜 … 4 瓣
生抽 … 1 汤匙
盐 … 1 茶匙

小贴士

1. 苋菜一定要挑选嫩的；
2. 蒜与酱油不可或缺；
3. 饭要多一点，否则不够吃。

◆做法

1. 苋菜切末，蒜切末

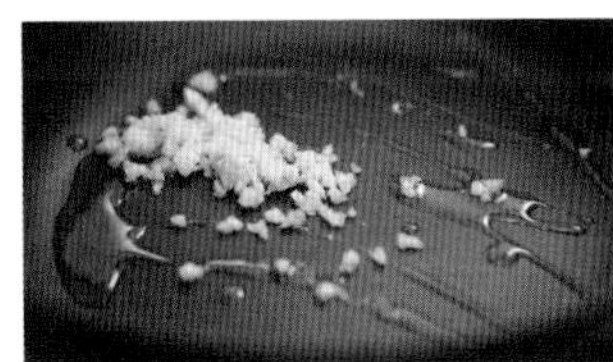

2. 锅中放油，放入蒜末爆香

3. 倒入苋菜翻炒

4. 倒入生抽翻炒片刻后盛出备用

5. 锅中再加入油，倒入米饭，再倒入些许水，翻炒至米饭粒粒分明

6. 倒入苋菜继续翻炒至均匀，出锅前加入少许盐

7. 出锅盛到碗中，有滋有味的苋菜炒饭就做好啦！

079

酸汤麻辣小面

难度
中级

时间
30 分钟

重庆是一座以美食和美女著称的山城，去重庆旅游的朋友，除了为这城中有山、山中有城的地貌惊叹之外，对这里的美食也是赞不绝口。重庆的口味偏麻辣，火锅、油茶、抄手、米线、酸辣粉等都属于重庆的特色小吃，但要说来重庆必吃的一道小吃，那一定是重庆小面。一碗小面下肚，才算是真正领略了重庆的风味。

麻辣小面，也是重庆人最爱的小吃，早晨起来吃碗小面是不少重庆人开启一天最重要的步骤。重庆著名的解放碑附近，就隐藏着一些麻辣小面店。不用走远，热闹的店铺虽然设施极为简陋，一般只有一口大锅、一个液化气罐、几张桌子和几条凳子，但是案板上佐料齐全，每个佐料罐中都有专门的工具。锅内面汤翻滚，热气腾腾，老板娘站在门口一声吆喝，伴着碗里飘出的香味，过往行人纷纷驻足，情不自禁地准备尝尝。每家店卖的麻辣小面味道略有一点差别。麻辣料主要是由辣椒、花椒、川盐、味精、料酒等调制而成，而调制的最高境界是麻辣味厚、咸鲜可口。有些更讲究的，夏天与冬天的麻辣调料都还有区别。

考虑到不是每个人都是那么能吃麻辣，我的这款小面做了一些改良，在里面加了点醋，调成了酸汤，在炎炎夏日更能让人胃口大开。辛辣食物虽然好吃但也不可多吃，吃多了容易便秘、上火，任何事情掌握好“度”，很重要。

扫码观看视频版

◆食材

面条 … 100 克
青菜 … 2 棵
辣椒油 … ½ 汤匙
花椒油 … ½ 汤匙
辣椒面 … ½ 汤匙
蒜泥 … ½ 汤匙
醋 … ½ 汤匙
生抽 … 1 汤匙
白芝麻 … 1 茶匙
盐 … 1 茶匙
红米椒 … 少许

小贴士

1. 锅中水煮沸后下面条，待再次水沸时加冷水，煮出来的面条会更加 Q 弹；
2. 吃这道面最好搭配点素菜，即使没有青菜，也可用黄瓜、菠菜等代替，既养眼又去火。

◆做法

1. 蒜切末、青菜掰叶

2. 辣椒油、辣椒面、花椒油、醋、生抽、白芝麻、盐拌匀

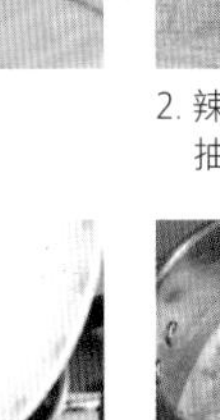

3. 热水下面条

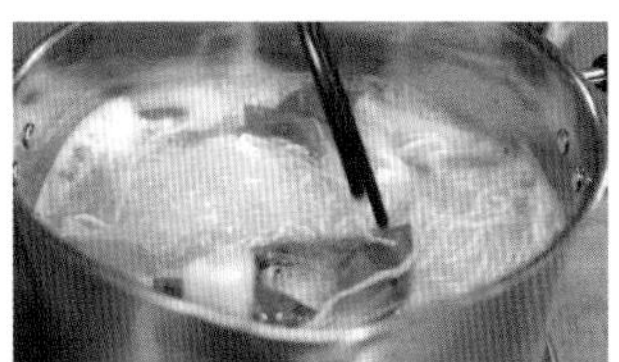

4. 中间加一点冷水后加入青菜煮沸

5. 煮好盛到调好汁的碗里

6. 撒上蒜泥、红米椒，尽情享用吧！

第四部分

汤饮甜品

080

辣白菜豆腐汤

难度

初级

时间

30分钟

很多年前电视剧《大长今》热播的时候，我就很喜欢剧中善良、坚忍、独立的女主角。我从教大家做菜，到现在对营养、中医养生以及医学的一步步深入研究，潜意识里大概都有着长今的影子吧。喜欢上辣白菜豆腐汤，可能也是这一渊源。

辣白菜豆腐汤是韩国的经典美食，味道厚重，酸辣爽口，色泽鲜艳诱人，尤其在寒冷的冬天备受欢迎。每次去吃韩国烤肉，都要加一份辣白菜豆腐汤，它和烤肉是绝配。在烤肉的温度尚未升起时，喝下一碗暖暖的辣汤，身体里的寒气登时被驱走了。

辣白菜是一种发酵食品，用鱼酱、辣椒、蒜等作料配制而成，它集合了辣、脆、酸、咸、甜几种味道于一体，而且营养丰富，是朝鲜族餐桌上必备的主要开胃菜。这道汤是非常典型的1+1>2的组合。首先是色泽，红艳艳的汤吸引了你全部的注意力，再看时，会发现里面还有白白嫩嫩的豆腐与诱人的菌菇。其次是口味，鲜香的汤中带着辣白菜的酸辣味儿，而豆腐不仅平衡了这种口感，还增添了一丝丝的甜味。最后，这道汤还有健脾暖胃、益气生津的功效呢！

扫码观看视频版

辣白菜豆腐汤的味道别具一格、魅力十足。很多朋友看到超丰富的配料可能会望而却步，其实这道汤是日常很容易上手的一道家常菜。只要主要食材选得好，朋友聚会做一份，不论春夏还是秋冬，都会大受欢迎的。

◆食材

豆腐 … 300 克
油豆腐 … 50 克
辣白菜 … 300 克
金针菇 … 50 克
香菇 … 1 个
大葱 … 半根
姜 … 1 块
韩式辣椒酱 … 1 汤匙
大酱 … 1 汤匙

小贴士

1. 辣白菜是这道汤的关键，选用腌制了较久的辣白菜，味道更浓郁；
2. 辣酱与辣白菜本身就比较咸，所以不用另外放盐。

◆做法

1. 金针菇去根，香菇去蒂洗净并切出十字花纹

2. 豆腐切块、大葱切段、姜切末

3. 豆腐沸水焯水，盛出并沥干水分

4. 锅中热油，倒入大葱段、姜末小火爆香

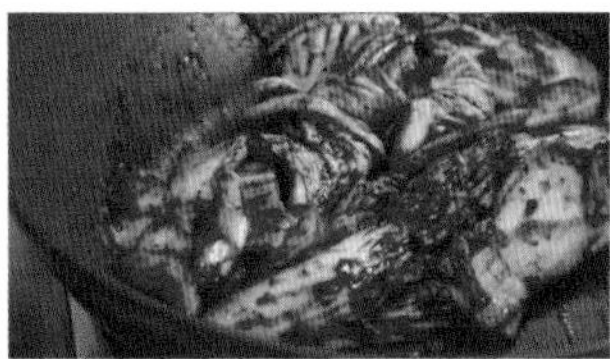

5. 倒入辣白菜转大火翻炒出香味

6. 锅中倒入开水，煮至沸腾

7. 倒入大酱和韩式辣椒酱，搅拌均匀

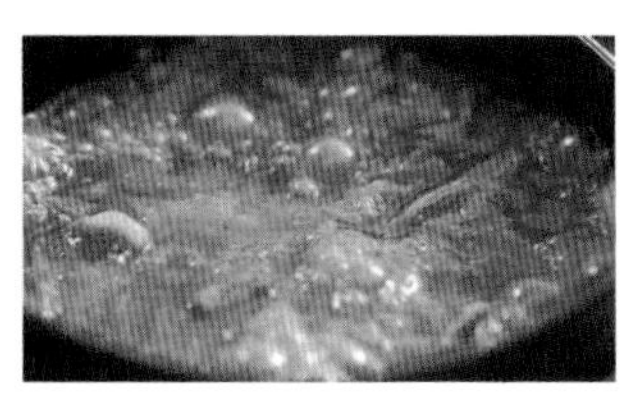

8. 将汤从炒锅倒入砂锅中

9. 接着倒入油豆腐、金针菇，大火煮 3 分钟

10. 将切好的豆腐片摆放整齐，放入香菇，小火煲 5 分钟

11. 热辣香浓的辣白菜豆腐汤就做好了！

081

牛轧糖

难度
初级

时间
60 分钟

小时候最喜欢吃的零食之一就是牛轧糖，记得那时候的牛轧糖被蓝色的格子蜡纸包着，里面裹的是花生仁。

母亲不喜欢吃糖果，即使巧克力也只吃纯黑的那种。唯一例外的是，她特别钟爱牛轧糖。我在香港工作的时候，每次回家都要带上不少。后来我发现母亲喜欢的是里面的奶香与坚果的完美结合，而且她不喜欢太甜的。但一般的牛轧糖都比较甜，很难买到她喜欢的口味，只有香港的一两个品牌她还算喜欢。

为什么不亲自为母亲做她喜欢的牛轧糖呢？牛轧糖做起来其实非常简单，你只需要准备棉花糖、奶粉，还有果仁。在甜品里面，牛轧糖应该算是最容易制作的了，毕竟，你只需要一个平底锅。

制作视频的时候，我在北京做了许多。寄回家后，母亲很是喜欢。她的点评是，不黏牙，甜而不腻，花生很脆。还有什么比这一刻更让我开心的吗?

你也一定可以做的。自己做的牛轧糖奶香浓郁，果仁又多又好，还不黏牙，不含香料和色素，大人小孩都可以放心吃。

扫码观看视频版

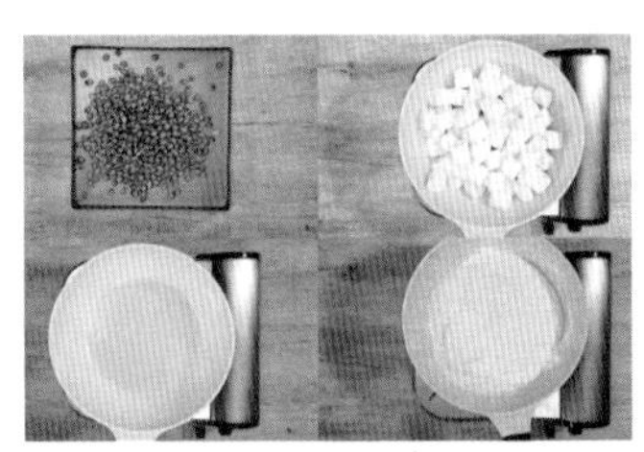

◆食材

棉花糖 … 300 克
生花生 … 300 克
原味奶粉 … 125 克
黄油 … 50 克

小贴士

1. 如果是去皮熟花生，直接使用即可；
2. 注意一定要用小火搅拌棉花糖，防止烧焦；
3. 如果想要做出其他颜色的牛轧糖，只需加入 10 克其他颜色口味的奶粉并等量替换掉原味奶粉的分量，例如，巧克力奶粉 10 克 + 原味奶粉 115 克混合均匀。

◆做法

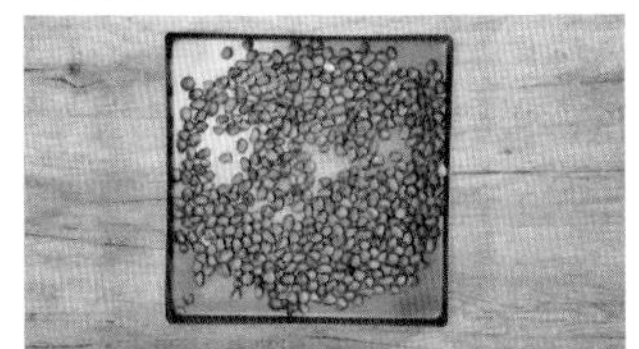

1. 将花生倒入烤盘中铺匀，放入烤箱上下火 120℃烤 20 分钟

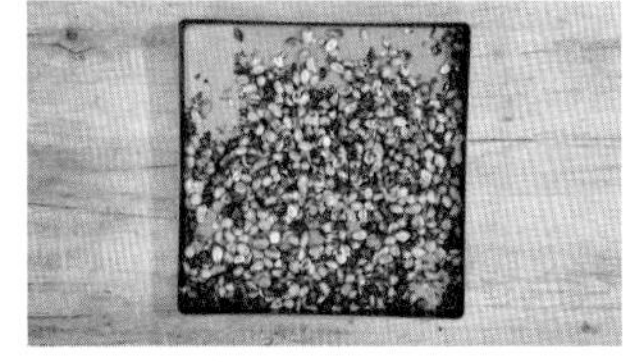

2. 将烤过的花生剥皮备用

3. 将黄油倒入锅中，小火融化并铺满锅底

4. 锅中倒入棉花糖，小火搅拌至棉花糖融化并与黄油充分融合

5. 将奶粉倒入锅中，小火搅拌至与棉花糖充分混合

6. 将烤过的熟花生倒入锅中，小火搅拌均匀

7. 将热的牛轧糖倒入放了油纸的托盘中压平，铺满底部并静置到变凉

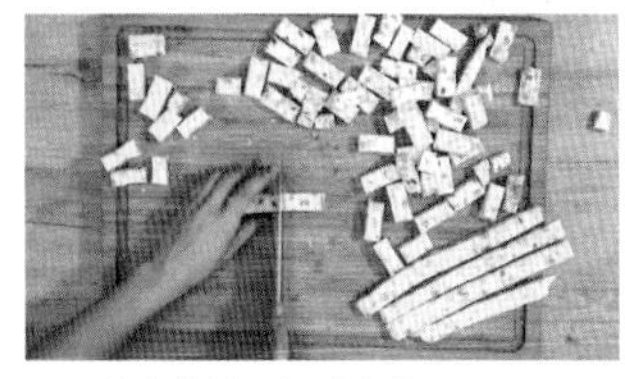

8. 取出牛轧糖，切成小块

9. 超级高端美味的牛轧糖做好咯！

082

桂花糯米藕

难度

初级

时间

90分钟

小时候过年，南京家家户户都要做桂花糯米藕（又被称为蜜汁糯米藕），看着母亲灌米的时候，就觉得特别诱人。糯米灌在莲藕中，配以大红枣一起慢火炖，再加上糖桂花，便成了我国南方一道独具特色的传统甜品，以其香甜黏糯、桂花香气浓郁深受百姓的喜爱，几乎家家都会做；经过慢火熬制，糯米的香和红枣的甜一点一点地渗入莲藕中，最后再浇上香味十足的糖桂花，那大概是我和许多南京人忘不掉的儿时记忆。

八月桂花香，中秋月儿圆，新藕刚上市，佳节必有甜。小时候，还没有外卖，有时候谁家做得早一点，一定会切上几片送给左邻右舍的小孩子先解解馋。王奶奶家的桂花糯米藕，我几乎年年都能吃到。

莲藕的含糖量不高，含有大量的维生素C和膳食纤维，对于缓解肝病、便秘、糖尿病都十分有益。此外，生吃藕还可以消暑消热，不过现在污染比较重，还是建议焯水后再切片吃。糯米中则含有蛋白质、脂肪、糖类、钙、磷、铁、维生素B_1、维生素B_2、烟酸及淀粉，营养丰富，是温补强壮的食品。

扫码观看视频版

◆食材

莲藕 … 2节
糯米 … 150克
红糖 … 2汤匙
冰糖 … 2汤匙
糖桂花 … 2汤匙
红枣 … 4个

小贴士

1. 煮莲藕的水不用太多，没过莲藕就行；
2. 检验莲藕熟否，看筷子是否可以轻松扎透即可；
3. 超市有现成的糖桂花卖；
4. 挑选莲藕时以两头藕节没有破损的、粗壮的为佳；
5. 一定不要买特别白的藕，特别白的一般都是漂白的。

◆做法

1. 糯米提前浸泡两三个小时

2. 切掉莲藕头做盖子用

3. 泡好的糯米填入莲藕孔中，用筷子塞好

4. 盖上莲藕盖，用牙签扎紧

5. 倒入清水淹没莲藕，加入红枣

6. 加红糖

7. 加冰糖，大火煮开后转小火煮1小时，汤汁收浓

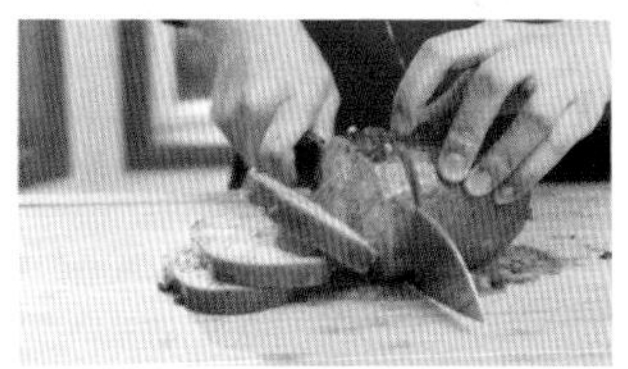

8. 稍微晾凉后切片

9. 浇上糖桂花和汤汁，完成

083

桂花酸梅汤

难度
初级

时间
60分钟

我小时候的暑假经常是在奶奶家度过的。南京是著名的火炉城市，夏天非常热，奶奶每天都会做不同的消暑饮料，有时是一锅绿豆汤，有时是百合羹，更多的则是酸梅汤。在赤日炎炎似火烧的日子里，酸梅汤可是大众情人饮料哦！

一般人是用酸梅粉来做酸梅汤，很简单方便。奶奶可不是这样的。她会先到中药房买来乌梅、山楂、乌枣、甘草、豆蔻，每样一小包，打开摊在桌上，再每样抓一点，一包包分装好，每次做的时候取一包。做好的酸梅汤先放在水盆里冷却，再装到广口瓶里放进冰箱。午觉醒了，喝上一杯冰镇酸梅汤，那真是从头爽到脚，看书、画画、写字都带劲。

自己做酸梅汤可以用乌梅、山楂、桂花、甘草、冰糖这几种原料，除了能祛热送凉、安心止痛，甚至可以治咳嗽、霍乱、痢疾，是炎热夏季不可多得的保健饮品。乌梅味酸性温，除了能开胃消食外，还能收敛生津，对无菌性腹泻有很好的止泻作用。

扫码观看视频版

◆食材

乌梅 ··· 50克
山楂 ··· 75克
乌枣 ··· 50克
甘草 ··· 10克
豆蔻 ··· 5克
冰糖 ··· 250克
桂花 ··· 5克
水 ··· 3~4升

小贴士

1. 提前浸泡乌梅，可以缩短酸梅汤熬制时间；
2. 桂花要在关火后再放，以防香味提早散尽；
3. 乌梅要去中药店买（千万不要买超市里的零食）；
4. 乌梅和冰糖是必要的材料，其他食材可随意增减，比如糖桂花；
5. 因为都是中药又都是酸性，最好用砂锅来熬，不要用铁锅。

◆做法

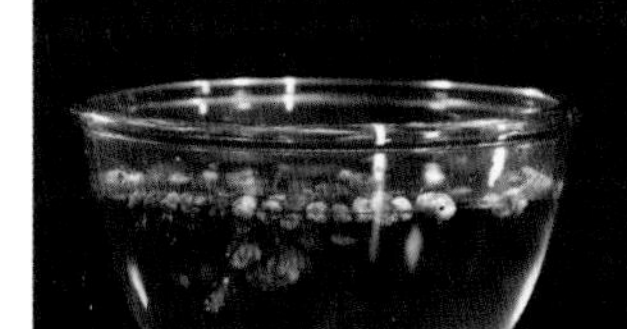

1. 乌梅、山楂、乌枣、甘草、豆蔻洗净，浸泡30分钟

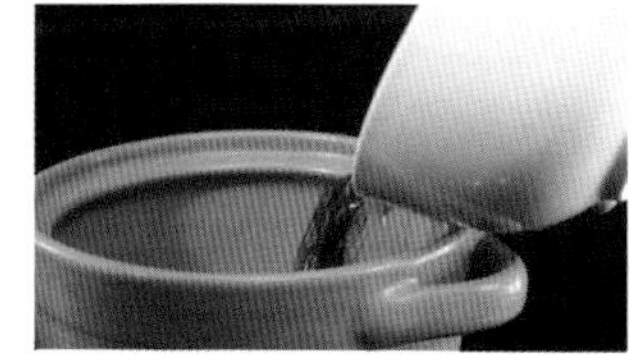

2. 将浸泡好的食材倒入砂锅中

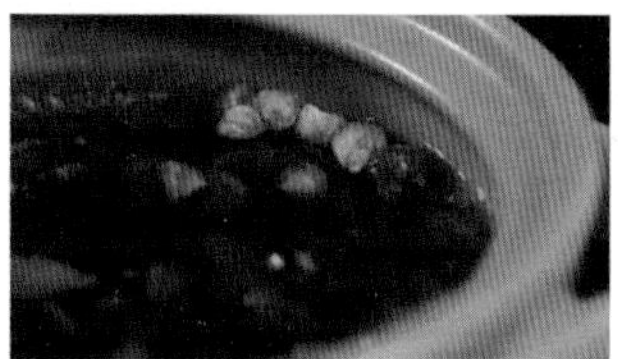

3. 大火煮沸后调小火

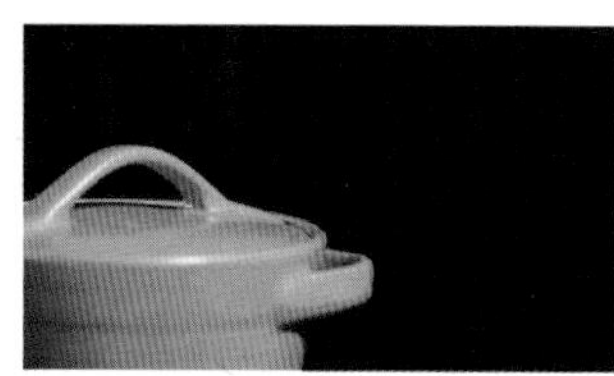

4. 小火煮45分钟

5. 关火放入冰糖与桂花

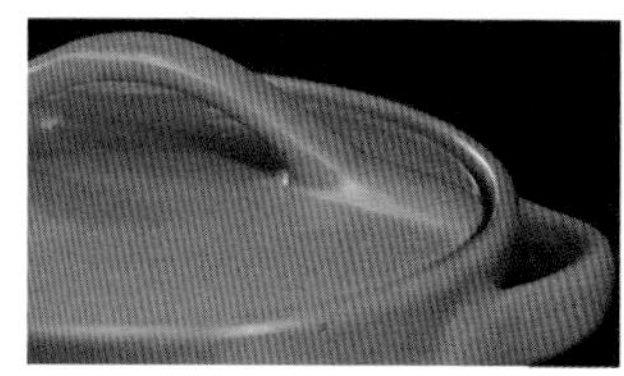

6. 静置冷却，或加入冰块

7. 居家旅行必备的夏日特饮诞生了

084

赤豆小元宵

难度
中级

时间
80 分钟

提起南京的名小吃，你一定会想到赤豆小元宵。小时候我就特别喜欢缠着父亲带我去夫子庙，美其名曰出去玩，其实就是为了吃各种小吃，特别是软软糯糯、超级弹牙的赤豆小元宵。小元宵再加上齿尖流沙的红豆沙，和那么一点点桂花香，别提多美味了！

我比较过手工自制赤豆小元宵与店里做的味觉上的区别。大多数店里的元宵是冻元宵，或是干粉滚出来的，煮好后没有自己用糯米粉现做的软糯。很多地方做赤豆元宵会加藕粉，然而我个人觉得藕粉的黏滑与爽口的芋苗才是更合适的搭配，而水淀粉的质地才是与软糯糯的元宵更贴切的组合。

有时在外面吃到好吃的，会惊叹师傅神奇的手艺，好奇他们是怎么变出这些美味的。然而只要你愿意开始动手，就会发现其实大多数的美味都不难，自己都能做出来。前段时间我回南京，给国外回来的亲戚自制了一锅赤豆小元宵，几个平时不吃甜品的人整整吃完了一大锅，并且赞不绝口。她们幸福而满足的笑容告诉我，这种由美食承载的爱与温暖是外面买的食物永远都不可能传递的。

扫码观看视频版

◆食材

红豆 … 250 克
糯米粉 … 250 克
淀粉 … 1 汤匙
糖 … 2 汤匙

小贴士

1. 煮的过程放水淀粉可以增加黏稠度，口感更好；
2. 糯米粉用开水和比较容易揉捏；
3. 如果时间比较紧的话，也可以用电饭煲的蒸煮功能煮红豆；
4. 水磨糯米粉粉质细腻，口感更好。

◆做法

1. 红豆提前浸泡 2 小时以上

2. 糯米粉倒入盆里，加少许开水和面团

3. 面团分成几等份，搓成长条，切小块

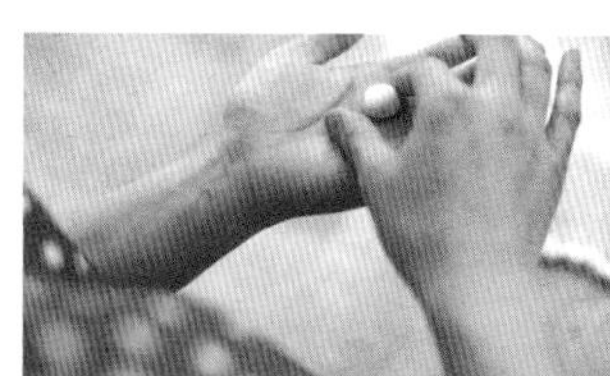

4. 切小块的糯米团揉成圆子

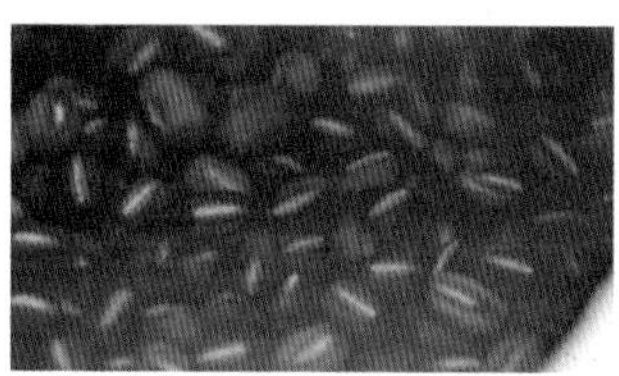

5. 红豆倒入汤锅中，中小火煮 1 小时

6. 待红豆煮至酥烂，放入小圆子搅拌

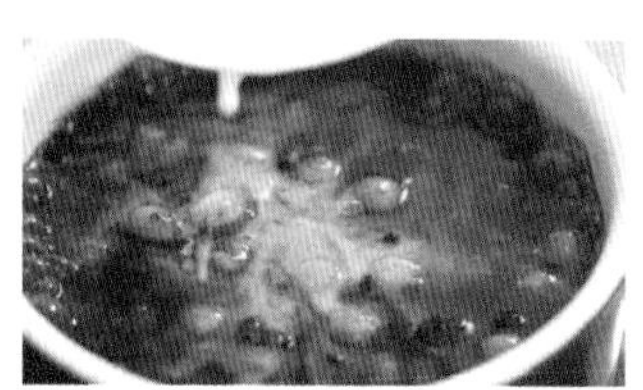

7. 待圆子全部浮起，将水淀粉倒入锅中，搅拌均匀

8. 最后按个人喜欢的口味加糖

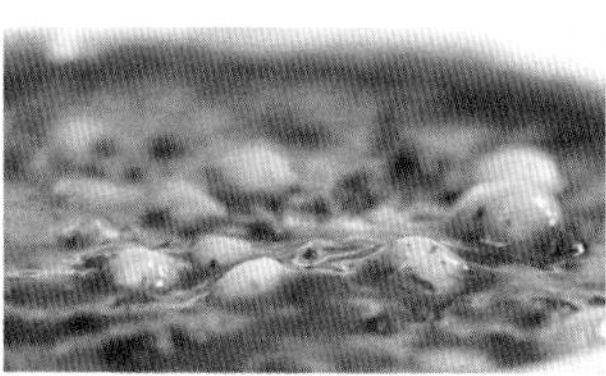

9. 美味的赤豆小元宵就出锅了

085

樱花芝士蛋糕

中级

半天

许多人会选择在三月底四月初赴日赏樱，殊不知樱花原籍是中国，原产我国环喜马拉雅山地区。秦汉时期，宫廷皇家园林就开始种植樱花，距今已有2000多年的栽培历史了。如今全球各地都有樱花生长了，但开得最美丽的还要属日本。樱花常于三月与叶同放或先叶后花。南京林业大学、中国科技大学与武汉大学的樱花都很漂亮，樱花盛开之时，校园一般对外开放。

有些人不是那么爱花，却喜欢赏樱，可能因为樱花盛开时满树满枝丫，色彩温柔，犹如彩云飘在人间。也有人认为樱花是爱情与希望的象征，它代表着高雅和质朴纯洁的爱情。诗人常将樱花比作懵懂少女，静静地在春天开放，那白色粉色的樱花，就像最初的情话。

古诗曰，“三月雨声细，樱花疑杏花”。美丽的樱花花瓣在风中缓缓飘落，就像这樱花芝士蛋糕一样安静又澄澈。这款蛋糕的灵感正来源于此——透明的表面宛如柳岸闻莺宁静的湖面，碧波上浮着一朵接一朵缓缓飘落的樱花，小心地拿起一块放进嘴里，感觉樱花在心里绽放。

淡雅的气质、顺滑的口感、温馨的感觉，休息在家做一份这样的甜品，伴着可口的下午茶，眼中心里都会开花。

扫码观看视频版

◆食材

消化饼干 … 100 克
黄油 … 50 克
奶油奶酪 … 200 克
淡奶油 … 130 毫升
牛奶 … 40 毫升
柠檬汁 … 15 毫升
朗姆酒 … 10 毫升
细砂糖 … 60 克
鸡蛋 … 1 个
吉利丁片 … 45 克
水 … 300 毫升
盐渍樱花 … 1 罐

小贴士

1. 盐渍樱花需要用水提前浸泡一晚将花瓣泡开；
2. 柠檬汁是为了去蛋黄腥味，朗姆酒是为了增加口味的层次感，可以选择不加；
3. 判定淡奶油打发至六成的方法：打发至打蛋器移动时会留下褶皱一样的痕迹后，再打两分钟左右，接近湿性发泡（打蛋器提起后有一个立不住的小尖角，头是软塌下去的）即可。

◆做法

1. 盐渍樱花冷水提前泡一晚

2. 100 克消化饼干压碎

3. 50 克黄油隔热水融化后，倒入消化饼干碎并搅拌均匀

4. 将加入黄油后的消化饼干碎倒入 6 寸活底模，压实，并放入冰箱冷藏至变硬，做成蛋糕底备用

5. 将 130 毫升淡奶油混合 30 克细砂糖后打发至六成备用

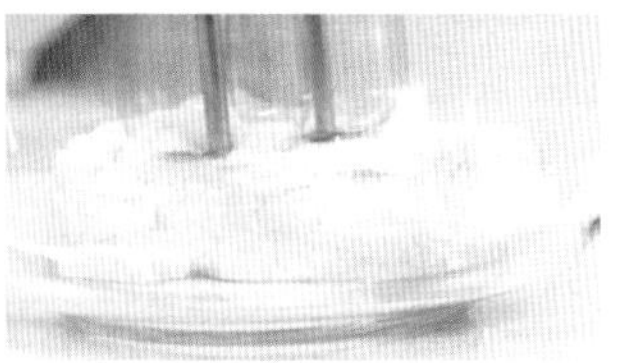

6. 将 200 克奶油奶酪倒入碗中，放在室温中软化，打至顺滑备用

7. 将 15 克吉利丁片放入水中泡软备用

8. 鸡蛋取蛋黄，倒入 40 毫升牛奶打匀，隔水加热到 60℃给蛋黄消毒，做成蛋黄牛奶混合液

9. 在消过毒的蛋黄牛奶混合液中放入泡软的吉利丁片搅拌至溶化，做成蛋黄牛奶吉利丁片液备用

10. 将 15 毫升柠檬汁、蛋黄牛奶吉利丁片液、打发好的淡奶油、10 毫升朗姆酒倒入搅打好的奶油奶酪中，搅拌均匀成慕斯液

◆做法

11. 将慕斯液倒入模具七分满

12. 震出气泡，放冰箱冷藏 6 小时以上

13. 将 30 克吉利丁片放入冷水中浸泡 10 分钟后放入盛有 300 毫升水的碗中，隔热水搅拌至溶化，加 30 克细砂糖并搅拌均匀，制成镜面液

14. 将镜面液缓慢倒入蛋糕模

15. 放入泡好的盐渍樱花，将蛋糕放入冰箱冷藏 6 小时

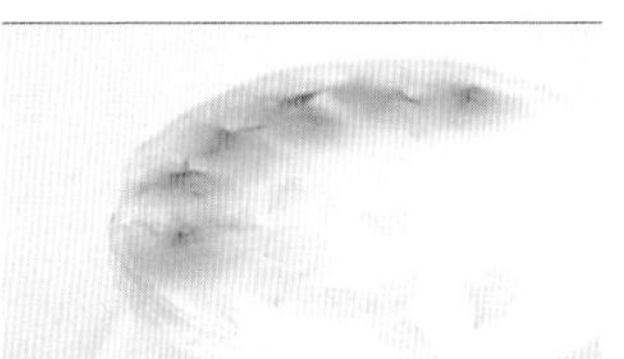

16. 用热毛巾稍焐模具脱模，美美的蛋糕开吃吧！

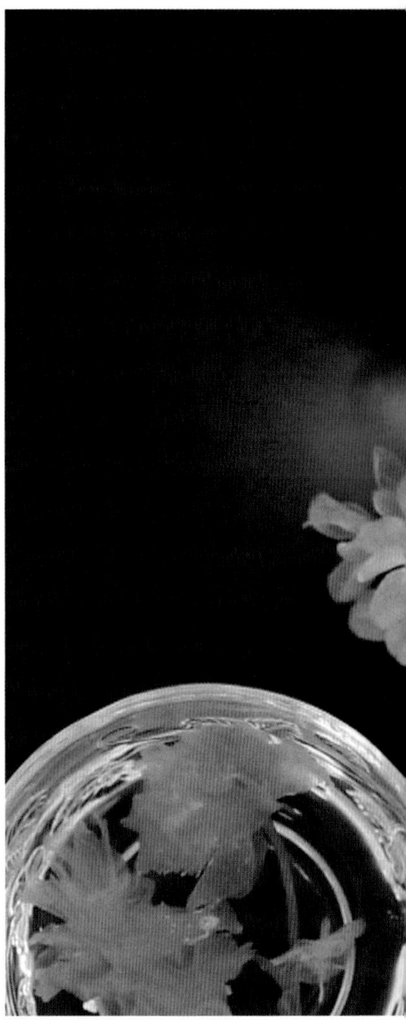

美丽的樱花
花瓣在风中缓缓
飘落，就像这
樱花芝士蛋糕一样
安静又澄澈。

086

莲藕排骨汤

难度
中级

时间
90 分钟

莲藕排骨汤的香味永远留在我童年最美好的记忆里。砂锅咕嘟嘟地冒着诱人的热气，经过长时间的煨煮，汤里融入了莲藕的鲜甜和排骨的浓香。煮汤的藕最好选老些的，一口咬下去沙沙的，还连着丝，你才知道藕断丝连的成语是这么来的啊。等汤里的藕变得软糯，吸收了排骨的味道，吃起来就会清淡不油腻，再喝上一口汤，那个鲜啊，你久久也不会忘怀的。

莲藕排骨汤不仅补钙健骨，而且清心润肺。它的做法也很简单，是家里可以常炖的汤，最懒的你也可以做。如果你实在忙不过来，那就买一个电炖盅，食材准备好后只需设上时间，就什么也不用管了，几小时之后清香浓郁的汤就可以上桌了。

当满塘的荷花繁华不再，湖面上只剩凋零的颓叶时，湖底却酝酿着一场丰收，这时心生七窍的白胖莲藕就要出关啦！春生夏长秋收冬藏，大自然就是这么的奇妙。

扫码观看视频版

◆食材

莲藕 … 1 节
排骨 … 1 斤
姜 … 1 块
葱 … 2 根
料酒 … 1 汤匙
盐 … 1 茶匙

小贴士

1. 排骨冷水焯水去掉血水；
2. 可以根据自己的口味放香菜和胡椒粉；
3. 盐最后再放，建议以清淡为本，不要过咸；
4. 藕最好是胖一点、粉一点的老藕，更入味，口感更好。

◆做法

1. 排骨冷水焯水

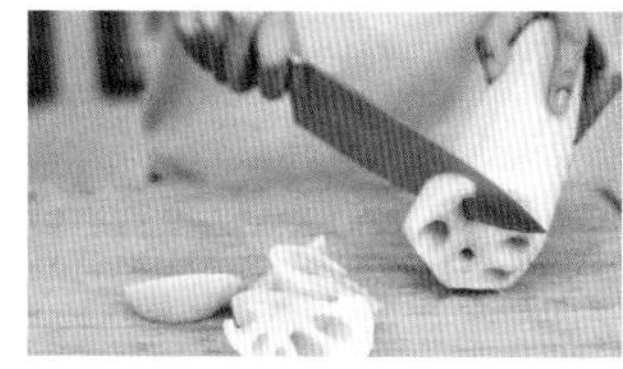

2. 莲藕去皮切段

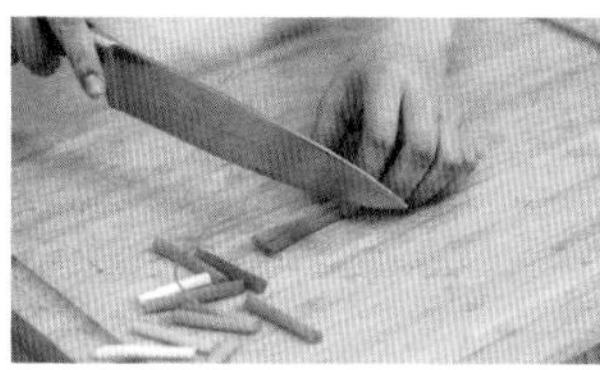

3. 葱切段、姜切片

4. 排骨放入汤锅中，放料酒后加入没过排骨的热水，再放入葱段、姜片

5. 盖上锅盖大火烧开后小火煮 15 分钟

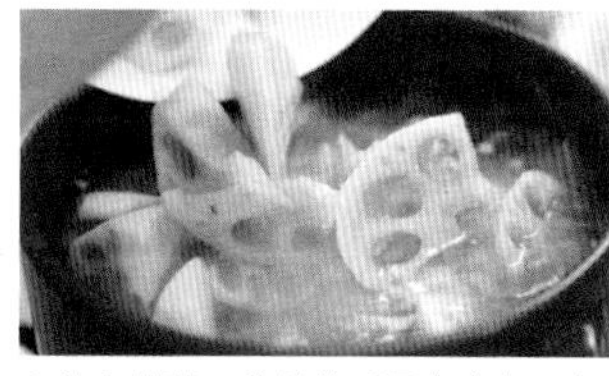

6. 放入莲藕，盖盖儿后调小火煮 1 小时

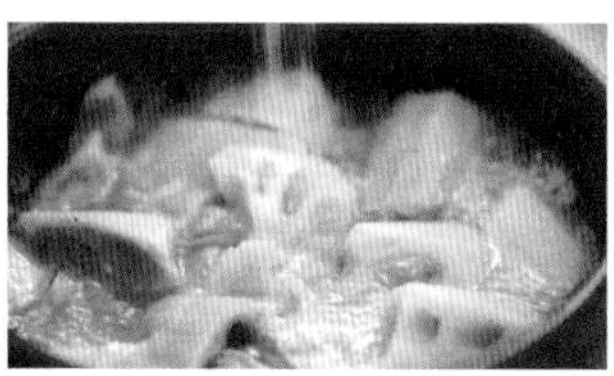

7. 出锅前加盐

8. 鲜美的莲藕排骨汤就出锅啦！

087

铜锣烧

难度
初级

时间
25分钟

你知道铜锣烧为什么叫这个名字吗？因为它是由两块像铜锣一样的饼合起来的。其实它就是一种由烤制面皮和红豆沙夹心制成的甜点。最早接触铜锣烧是在香港工作时，便利店里有卖包装好的，街边的小店里有现做的。只要有时间，我总是买现做的，很喜欢它脆脆的外皮，沙沙甜甜的夹心。爸妈来看我时，我请他们吃铜锣湾街边小摊儿现做的铜锣烧，母亲咬了一口不禁笑着说："这不就是豆沙饼吗？"

铜锣烧好吃的关键其实在红豆馅儿。我喜欢的那家小店的红豆馅儿是店主每天自己做的，豆沙很细，香甜可口、绵密不腻。

一直有朋友想学做不用烤箱的甜品，那么铜锣烧就是最好的选择了。它用平底锅或者电饼铛都可以做。传统的铜锣烧做法是用红豆沙做馅，大家自己做的时候也可以随心换成奶油、果酱或肉松，味道都很不错呢！

扫码观看视频版

◆食材

低筋面粉 ··· 100 克
红豆沙 ··· 180 克
鸡蛋 ··· 2 个
牛奶 ··· 60 毫升
蜂蜜 ··· 15 克
色拉油 ··· 15 毫升
泡打粉 ··· 10 克
细砂糖 ··· 60 克

小贴士

1. 如果想要煎得厚一些可以多放点面粉；
2. 干性发泡指打蛋器搅打完取出后，会立起一个不会倒的小尖；
3. 将部分蛋白先倒入蛋黄糊中，搅拌均匀后再将蛋黄糊倒回蛋白中，让两种食材充分混合；
4. 煎的时候只要一点点油，如果是不粘锅，也可以不放油；
5. 根据面糊的稀薄程度可以适量调整牛奶的用量，面糊较厚则做出的饼稍厚，反之，则做出的饼较薄。

◆做法

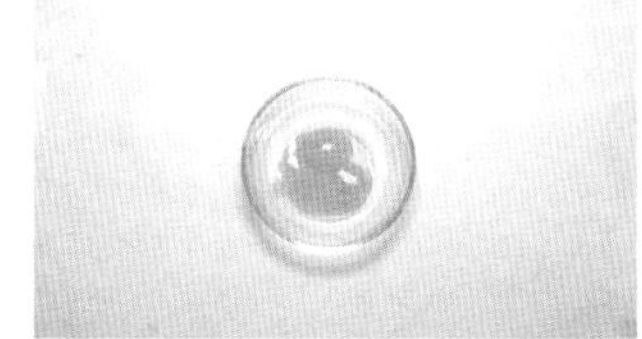

1. 将 2 个鸡蛋的蛋白和蛋黄分离，用打蛋器将 2 个蛋黄打散，蛋白备用

2. 蛋黄中倒入 15 克蜂蜜、15 毫升色拉油和 60 毫升牛奶，搅拌均匀成蛋黄液

3. 将 100 克低筋面粉和 10 克泡打粉过筛，倒进蛋黄液中，翻拌均匀做成蛋黄糊备用

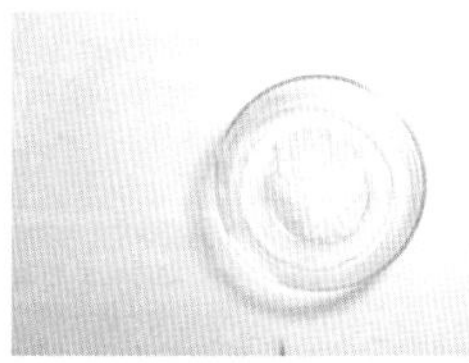

4. 将 60 克糖倒入蛋白中，用电动打蛋器打发蛋白至干性发泡

5. 将部分打发好的蛋白倒入蛋黄糊中搅拌均匀

6. 再将搅拌好的面糊倒回剩余打发好的蛋白中，搅拌均匀

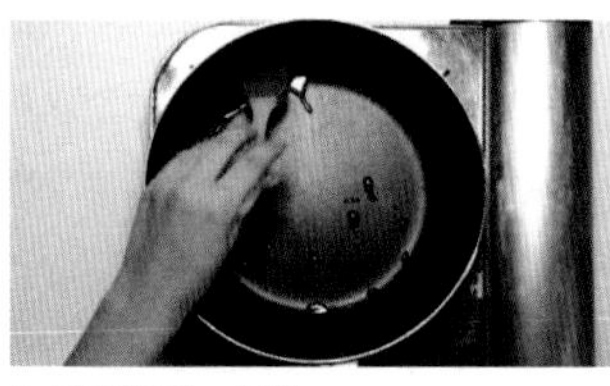

7. 平底锅刷一层油

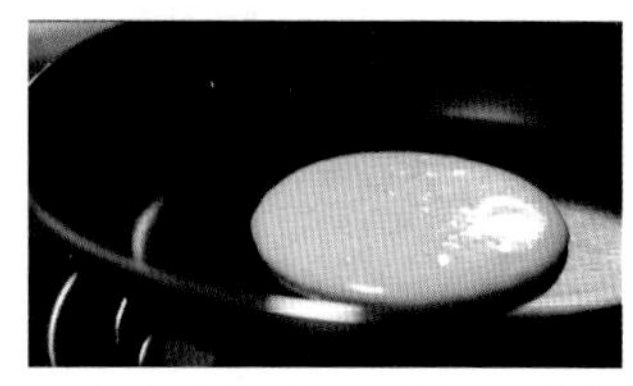

8. 盛 1 汤匙面糊摊成 10 厘米左右的圆形小饼，用小火煎

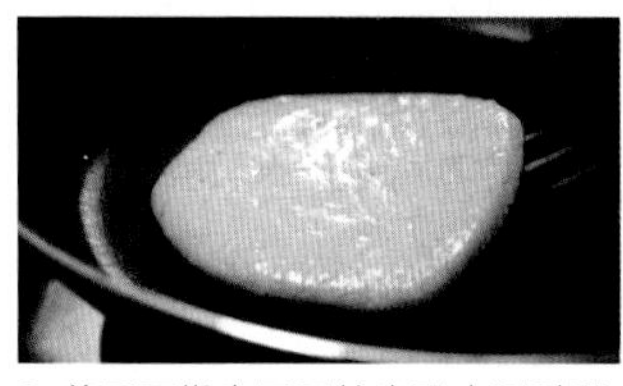

9. 煎至面糊表面开始出现小洞时翻面，煎 2 分钟后再翻面，煎至金黄色后盛出

10. 冷却后，将红豆沙盛到面饼上，用另外一块面饼覆盖在上面

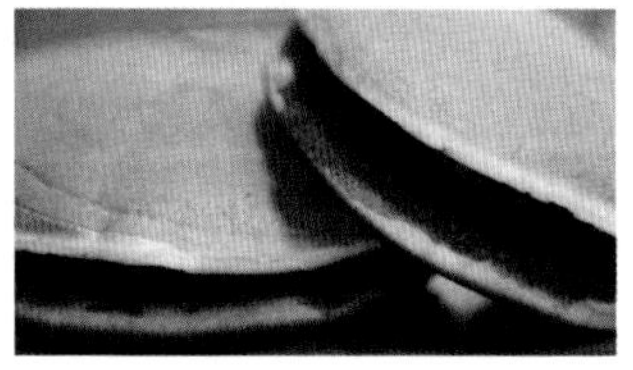

11. 香喷喷的铜锣烧就做好啦！

088

古法糖芋苗

难度

初级

时间

30 分钟

我上大学的时候是住校的。我的三位室友分别来自山东、广东和江苏苏州，一到晚上熄了灯，大家天南地北地吹吹牛，很快就熟悉了。一个周末恰逢我生日，室友买了一个很好看、会唱歌的小玩偶给我做生日礼物。母亲说，都是外地人，你带她们到夫子庙玩，正好请她们尝尝南京小吃。夫子庙，那可是我从小到大都喜欢的地方，也是春节年味最浓、小吃又好又多的地方。那里有多如牛毛的老字号与街边店，不仅有桂花糯米藕、梅花糕、赤豆酒酿小圆子、糖芋苗四大金陵名小吃，还有各式各样的外地小吃，可以走一路吃一路。有时转个糖人，要一串炸臭干，一串糖葫芦，一天都觉得美美的。那天上午，我们四个女生开开心心地出发，逛了一路也吃了一路，直到华灯初上个个都讨饶了，还有不少没吃到。

工作以后我不在南京的时间居多，经常怀念家乡的美味，便学着自己做一些，桂花糯米藕已经教过了，这古法糖芋苗便是另外的一味，动手做起来，一点也不难。香糯的芋头、细滑的藕粉、清香的桂花，一口咬下去，家乡的气息便扑面而来了。

所谓芋苗就是从大芋头上掰下来的小芋头籽，益胃健脾、补中益气，能增强人体免疫力，特别适合体弱者。但一次不要吃太多，否则容易引起消化不良。另外芋苗也不能和香蕉同食。

扫码观看视频版

◆食材

小芋头 … 6个
红糖 … 1汤匙
藕粉 … 1汤匙
糖桂花 … 1汤匙

小贴士

1. 煮芋头的时间可以根据自己喜欢的口感适当调整。

◆做法

1. 小芋头洗干净蒸5~10分钟

2. 芋头取出去皮、切块

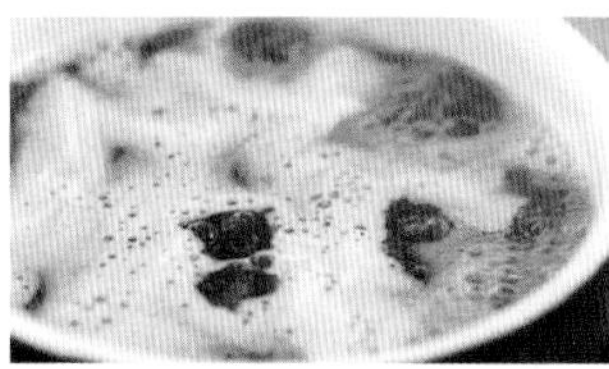

3. 芋头放入装好水的锅中，并倒入红糖搅拌均匀

4. 大火烧开后转小火慢炖15分钟

5. 小碗里倒入藕粉，用冷水调开后再倒入沸水搅拌均匀至黏稠状

6. 将藕粉糊倒入锅中搅拌均匀

7. 再倒入1汤匙糖桂花搅拌均匀

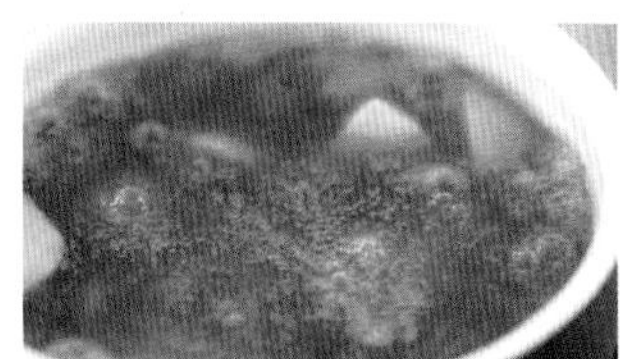

8. 正宗的桂花糖芋苗就做好了

089

山药煲鸡汤

难度
中级

时间
90 分钟

父亲有一位老同学，下岗后夫妇两人在一个家庭农场帮人打工。因为工作负责，不怕吃苦，又肯钻研，后来农场主年事已高，就邀请他入股，农场就由他打理了。南京人由冬至开始，有一九吃一只母鸡的习俗。每年的春天，父亲的这位同学就会在同学群里让有需要的同学预订散养的母鸡，冬至前，宰杀冷冻后，送货上门。父亲每次都会订上九只。九只鸡，得变着花样吃，而山药煲鸡汤就是我家必烧的汤之一。

家里的大砂锅就是专门为煲鸡汤准备的。将整只鸡放入煲中，配之以亦药亦食的当归和党参，大火烧开，小火慢炖直至闻到鸡汤的香味，放上山药继续煨，直到鸡肉酥烂、香气扑鼻，最后再加上枸杞，开锅前加盐。山药煲鸡汤，滋补养颜，爱美的你记得经常喝起来。

扫码观看视频版

◆食材

鸡 … 1只
山药 … 1根
党参 … 2根
当归 … 1片
葱 … 1根
姜 … 1块
枸杞 … 1汤匙
料酒 … 1汤匙
醋 … 1汤匙
盐 … 1茶匙

小贴士

1. 山药泡在醋水里是为了防止山药氧化变黑，泡山药的醋水也可以换成柠檬水；
2. 若是农家土鸡，需要适当增加炖的时长，否则鸡肉不烂；
3. 煲汤讲究“一气呵成”，要一次加足量水，中途不再加水；
4. 枸杞不能太早加入，应在起锅前10分钟加入。

◆做法

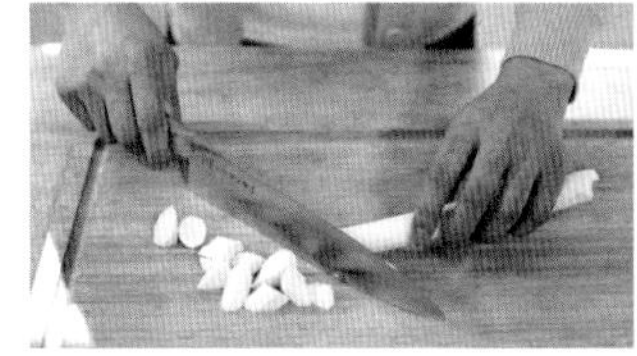

1. 鸡清洗切块，山药去皮切小块

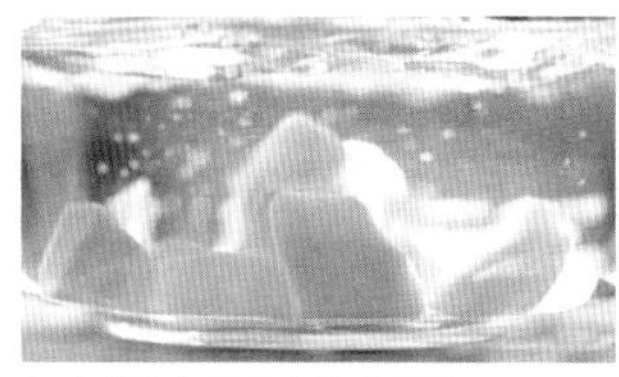

2. 山药泡在醋水中防止氧化

3. 姜切片、葱切段

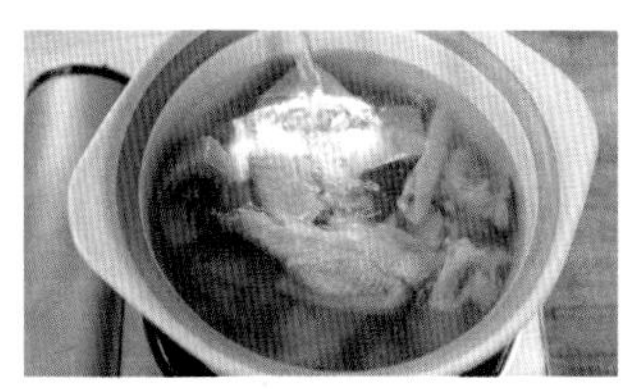

4. 切好的鸡块冷水焯水

5. 撇去浮沫，放入姜片、葱段、当归、党参

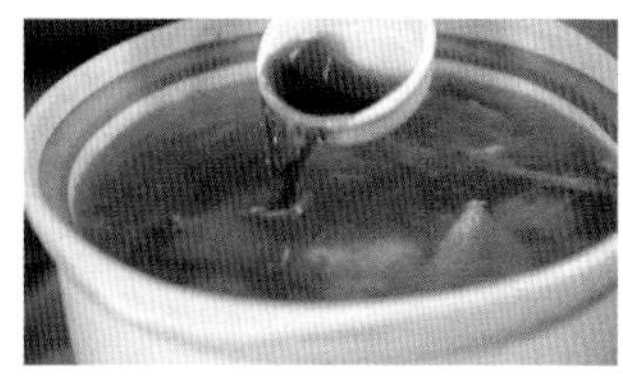

6. 再加入1汤匙料酒

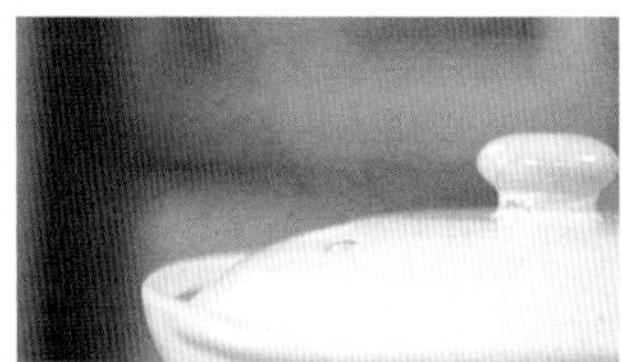

7. 大火煮开后转小火炖40分钟

8. 山药加入锅中，接着炖10分钟

9. 枸杞清水冲洗一下倒入煲中，继续炖10分钟

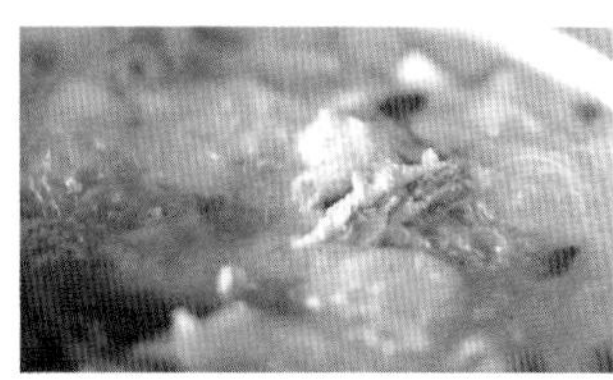

10. 出锅前加盐调味

11. 美味滋补的山药煲鸡汤出锅

090

法式吐司

难度

初级

时间

10 分钟

我学会的第一道西式早餐就是法式吐司。在哈佛读书的时候我们一层楼共用一个厨房，我隔壁的隔壁住的是学东亚研究的Julianna。她是混血儿，母亲是中国人，在美国出生长大。她皮肤白皙，五官小巧立体，性格阳光温和。我们一起选修过一门讨论课，课程是什么我忘记了，可是我却清楚地记得每次她走进教室的时候，笑容就给教室洒上了金色的光芒。

法式吐司是她教我做的。有一个周末早晨，我去厨房拿牛奶，她在煎吐司。阳光缓缓地透过玻璃从侧面洒在了桌子上，她刚煎好两片，一定要让我尝尝。味道真的很棒。她告诉我，这是最简单的美式早餐，特别适合周末做。后来我也在有阳光的早晨做过给我的朋友们吃，每当看见黄油在锅中慢慢融化，我的眼前就会浮现她的笑脸。

吐司，是英文“toast”的音译，实际上就是长方形面包，切片后呈正方形，夹入火腿或蔬菜后就是三明治了。

扫码观看视频版

◆ 食材

吐司 … 2 片

牛奶 … 100 毫升

鸡蛋 … 1 个

黄油 … 1 小块

小贴士

1. 牛奶与鸡蛋液的比例大约4：1；
2. 小火融化黄油，煎吐司；
3. 如果面包比较干，可以早一点浸在蛋液里。

◆ 做法

1. 鸡蛋打散

2. 倒入牛奶拌匀

3. 将吐司浸入鸡蛋牛奶液，两面沾匀

4. 锅中小火热黄油，将浸满鸡蛋牛奶液的吐司放入锅内两面煎至金黄

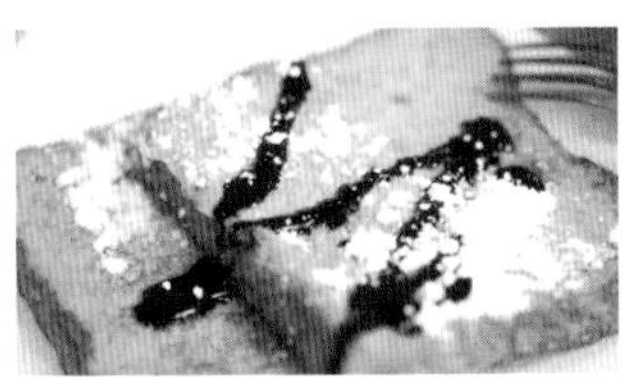

5. 淋上巧克力酱和糖粉，美味早餐就做好了

091

奶油南瓜汤

难度

初级

时间

40 分钟

我的朋友中有不少是年轻母亲，有时会督促我多教一些儿童菜品。奶油南瓜汤，就是一道简单易做的家常汤菜。南瓜含有丰富的维生素 B，牛奶中含钙质和蛋白质，这些都是儿童成长中必不可少的营养成分，可以帮助宝宝健康生长。可爱的奶黄色汤，加上牛奶的香味，宝宝们一定喜欢。这一款南瓜汤既可以是色香味俱全的营养早餐，也可作为午后甜点。

在西餐里，奶油南瓜汤也是颇受欢迎的一道甜汤。橙色温柔的气质和奶油的淡雅白净融合为一幅大道至简的小品油画，颜值高；南瓜的浓香搭配着奶油的阵阵清香，浓稠的汤汁流入口中，缓缓地温暖着整个身体，味道佳；喝完之后嘴里还留存南瓜阵阵的芳香，回味甘。它应该是地球人都喜爱的甜品。

南瓜所含果胶还可以保护肠胃黏膜，促进溃疡愈合，适宜于胃病患者。动起手来，做一道全家人都爱的奶油南瓜汤吧！

扫码观看视频版

◆食材

南瓜 ··· 300 克
淡奶油 ··· 60 毫升
牛奶 ··· 250 毫升

小贴士

1. 一定要小火慢慢加热，南瓜里的纤维才能充分溶化到汤里，口感才好，也不会溢锅；
2. 加热时要不停搅拌防止煳底；
3. 一定要选用面一点的粉质甜南瓜；
4. 牛奶和淡奶油可以增加南瓜汤的奶香。

◆做法

1. 南瓜去皮、去瓤、切块

2. 南瓜大火蒸 25 分钟至变软

3. 南瓜用榨汁机打成泥，然后将南瓜泥倒入锅内

4. 倒入 60 毫升淡奶油及 250 毫升牛奶搅拌均匀，小火加热

5. 加热过程中不断搅拌，煮至沸腾后盛出

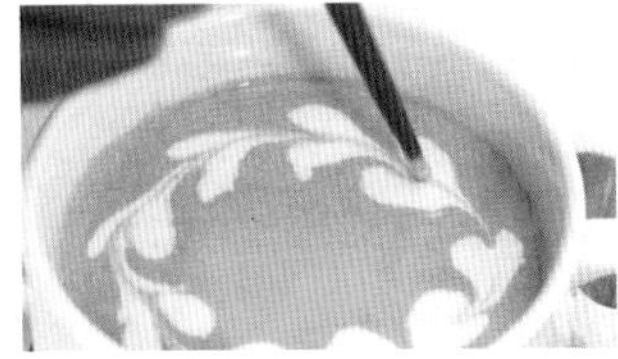

6. 盛出后在南瓜汤里滴上一圈淡奶油，接着用牙签或筷子拉花

7. 香浓丝滑的奶油南瓜汤完成啦！

092

鲫鱼豆腐汤

难度
中级

时间
40 分钟

“鱼，我所欲也；熊掌，亦我所欲也。二者不可得兼，舍鱼而取熊掌者也。”美食，我所欲也；美体，亦我所欲也。二者可否得兼？鲫鱼豆腐汤也。

鲫鱼豆腐汤是一道汉族名菜，味道咸鲜可口，也是南方地区的家常菜之一。鲫鱼所含的蛋白质质优，氨基酸种类齐全，益气养血、健脾宽中，易于消化吸收。另外鲫鱼还具有良好的催乳作用，搭配豆腐，就是绝代双骄了，对于产后康复及乳汁分泌有很好的促进作用。

再告诉你一个好消息，鲫鱼豆腐汤的热量属于中度，一条鲫鱼可食部分约 100 克，只有 142 大卡，加上豆腐，也只占普通成年人保持健康每天所需摄入总热量的 6%。所以正在减肥的朋友，尤其是产后的母亲，完全不必在美味健康与保持体形上纠结。一道鲫鱼豆腐汤，既能满足口腹之欲，又能省去增肥的苦恼。

扫码观看视频版

◆食材

鲫鱼 … 2 条
豆腐 … 200 克
葱 … 3 根
姜 … 20 克
料酒 … 1 汤匙
胡椒粉 … 1 汤匙
盐 … 1 茶匙

小贴士

1. 煎鱼前将鱼擦干，防止溅锅；
2. 先用姜片擦锅再倒油，以免鱼皮粘锅；
3. 开锅后用大火才能炖出像牛奶一样白的汤，开锅后就改成小火炖出来的汤是清汤；
4. 盐和胡椒粉的用量可按个人口味改变。

◆做法

1. 豆腐切块，姜切片，葱切葱段、葱花

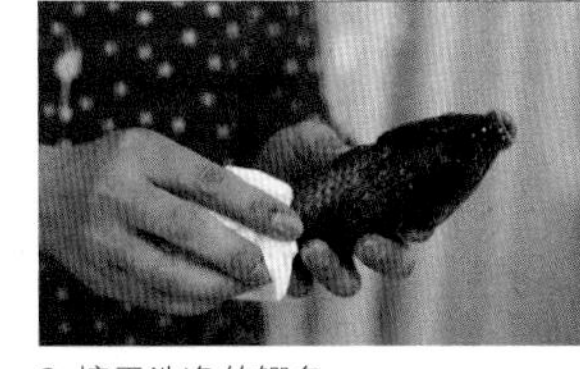

2. 擦干洗净的鲫鱼

3. 用姜片擦拭锅表面

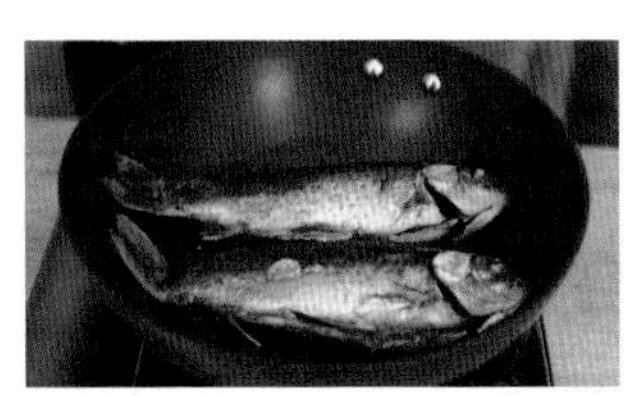

4. 锅中倒油，放入鲫鱼

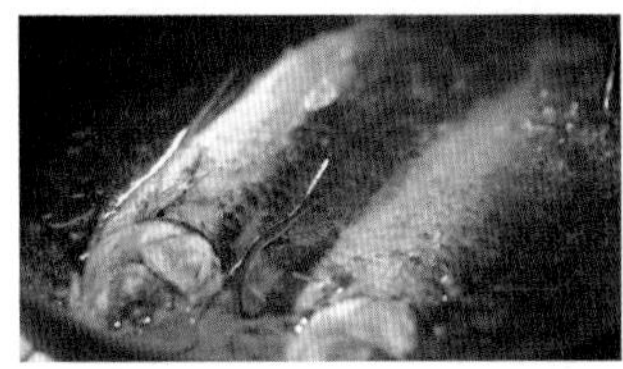

5. 鲫鱼两面小火煎至焦黄后加水，水量要没过鱼身

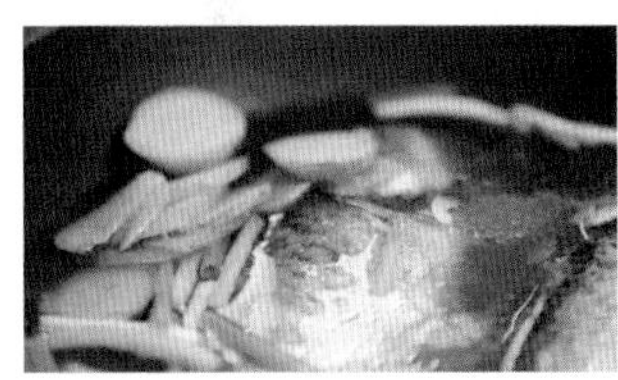

6. 放入葱段、姜片，接着倒入料酒

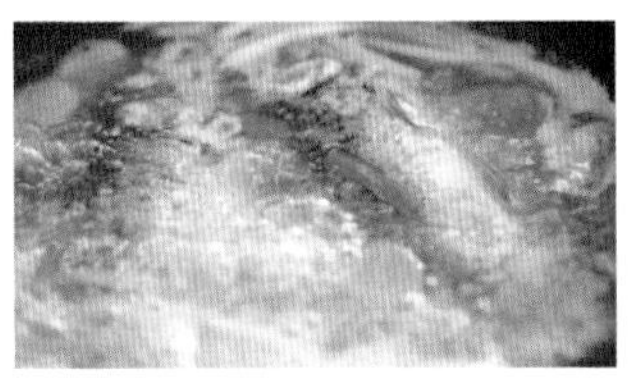

7. 大火煮沸

8. 盖上锅盖，小火慢炖 15 分钟

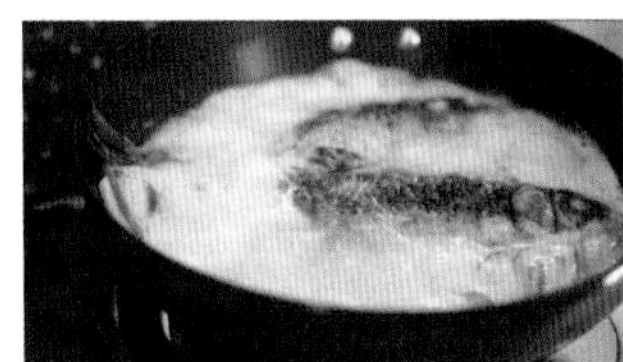

9. 煮至汤色变白

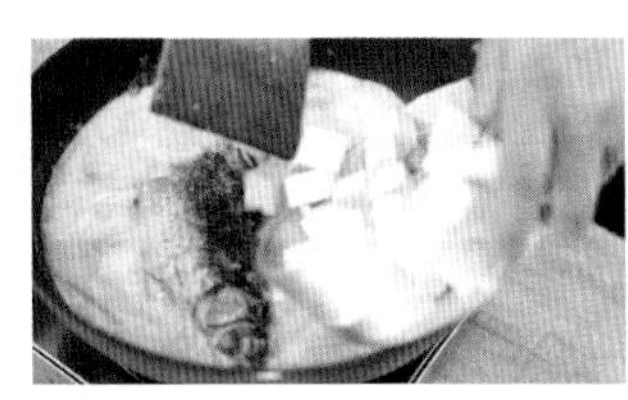

10. 倒入豆腐块

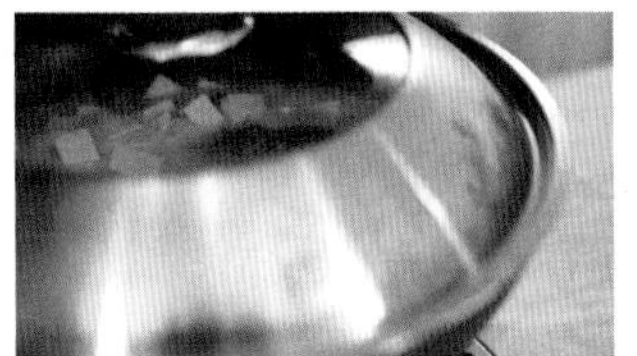

11. 再次盖上锅盖，小火慢炖 15 分钟

12. 倒入盐、胡椒粉调味

13. 撒葱花，浓香鲫鱼汤出锅

093

西红柿蛋汤

难度
初级

时间
20 分钟

前几年大学校友聚会，我们宿舍四人全部到齐了。回到母校故地重游，每人坐到自己的床上对出来我们的密码：“西红柿鸡蛋汤！”

大一在新校区，除了食堂可真的没有其他可以解馋的地方了。校园里只有一个垄断的小超市，东西既贵又不好吃，而校外附近也只有一家小饭店。我还好，因为家在市里，一般周末可以回家打牙祭。母亲也会在我返校时让我带些好吃的给室友。但到了冬季，六点不到吃的晚饭，在九点晚自习结束时就已经消化得差不多了。那时的宿舍是没有空调的，最多只能用暖水瓶或热水袋预热一下棉被。江北的冬天，关上窗还能听到北风吹得呜呜响，肚子也很配合地咕咕叫。尽管有饼干与面包可以充饥，但是最想吃的却是热乎乎的食物。

我的上铺是个很会生活的苏州姑娘，一天晚上，她神秘兮兮地拿出一个小小的电烧锅来，说：“快快快！你们谁放哨，我来烧好吃的。”不一会儿，一小锅西红柿鸡蛋汤惊艳登场，上面还漂着一些亮亮的香油。回家后，我得意扬扬地告诉父母，父亲却警告我不可以再这样做，搞不好超负荷，电线会起火的。再后来寓管阿姨发现了，明令禁止我们用热得快、电烧锅一类的产品，我们从此就在宿舍与它永别了。

扫码观看视频版

西红柿鸡蛋汤是家常菜中色香味俱全的一道汤，做起来又简单，营养又全面。西红柿里含有番茄红素，有很强的抗氧化效果，对身体非常好。想打出像云朵一样的鸡蛋花可是有一些诀窍呢，要仔细看菜谱哦！

◆食材

西红柿 … 2个
鸡蛋 … 2个
香葱 … 1根
胡椒粉 … 1茶匙
淀粉 … 1茶匙
芝麻油 … 1茶匙
盐 … 1茶匙

小贴士

1. 西红柿要去皮，并且一定要多煮一会儿，西红柿的味道才会融在汤里；
2. 汤要勾薄芡，并且是要在放鸡蛋之前，因为只有汤变浓了才能浮住鸡蛋花；
3. 鸡蛋液放几滴水，打出的鸡蛋会成薄而漂亮的大片状；
4. 香油关火后再放，味道不会被冲淡；
5. 蛋液淋到汤上，刚凝固时就可以熄火，不然老了口感不好。

◆做法

1. 西红柿划十字花刀，沸水去皮

2. 去皮后的西红柿切丁

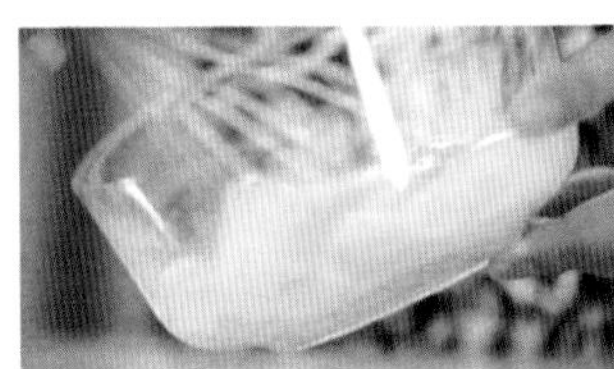

3. 鸡蛋打入碗中成鸡蛋液，倒入几滴水搅拌均匀

4. 在锅中放入3碗水，然后放入西红柿丁多煮一会儿，最好将西红柿煮化

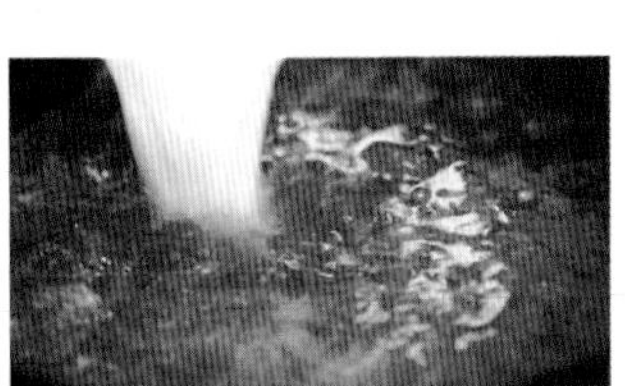

5. 汤锅里放盐、胡椒粉调味，然后将水淀粉倒入汤锅中，搅匀

6. 将鸡蛋液慢慢淋在汤锅的整个表面上，千万不要边用筷子搅拌边往汤锅里倒，这样做出来的汤蛋花会碎，成片时再搅动

7. 出锅后倒点芝麻油，撒上葱花

8. 一道高颜值的西红柿鸡蛋汤就做好啦！

094

罗宋汤

难度
中级

时间
100 分钟

二十世纪四五十年代出生的长辈，对俄罗斯的艺术真是由衷地热爱。他们中有些人第一次走出国门旅游的首选地就是俄罗斯。特别是学过俄语的，如果不到莫斯科大剧院看一出芭蕾，不在涅瓦河泛舟，不到冬宫与夏宫欣赏下那些举世闻名的艺术品，不到新圣女公墓走一走看一看，那可是终生遗憾。回来后交流最多的则是视觉与听觉的享受，至于味觉嘛，顶多就是罗宋汤了。

“罗宋”这一名称据说来自“Russian Soup”的中文音译。十月革命一声炮响，送来了大批俄国人，他们辗转到了上海。这些俄罗斯人带来了伏特加，也带来了俄式西菜。上海第一家西菜社就是俄罗斯人开的，而罗宋汤就是从俄式红菜汤演变而来的。俄式红菜汤辣中带酸，酸甚于甜，后来受原料限制及本地口味的影响，渐渐地形成了独具海派特色的酸中带甜、甜中飘香、肥而不腻、鲜滑爽口的罗宋汤。

早些年在美国留学时我就经常自己做这道汤，因为既简单又营养美味。西红柿、洋葱、土豆与牛肉简直就是神仙搭配。东欧寒冷，那里的罗宋汤口味重，较为油腻。而我做的这个版本比较清淡，并没有加入番茄酱等过多的调味料，是适合春季的清清爽爽的罗宋汤。

扫码观看视频版

◆食材

牛腩 … 300 克
番茄 … 2 个
土豆 … 1 个
洋葱 … 1 个
胡萝卜 … 半个
葱 … 3 根
姜 … 1 块
盐 … 1 茶匙

小贴士

1. 食材煮的时间根据火候大小做相应调整；
2. 各种食材的烹饪时间不同，所以不能同时入锅。

◆做法

1. 牛腩冷水焯水撇去浮沫备用

2. 土豆、胡萝卜切丁

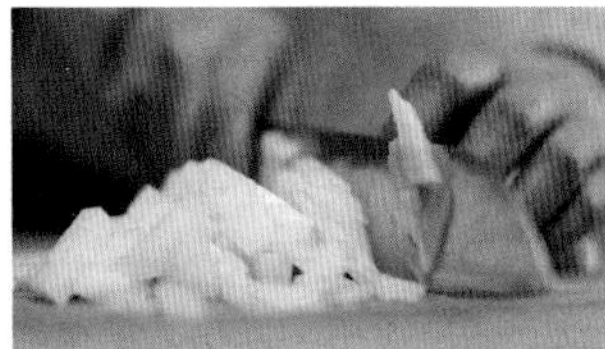

3. 洋葱切丁

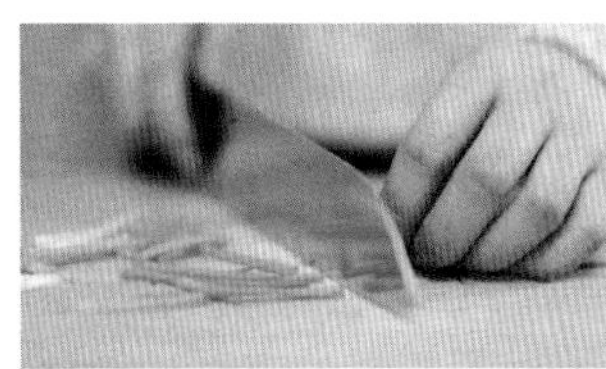

4. 葱切段、姜切片

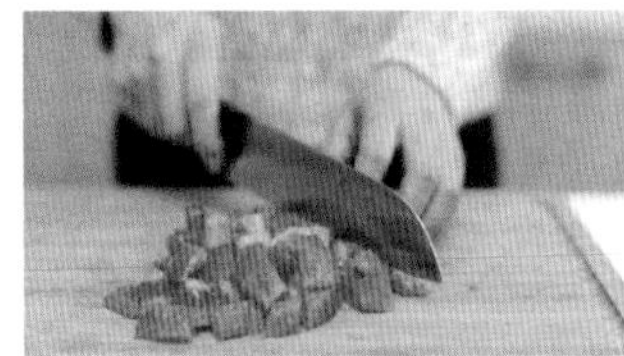

5. 番茄切块

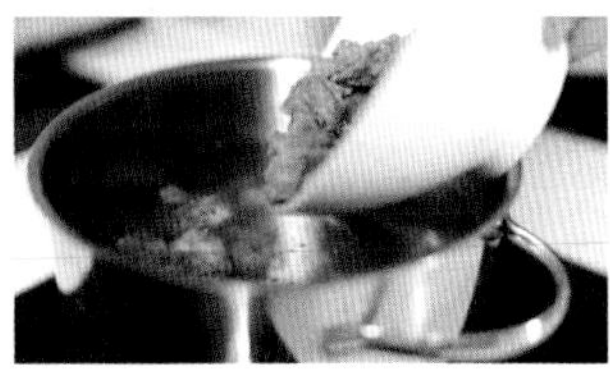

6. 锅中倒入牛腩、葱段、姜片，小火煮 50 分钟

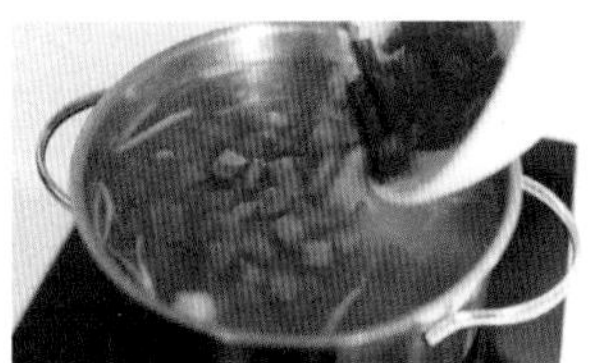

7. 再放入土豆丁、胡萝卜丁煮 20 分钟

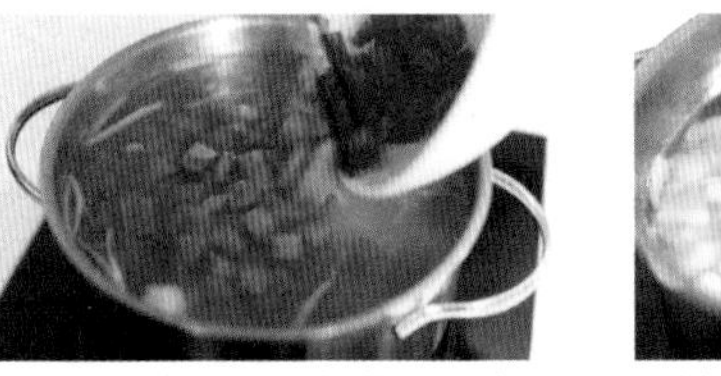

8. 倒入洋葱丁煮 15 分钟

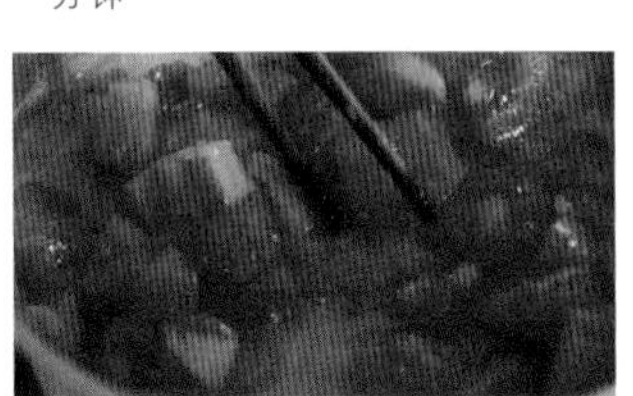

9. 然后倒入番茄块煮 10 分钟

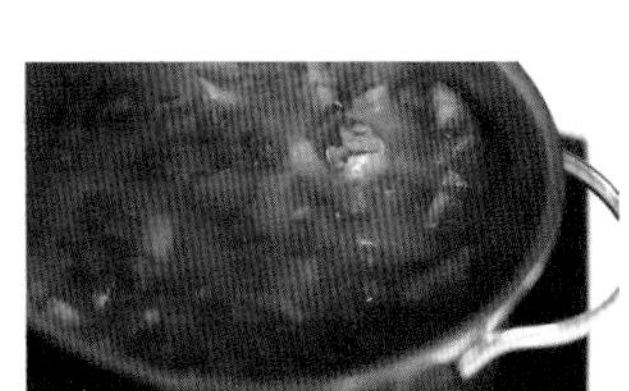

10. 出锅前加入盐

11. 好喝暖胃的罗宋汤就完成了

095

奶油蘑菇汤

难度
中级

时间
30 分钟

西餐厅里有一道大家都很喜欢的汤，那就是奶油蘑菇汤。我读书的时候，波士顿有一款著名的汤叫蛤蜊浓汤，我特别喜欢喝。其实蛤蜊浓汤也就比奶油蘑菇汤多了一种食材：蛤蜊。

奶油蘑菇汤是法国最著名的料理之一，可以算是西餐汤里的基本款吧。无论是搭配意面还是单独作为早午餐，我们都可以从这道汤中感受到满满的法式风情。尤其是在寒风凛冽的冬日，一盅暖暖的奶油蘑菇汤就能让你从食物的暖意中感受到浓浓的法式浪漫，非常适合属于两个人的浪漫晚餐哦。

这道汤看起来很复杂，实际上只是制作工序上麻烦一些，做起来并没有什么难度。它以蘑菇为主料，口味属于咸鲜。奶油蘑菇汤制作面浆时要不停搅拌，使面浆均匀地化入汤中，至汤汁浓稠。

偶尔中餐吃腻的时候，不妨在家里换换口味，给家人做上这么一道汤，定会让他们竖起大拇指哦。

扫码观看视频版

◆食材

白蘑菇 … 8个
洋葱 … 1个
淡奶油 … 250毫升
高汤 … 250毫升
黄油 … 50克
面粉 … 2汤匙
盐 … 少许
黑胡椒 … 少许

小贴士

1. 融化黄油时用小火；
2. 加入一点面粉可以让汤的口感更加细腻黏稠。

◆做法

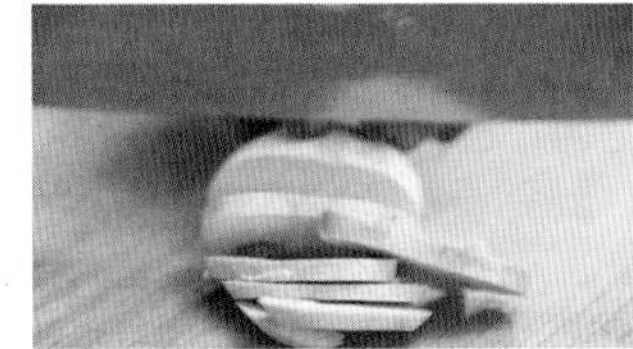

1. 白蘑菇切片

2. 洋葱切丁

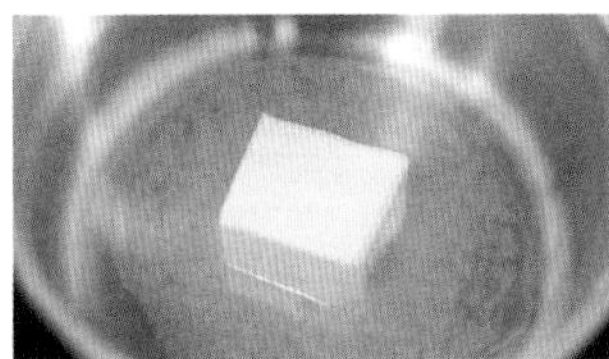

3. 小火融化黄油

4. 待黄油融化时放入面粉

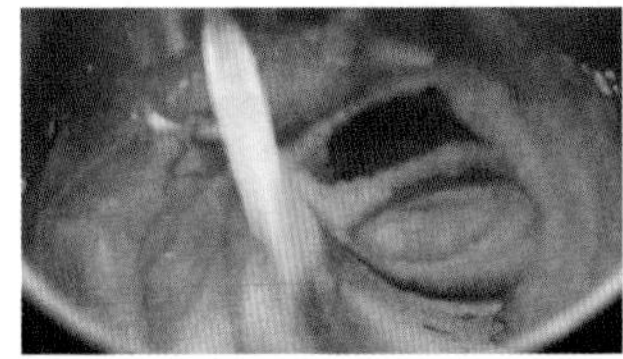

5. 翻炒1分钟制成黄油炒面，这时火要小，否则容易焦，盛出备用

6. 再加热融化一块黄油，倒入洋葱丁

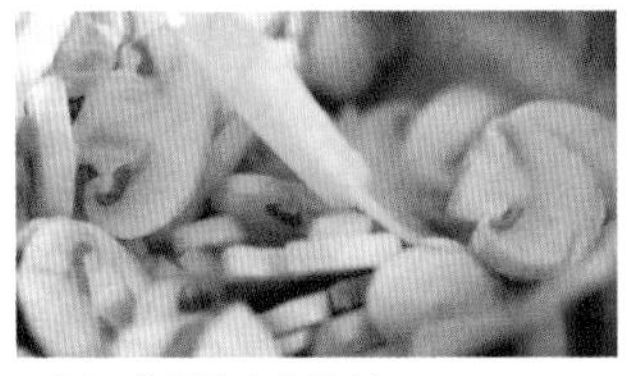

7. 倒入蘑菇片翻炒片刻

8. 倒入高汤

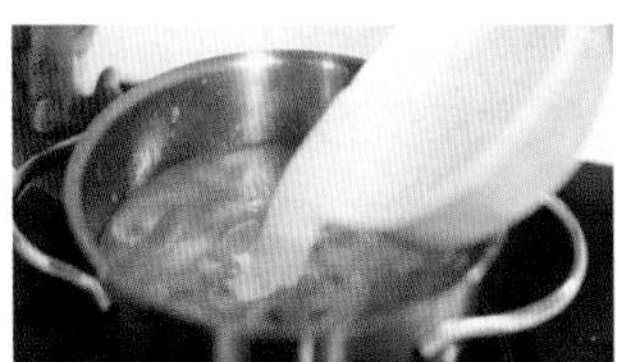

9. 再倒入淡奶油

10. 小火煮大约10分钟，再加入黄油炒面搅匀

11. 最后加少许盐和黑胡椒调味

12. 浓香滑爽的奶油蘑菇汤就做好了

096

百香果布丁

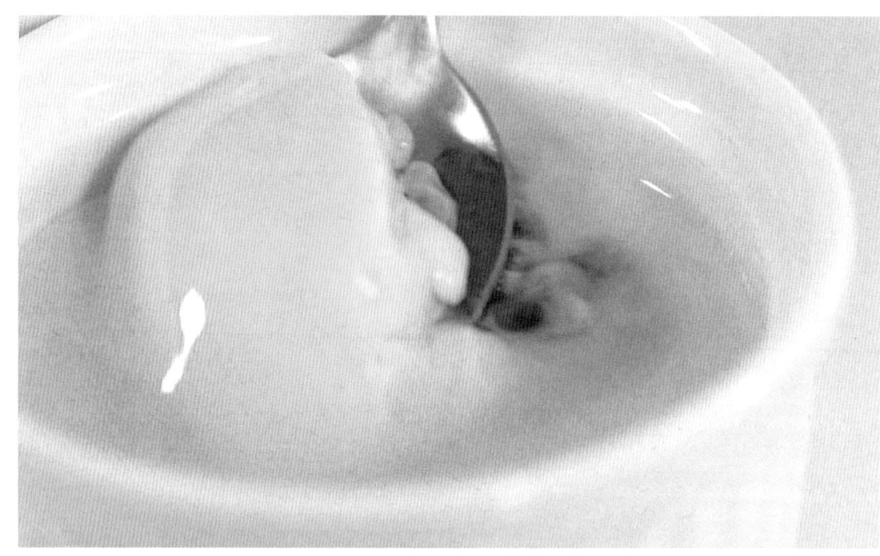

难度

初级

时间

60 分钟

夏天的时候我们都会想吃一些酸甜的水果，而这种水果往往也会顺应自然在这个时候盛产。百香果，就是其中之一。它外表普通，可内在除了酸甜绝美的口味外，营养也绝不简单。百香果富含人体所需的多种氨基酸和维生素，被称为水果中的维生素 C 之王。它还含有丰富的膳食纤维，可以加快食物的消化吸收，不仅美容养颜，还是减脂瘦身的好食物。对于睡眠不好的人来说，百香果还能松弛、镇定神经，可以辅助治疗失眠，改善睡眠状态。

所以每年夏天，我们家里都会准备很多百香果，还有柠檬。一般常吃的水果，我们会成箱成箱地买，这样省事又实惠。可这也带来了一个问题，水果一般不能储存太久，而且有时候吃多了也觉得腻。这时我就会想一些方法，把它们做成各种各样的好吃的，比如，将百香果做成布丁。

“布丁”是一种英国传统甜品，它是英语“pudding”的音译，中文就是“奶冻”的意思。设想一下，当百香果遇到布丁会产生怎样的艳遇呢？你只要尝尝这款百香果布丁就可以知道，西班牙风情是如何影响英国绅士风格的。百香果布丁色泽金黄、晶莹剔透、细腻润滑、酸酸甜甜，这也是两种不同的饮食文化结合的最佳范例之一吧！

扫码观看视频版

◆食材

百香果 ··· 1 个

鸡蛋 ··· 2 个

牛奶 ··· 220 毫升

白砂糖 ··· 30 克

蜂蜜 ··· 1 汤匙

小贴士

1. 百香果放置一段时间后，等表皮出现凹陷时口味最佳；
2. 布丁液倒入模具之前用滤网过滤口感会更佳；
3. 百香果的量可根据个人口味改变；
4. 百香果不宜密封保存，可冰箱保鲜，不宜冻；果壳出现凹陷、干瘪属正常现象，此时果瓤反而更加香甜。

◆做法

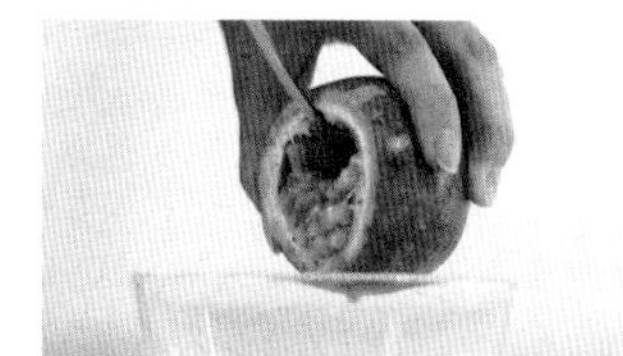

1. 取出百香果肉

2. 打散 2 个鸡蛋，加入白砂糖、牛奶，搅拌均匀

3. 滤入百香果汁，搅拌均匀，果肉备用

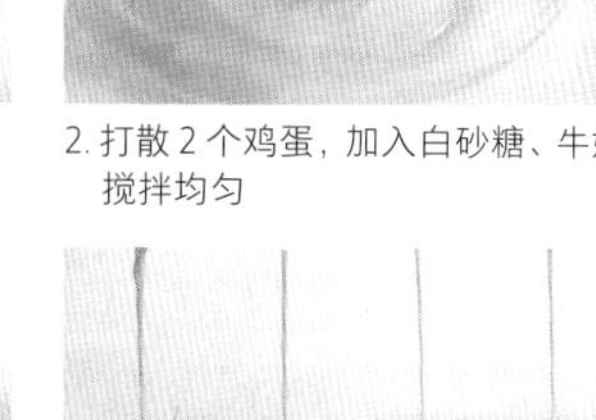

4. 把布丁液倒入模具

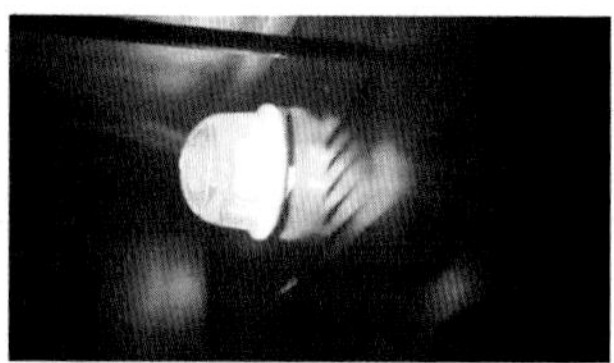

5. 烤箱上下火 160℃预热 10 分钟

6. 模具放入烤盘，在烤盘中加水，放入烤箱中层上下火 160℃烤 40 分钟

7. 从烤箱取出后淋入蜂蜜

8. 放入果肉，晶莹剔透的百香果布丁就做好啦！

097

巧克力熔岩蛋糕

初级

20 分钟

扫码观看视频版

我们虽然生活在地球上，但我们对地球的了解真的太少太少。地表能看到的，就有很多的未知数，比如，洪水、泥石流、山体滑坡、沙尘暴、飓风等，地底下的更不用提了。科学家告诉我们，地球内部有核、幔、壳结构，地球外部有水圈、大气圈以及磁场。目前人类已有的技术还无法准确预测地震与火山爆发。从小我对活火山的喷发一直有点好奇，我们生存的这块大地下面真的太不可思议了！如果哪天裂个大口，我们掉下去岂不要成灰烬了。前不久看了一个一半是海水一半是火焰的视频，海边峭壁，火山喷发，熔岩流淌，气势壮观，令人震撼。于是就有了这块巧克力熔岩蛋糕的灵感。

熔岩蛋糕是一道著名的西点，别名叫“心太软”。切开蛋糕的瞬间，内部的巧克力浆缓缓流出，如同火山喷发流出的岩浆一般。那褐色的蛋糕就是火山灰覆盖的大地，流淌的巧克力浆是表面刚冷却的熔岩，动态的画面满足了你的视觉享受，一汤匙蛋糕入口，蛋糕绵密的质感搭配巧克力浆丝滑的口感，更满足了你的味觉享受。

同大多有名的食物一样，熔岩蛋糕好吃好看，却不是很容易做。我们在家里做可以稍微简化一下，其中有两个关键的步骤一定要掌握好：一是加热巧克力和黄油时要不停搅拌，使之充分混合；二是要掌握好烤蛋糕的温度和时间，差一分则表面厚度不够，易破不成形，多一分则内部凝固，熔岩效果全无。怎么样，有没有跃跃欲试的感觉啊？

◆食材

黑巧克力 … 150 克
低筋面粉 … 65 克
黄油 … 125 克
细砂糖 … 65 克
朗姆酒 … 15 毫升
鸡蛋 … 4 个
糖粉 … 适量

小贴士

1. 菜谱中用的模具是舒芙蕾专用模具，需要上下火 220℃烤 8 分钟，使用其他模具的话要适当改变烤蛋糕的时间；
2. 细砂糖的用量可按个人口味改变；
3. 这款蛋糕的关键在于烘焙的温度和时间，适宜高温快烤。

◆做法

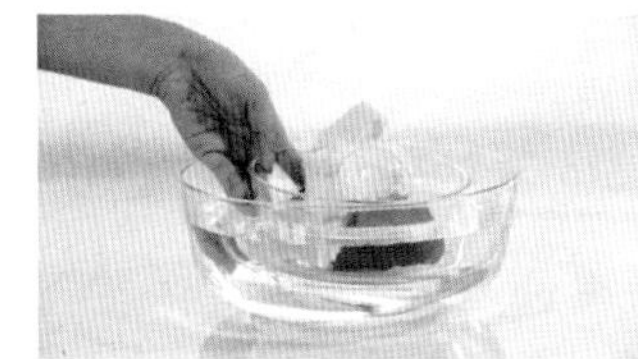

1. 150 克黑巧克力和 125 克黄油放入碗中，隔水融化

2. 搅拌均匀

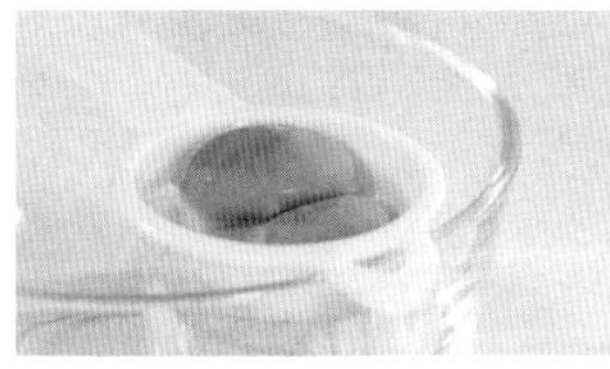

3. 取 2 个鸡蛋，滤出蛋清

4. 空碗中放入 2 个鸡蛋黄，再打入 2 个完整的生鸡蛋

5. 倒入 65 克细砂糖，用电动打蛋器搅打均匀至细砂糖融化

6. 倒入巧克力浆，搅拌均匀

7. 倒入 15 克朗姆酒，搅拌均匀

8. 将 65 克低筋面粉筛入巧克力蛋液糊，搅拌均匀

9. 将蛋糕液倒入模具，放入烤箱，上下火 220℃烤 8 分钟

10. 从模具中取出蛋糕，撒糖粉装饰，完成

098

拔丝地瓜

难度

中级

时间

30 分钟

前两年在深圳，好友的父母为了避寒，来住了小半年，节假日常邀我去玩。他们是江苏徐州人，和我老家南京在同一个省，但是一南一北饮食习惯完全不同。做面食在我家是举轻若重，在她家是小菜一碟，早饭就能现包水饺，来了客可以现做包子，主客边讲话边完成了做饭大业。她母亲做饭非常好吃，什么菜在她手上都能像变魔术一样唰唰地变出来。拔丝地瓜就是在她家吃到后我念念不忘的一道小甜品。

地瓜可是个好东西，高纤维低脂肪，营养价值很高，补中益气，健脾强肾。不过任何事物都有它的两面性，地瓜虽好，也不要一次吃太多。减肥的时候可以多吃地瓜、紫薯来代替主食，它们都是降低升糖指数的好东西。

拔丝地瓜的食材特别简单，就是地瓜、白糖和油，做法也不难，作为小聚会的饭后甜品非常适合。不过，拔丝地瓜可不减肥，但偶尔让自己愉快放松一下又何妨？

扫码观看视频版

◆食材

地瓜 … 2个

白糖 … 150克

水 … 80毫升

小贴士

1. 盘子上抹一层油，比较容易清洗；
2. 一定要挑选新鲜的地瓜，带有黑斑和发芽的地瓜不可食用；
3. 关键是小火将糖浆熬制到黏稠无泡时关火。

◆做法

1. 地瓜洗干净去皮切滚刀块

2. 放入冷水中防止氧化

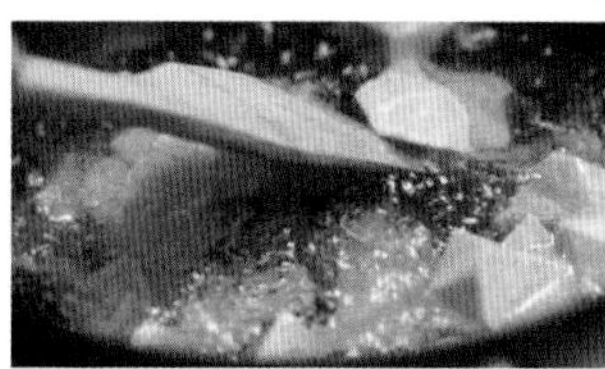

3. 大火热油，油烧热后倒入地瓜

4. 炸好的地瓜盛出备用

5. 锅中倒入少许油，加入小半碗温水

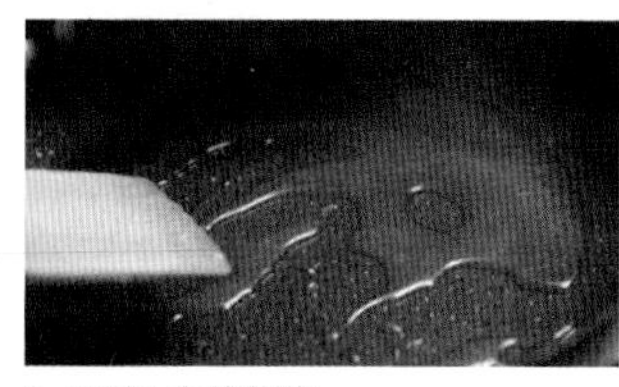

6. 再倒入白糖熬化

7. 小火将糖浆熬至黏稠无泡时关火，立即倒入炸好的地瓜，快速搅拌裹上糖衣

8. 趁热吃，凉了丝就粘住了

099

汤年糕

难度
初级

时间
20 分钟

春节假期快到的时候，办公室里已经有了那么一点过年的气氛。机灵一点的同事早已不声不响地买妥了回家的车票，有的利用午休到街上再买一点年货。虽然有某宝，但是亲手大包小包拎回去才显得有诚意，毕竟是阖家团圆的日子，何况老老小小齐聚一堂呢？

每逢佳节倍思亲的日子，却是同事小可最难过的时候。她很小就失去双亲，相依为命的祖母又在大三时离开了她。祖屋年久失修，早已不遮风雨。她大四的春节就是留在城里打工，在学校过的。那时还有一些外地留校的同学，学校请他们一起吃了年夜饭。有一年春节，她没有什么地方可去，主动申请值班。除夕上午，公司里的外地员工已经不来了，略显冷清。倒开水时，打扫卫生的阿姨对她说，你如果晚上没有事，到我家和我们一起吃饭吧！

阿姨的家是一间不大的出租屋，床与桌子靠墙放，门边就是厨房了，中间是带烟囱的取暖炉。几个冷菜，红烧肉、红烧鱼，小可吃过后陪叔叔喝了点酒。阿姨只有一个儿子，比她小两岁，去年当兵去了。他在南方，是汽车兵，技术不错，希望复员后能找个好工作。边吃边聊，春晚已经进行一半了，她正想告辞时，阿姨却说："马上就是新年了，我来下年糕，年糕年糕，吃了年年高。"只见阿姨在小桌上切切弄弄，不一会儿一阵阵熟悉的味道弥漫在房间。那是她最喜欢的大白菜、咸肉煮年糕。升起的热气里，她隐隐约约看到祖母微笑的脸。

扫码观看视频版

春节回来后她将这个故事讲给我们听，我听得泪光盈盈，便做了这道也算是我们家乡特色的小食，汤年糕。

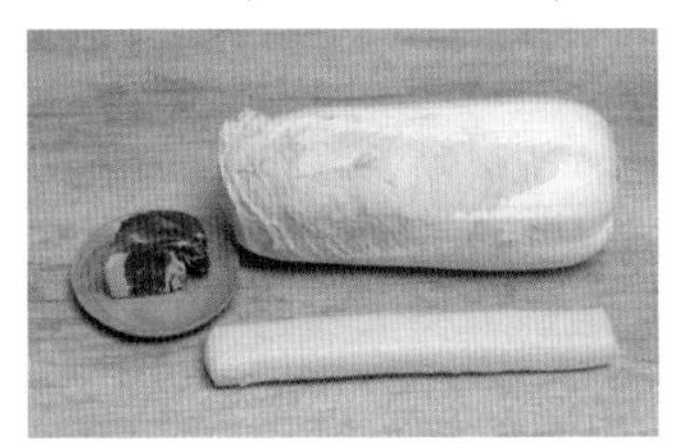

◆食材

年糕 … 半根

大白菜 … 2片

咸肉 … 1块

小贴士

1. 放年糕时尽量放在菜的中间，以免粘锅；
2. 咸肉与白菜煮时一定要宽汤；
3. 新鲜的水磨年糕口感比超市小包装的软糯。

◆做法

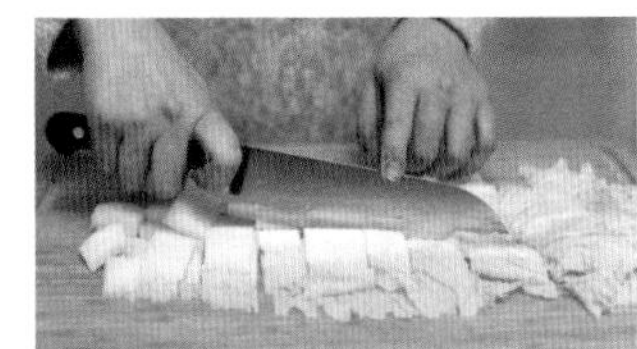

1. 大白菜洗干净切小片

2. 年糕切片

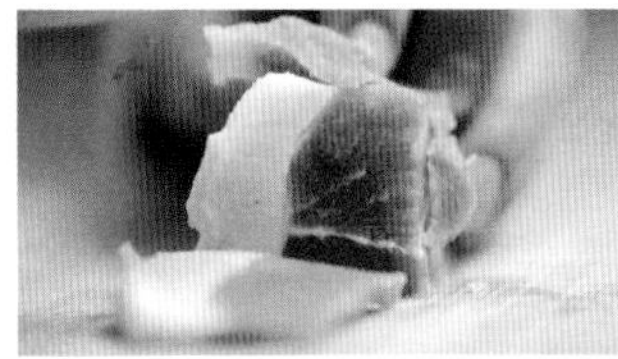

3. 咸肉切片

4. 锅中热油，倒入咸肉片

5. 翻炒至肉片发白后倒入大白菜

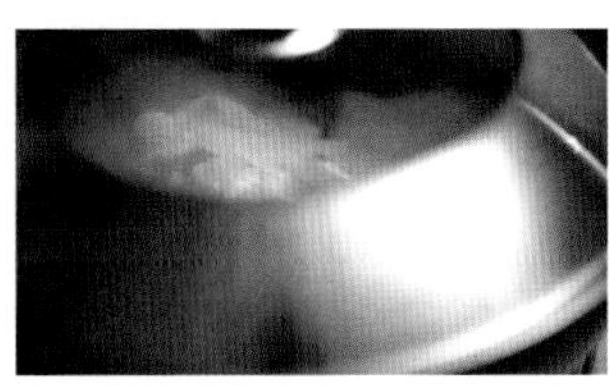

6. 盖上锅盖，焖至冒出蒸气

7. 开盖翻炒一下，再盖上锅盖烧至白菜变得酥软，加入200毫升热水

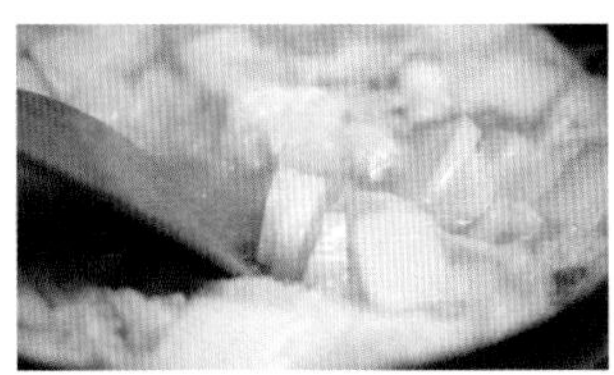

8. 盖上锅盖继续焖5分钟左右，至年糕变软，翻炒均匀，关火

9. 好了，开吃

100

奶盖红茶

难度
初级

时间
10 分钟

每次去电影院，我的必备美味一定是爆米花和珍珠奶茶。说来有趣，我平时从来不吃爆米花，但是看电影时就一定会吃。大概我的大脑回路已经将电影和爆米花组合在了一起，似乎不吃爆米花就不叫看电影。当然，还有一个必不可少的饮料，就是珍珠奶茶。

当奶盖红茶流行开了之后，手中的奶茶就变成了奶盖红茶。冬天喝热的，夏天喝凉的，它既有红茶的清爽，也有奶油的甜蜜。尤其是加了一点盐的奶盖，更是中和了奶油多出来的那一点点甜腻，将奶油的美妙衬托得完美无缺。

最近重温经典老片《廊桥遗梦》，女主角弗朗西斯卡想必是真心喜欢喝冰红茶。炎热的夏天，男主角摄影记者罗伯特·金凯出场之时，她放下手中的活计，端起一杯冰茶走到院子前面打量这个陌生人。后来她上车，指引不认识路的他去要拍摄的那座曼迪逊廊桥。一路的畅谈，两个人由不相识到互生好感，颇有些依依不舍。到了家门口，她下了车，往家走了两步，犹豫了片刻，又随即转身走回到车前，羞涩地问道：“你要喝杯冰茶吗？”

一杯冰红茶引起的动人心弦的浪漫故事便由此展开。

扫码观看视频版

◆食材

淡奶油 … 200 毫升
白糖 … 20 克
盐 … 1 克
红茶包 … 1 个
冰块 … 适量

注：本菜谱做出的奶油量大约为 8 杯奶盖红茶所需，适量为根据个人口味添加

小贴士

1. 淡奶油的量过少则不容易打发，一次可以做多点；
2. 打好后用不完的奶油可以放冰箱冷藏，但要在 3 天内用完；
3. 红茶冲泡按个人口味调节浓淡及时间，但是最短需 30 秒。

◆做法

1. 碗中倒入 200 毫升淡奶油

2. 淡奶油中倒入 20 克白糖

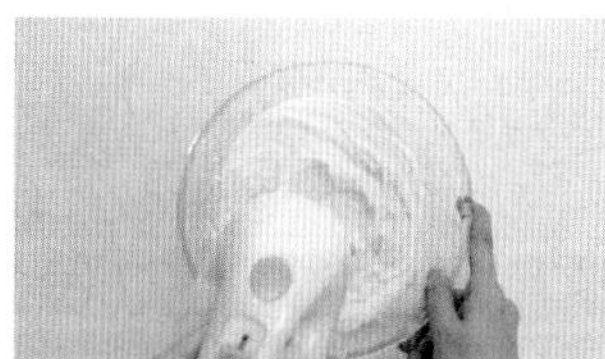

3. 加了糖的淡奶油打发至干性发泡

4. 打发好的奶油中倒 1 克盐

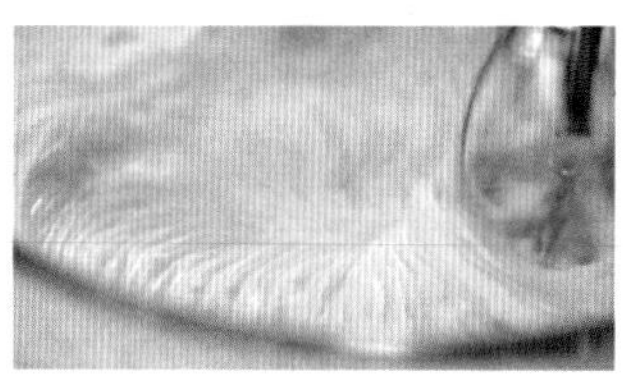

5. 搅拌均匀做成奶盖备用

6. 杯中放入红茶包，倒入热水泡 30 秒以上

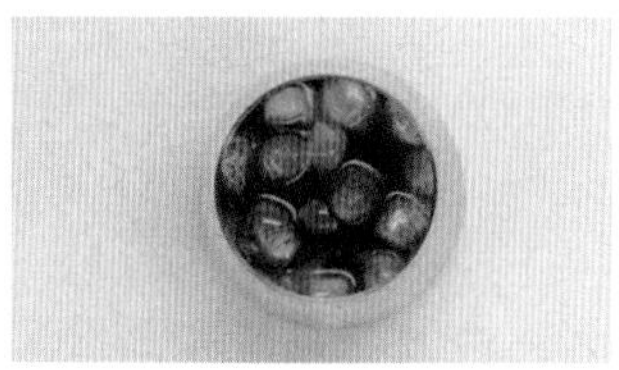

7. 泡好红茶后拿出茶包并加入适量冰块

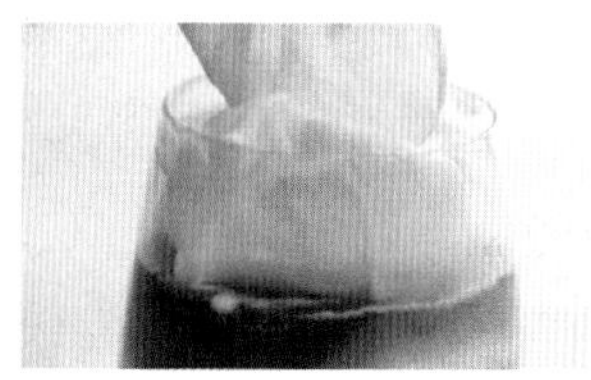

8. 盛 2 汤匙奶盖倒在红茶上，开喝啦！

101

冰糖葫芦

难度
中级

时间
30 分钟

小学时候的我是个馋嘴的孩子，喜欢吃糖以及各种甜甜的东西。放学的时候，出了校门往前走两步便是豆菜桥与华侨路，那里有一溜儿卖好吃的好玩的摊位。比如，拿着一个木箱捏面人的，画糖画的，卖一小包一小包白色麦芽糖的，偶尔还有卖糖葫芦的。那红红的山楂包裹在晶莹剔透的糖稀里，无比娇艳诱人，让我们这些小孩口水直流。说到糖画，我也就转到过一两次龙和凤，麦芽糖虽然一放到嘴里就粘在了牙齿上，但还是爱吃。捏面人的我也欢喜，就爱让他做孙悟空，然后回家插在书桌前一摞摞的书中间。卖冰糖葫芦的小贩总是扛着一个草把子，上面插满了红彤彤的糖葫芦。他一般是不定点的，在校门口与巷子之间走来走去，所以放了学我们总是到处找他。

初中之后，南京大学成了我梦想中的圣地，也是我放学后的后花园。那时我最好的朋友叫小雯，下了课我们总在校门口各自买一个糖苹果，然后趴在北大楼前的草坪上写作业。暖暖的阳光洒在身上，草地上的我们舔着糖苹果，羡慕地看着来来往往的别着南大校徽的哥哥姐姐们，没想到那时却是我们最好的时光。

扫码观看视频版

◆食材

山楂 ··· 12 个
冰糖 ··· 100 克
白芝麻 ··· 50 克
竹签 ··· 3 根

小贴士

1. 熬糖的时候晃动锅底，保证受热均匀；
2. 肉眼可见糖浆浓稠、糖稀有轻微拉丝时，就立刻关火；
3. 挑选山楂的时候注意，不要果皮上有虫眼和裂口的。

◆做法

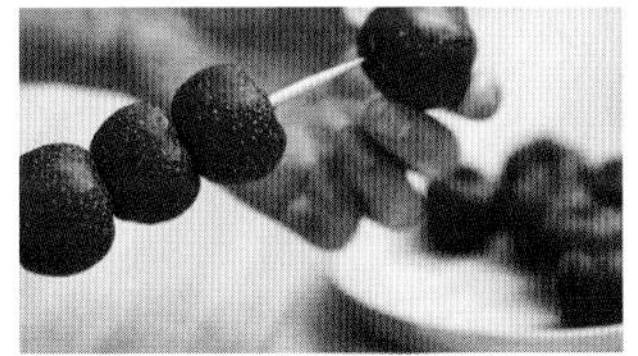

1. 山楂洗干净后，用竹签穿起来

2. 冰糖倒入干净的锅中，倒入同比例的水

3. 大火熬糖，开始冒大泡泡的时候转中小火，继续熬 10 分钟，边熬边晃动锅底，以免受热不均匀煳锅

4. 倒入芝麻，轻轻摇晃锅底摇匀

5. 准备一块干净的案板，沾薄薄一层水

6. 穿好的山楂贴着熬好的糖浆上泛起的泡沫转几圈，裹上薄薄一层糖浆

7. 迅速放在案板上冷却，完成喽！